# 配网不停电作业
# 技术应用与装备配置

河南启功建设有限公司　组　编
陈保华　李保军　主　编
高俊岭　段　鑫　陈德俊　副主编

## 内 容 提 要


本书依据相关国家标准和国家电网公司企业标准及规定，结合生产一线配网不停电作业技术应用和装备配置情况编写而成。

本书共 8 章，主要内容包括不停电作业技术应用、引线类项目装备配置、元件类项目装备配置、电杆类项目装备配置、设备类项目装备配置、转供电类项目装备配置、临时取电类项目装备配置、消缺类项目装备配置。

本书可作为配网不停电作业人员的岗位培训和作业用书，还可供从事配网不停电作业的相关人员学习参考，同时还可作为职业技术培训院校师生在不停电作业方面的培训教材与学习参考资料。



**图书在版编目（CIP）数据**

配网不停电作业技术应用与装备配置/河南启功建设有限公司组编；陈保华，李保军主编．—北京：中国电力出版社，2023.12

ISBN 978-7-5198-8465-9

Ⅰ．①配…　Ⅱ．①河…　②陈…　③李…　Ⅲ．①配电系统—带电作业　②配电系统—设备安装　Ⅳ．①TM727　②TM64

中国国家版本馆 CIP 数据核字（2023）第 252046 号

---

出版发行：中国电力出版社
地　　址：北京市东城区北京站西街 19 号（邮政编码 100005）
网　　址：http：//www.cepp.sgcc.com.cn
责任编辑：周秋慧（010-63412627）
责任校对：黄　蓓　李　楠
装帧设计：赵丽媛
责任印制：石　雷

---

印　　刷：望都天宇星书刊印刷有限公司
版　　次：2023 年 12 月第一版
印　　次：2023 年 12 月北京第一次印刷
开　　本：710 毫米×1000 毫米　特 16 开本
印　　张：16.25
字　　数：295 千字
印　　数：0001—1000 册
定　　价：88.00 元


---

# 编 委 会

**主　编**　陈保华　李保军

**副主编**　高俊岭　段　鑫　陈德俊

**参　编**　钟　亮　郭紫华　邓志祥　黄　强

余　敏　刘子祎　喻维超　孟德智

刘春明　苏井辉　付荣刚　程　诚

李　淦　彭文彬　胡志鹏　袁舵号

袁绍清　李江成　李建军　焦建立

陈胜科　张宏伟　张亮亮　于振川

李业增　董华军　王龙雨　杨金燕

# 前言

中国配网不停电作业技术和装备的快速发展，加快了中国配电网检修方式跨越式的转变。要全面实现用户完全不停电，全面提升“获得电力”服务水平，持续优化用电营商环境，不停电工作就必须贯穿于配电网规划设计、基建施工、运维检修、用户业扩的全过程；配网施工检修作业必须由“停电”为主向全面“不停电”作业转变；配电运营服务保障必须由“接上电、修得快”向“用好电、不停电”转变。以客户为中心，尽一切可能减少用户停电时间，不停电就是最好的服务。为此，本书依据相关国家标准和国家电网公司企业标准及规定，结合生产一线配网不停电作业技术应用和装备配置情况编写而成。

本书共8章，主要内容包括不停电作业技术应用、引线类项目装备配置、元件类项目装备配置、电杆类项目装备配置、设备类项目装备配置、转供电类项目装备配置、临时取电类项目装备配置、消缺类项目装备配置。

本书由河南启功建设有限公司组织编写，国网江西省电力公司宜春供电公司陈保华、河南启功建设有限公司李保军主编，郑州电力高等专科学校（国网河南技培中心）高俊岭、国网江西省电力公司南昌供电公司段鑫、郑州电力高等专科学校（国网河南技培中心）陈德俊副主编。参编人员有国网江西省电力公司九江供电公司钟亮、李淦，国网江西省电力公司供用电部郭紫华，国网江西省电科院邓志祥，国网江西省电力公司南昌供电公司黄强、刘子祎、喻维超，国网江西省电力公司景德镇供电公司余敏、孟德智，国网江西省电力公司宜春供电公司刘春明、苏井辉、付荣刚、袁舵号、袁绍清，国网江西省电力公司抚州供电公司程诚、胡志鹏，国网江西省电力公司吉安供电公司彭文彬，广东立胜电力技术发展有限公司李江成，内蒙古电力（集团）有限责任公司巴彦淖尔供电分公司李建军，国网浙江省电力有限公司杭州供电公司焦建立、陈胜科，河南启功建设有限公司张宏伟、张亮亮、于振川、李业增、董华军、王龙雨、杨金燕。全书由陈保华、陈德俊统稿和定稿，全书插图由陈德俊主持开发。

本书的编写得到了国网配网不停电作业（河南）实训基地、国网江西南昌供电公司、国网江西宜春供电公司、国网江西景德镇供电公司的大力协助，同时泰州市国杰电力工具有限公司、河南宏驰电力技术有限公司给予了工具装备支持，河南启功建设有限公司给予了技术应用支持，在此一并表示衷心感谢。

由于编者水平有限，书中难免存在不足之处，恳请读者批评指正。

编　者

2023 年 9 月

# 目 录

# 第1章　不停电作业技术应用

## 1.1　不停电作业的概念

全面提升“获得电力”服务水平，持续优化用电营商环境，不停电工作必须贯穿于配电网规划设计、基建施工、运维检修、用户业扩的全过程；配网施工检修作业必须由“停电”为主向全面“不停电”作业转变。依据Q/GDW 10370《配电网技术导则》（5.11.1、5.11.2）的规定：配电线路检修维护、用户接入（退出）、改造施工等工作，以不中断用户供电为目标，按照“能带电、不停电”“更简单、更安全”的原则，优先考虑采取不停电作业方式。配电工程方案编制、设计、设备选型等环节，应考虑不停电作业的要求。

按照Q/GDW 10520—2016《10kV配网不停电作业规范》（3.1、6.1）的定义和分类：不停电作业（overhaul without power interruption），是指以实现用户的不停电或短时停电为目的，采用多种方式对设备进行检修的作业。不停电作业方式包括绝缘杆作业法、绝缘手套作业法和综合不停电作业法。绝缘杆作业法和绝缘手套作业法是指架空配电线路中的带电作业方式；综合不停电作业法则是指带电作业、旁路作业、发电作业等多种方式相结合的作业，或者说是综合运用绝缘杆作业法、绝缘手套作业法及旁路作业法和发电作业法的作业。

带电作业（不停电）、旁路作业（转供电）、发电作业（保供电）及合环操作（转供电）等保证用户不停电技术已经得到了广泛的推广和应用。

目前，在10kV配网不停电作业项目（四类33项）中（见表1-1），包括带电作业项目和旁路作业项目两大类。为便于推广和应用，生产中也可按照作业对象的不同，将10kV配电网不停电作业项目分为引线类、元件类、电杆类、设备类、消缺类（即指普通消缺及装拆附件类，余同）、转供电类、临时取电类七类。

**表1-1　10kV配网不停电作业项目（四类33项）及风险等级（Ⅳ、Ⅲ级）**

| 序号 | 类别 | 分类 | 作业方式 | 细类 | 项目 | 风险等级 |
|---|---|---|---|---|---|---|
| 1 | 带电作业 | 第一类 | 绝缘杆作业法 | 消缺类 | 普通消缺及装拆附件（包括修剪树枝、清除异物、扶正绝缘子、拆除退役设备；加装或拆除接触设备套管、故障指示器、驱鸟器等） | Ⅳ |

续表

| 序号 | 类别 | 分类 | 作业方式 | 细类 | 项目 | 风险等级 |
| --- | --- | --- | --- | --- | --- | --- |
| 2 | 带电作业 | 第一类 | 绝缘杆作业法 | 设备类 | 带电更换避雷器 | Ⅳ |
| 3 | 带电作业 | 第一类 | 绝缘杆作业法 | 引线类 | 带电断引流线（包括熔断器上引线、分支线路引线、耐张杆引流线） | Ⅳ |
| 4 | 带电作业 | 第一类 | 绝缘杆作业法 | 引线类 | 带电接引流线（包括熔断器上引线、分支线路引线、耐张杆引流线） | Ⅳ |
| 5 | 带电作业 | 第二类 | 绝缘手套作业法 | 消缺类 | 普通消缺及装拆附件（包括清除异物、扶正绝缘子、修补导线及调节导线弧垂、处理绝缘子异响、拆除退役设备、更换拉线、拆除非承力线夹；加装接地环；加装或拆除接触设备套管、故障指示器、驱鸟器等） | Ⅳ |
| 6 | 带电作业 | 第二类 | 绝缘手套作业法 | 消缺类 | 带电辅助加装或拆除绝缘遮蔽 | Ⅳ |
| 7 | 带电作业 | 第二类 | 绝缘手套作业法 | 设备类 | 带电更换避雷器 | Ⅳ |
| 8 | 带电作业 | 第二类 | 绝缘手套作业法 | 引线类 | 带电断引流线（包括熔断器上引线、分支线路引线、耐张杆引流线） | Ⅳ |
| 9 | 带电作业 | 第二类 | 绝缘手套作业法 | 引线类 | 带电接引流线（包括熔断器上引线、分支线路引线、耐张杆引流线） | Ⅳ |
| 10 | 带电作业 | 第二类 | 绝缘手套作业法 | 设备类 | 带电更换熔断器 | Ⅳ |
| 11 | 带电作业 | 第二类 | 绝缘手套作业法 | 元件类 | 带电更换直线杆绝缘子 | Ⅳ |
| 12 | 带电作业 | 第二类 | 绝缘手套作业法 | 元件类 | 带电更换直线杆绝缘子及横担 | Ⅳ |
| 13 | 带电作业 | 第二类 | 绝缘手套作业法 | 元件类 | 带电更换耐张杆绝缘子串 | Ⅳ |
| 14 | 带电作业 | 第二类 | 绝缘手套作业法 | 设备类 | 带电更换柱上开关或隔离开关 | Ⅳ |
| 15 | 带电作业 | 第三类 | 绝缘杆作业法 | 元件类 | 带电更换直线杆绝缘子 | Ⅳ |

续表

| 序号 | 类别 | 分类 | 作业方式 | 细类 | 项目 | 风险等级 |
| --- | --- | --- | --- | --- | --- | --- |
| 16 | 带电作业 | 第三类 | 绝缘杆作业法 | 元件类 | 带电更换直线杆绝缘子及横担 | Ⅳ |
| 17 | 带电作业 | 第三类 | 绝缘杆作业法 | 设备类 | 带电更换熔断器 | Ⅳ |
| 18 | 带电作业 | 第三类 | 绝缘手套作业法 | 元件类 | 带电更换耐张杆绝缘子串及横担 | Ⅲ |
| 19 | 带电作业 | 第三类 | 绝缘手套作业法 | 电杆类 | 带电组立或撤除直线电杆 | Ⅲ |
| 20 | 带电作业 | 第三类 | 绝缘手套作业法 | 电杆类 | 带电更换直线电杆 | Ⅲ |
| 21 | 带电作业 | 第三类 | 绝缘手套作业法 | 电杆类 | 带电直线杆改终端杆 | Ⅲ |
| 22 | 带电作业 | 第三类 | 绝缘手套作业法 | 设备类 | 带负荷更换熔断器 | Ⅲ |
| 23 | 带电作业 | 第三类 | 绝缘手套作业法 | 元件类 | 带负荷更换导线非承力线夹 | Ⅲ |
| 24 | 带电作业 | 第三类 | 绝缘手套作业法 | 设备类 | 带负荷更换柱上开关或隔离开关 | Ⅲ |
| 25 | 带电作业 | 第三类 | 绝缘手套作业法 | 电杆类 | 带负荷直线杆改耐张杆 | Ⅲ |
| 26 | 带电作业 | 第三类 | 绝缘手套作业法<br>绝缘杆作业法 | 引线类 | 带电断空载电缆线路与架空线路连接引线 | Ⅲ |
| 27 | 带电作业 | 第三类 | 绝缘手套作业法<br>绝缘杆作业法 | 引线类 | 带电接空载电缆线路与架空线路连接引线 | Ⅲ |
| 28 | 带电作业 | 第四类 | 绝缘手套作业法 | 设备类 | 带负荷直线杆改耐张杆并加装柱上开关或隔离开关 | Ⅲ |
| 29 | 旁路作业 | 第四类 | 综合不停电作业法 | 转供电类 | 不停电更换柱上变压器 | Ⅲ |
| 30 | 旁路作业 | 第四类 | 综合不停电作业法 | 转供电类 | 旁路作业检修架空线路 | Ⅲ |

续表

| 序号 | 类别 | 分类 | 作业方式 | 细类 | 项目 | 风险等级 |
|---|---|---|---|---|---|---|
| 31 | 旁路作业 | 第四类 | 综合不停电作业法 | 转供电类 | 旁路作业检修电缆线路 | Ⅲ |
| 32 | 旁路作业 | 第四类 | 综合不停电作业法 | 转供电类 | 旁路作业检修环网柜 | Ⅲ |
| 33 | 旁路作业 | 第四类 | 综合不停电作业法 | 临时取电类 | 从环网柜（架空线路）等设备临时取电给环网柜后移动箱变供电 | Ⅲ |

## 1.2 配电线路带电作业技术

### 1.2.1 带电作业的概念

带电作业是一种融合了科学严谨性与工作灵活性以及保证供电可靠性的特殊作业方式。电气设备在带电运行状态下进行的检修工作，完全不同于停电状态下的检修工作。

GB/T 2900.55—2016《电工术语　带电作业》以及 IEC 60050—651：2014《电工术语：带电作业》（651－21－01）的定义，带电作业（live working），是指工作人员接触带电部分的作业，或工作人员身体的任一部分或使用的工具、装置、设备进入带电作业区域的作业。其中各项含义介绍如下：

（1）工作人员接触带电部分的作业，称为直接作业法。在配电线路带电作业中指的是绝缘手套作业法。

（2）工作人员身体的任一部分或使用的工具、装置、设备进入带电作业区域的作业，称为间接作业法。在配电线路带电作业中指的是绝缘杆作业法。

Q/GDW 1799.8—2023《国家电网有限公司电力安全工作规程　第 8 部分：配电部分》（11.1.1）规定：适用于在海拔 1000m 及以下交流 10（20）kV 的高压配电线路上，采用绝缘杆作业法和绝缘手套作业法进行的带电作业。其他等级高压配电线路可参照执行。

### 1.2.2 绝缘杆作业法的概念

绝缘杆作业法如图 1-1 所示。

按照 GB/T 18857—2019《配电线路带电作业技术导则》6.1 的定义，绝缘杆作业法要点如下：

（1）绝缘杆作业法是指作业人员与带电体保持规定的安全距离，穿戴绝

图1-1　绝缘杆作业法现场图

缘防护用具，通过绝缘杆进行作业的方式。

（2）作业过程中有可能引起不同电位设备之间发生短路或接地故障时，应对设备设置绝缘遮蔽。

（3）绝缘杆作业法既可以在登杆作业中采用，也可以在斗臂车的工作斗或其他绝缘平台上采用。

（4）绝缘杆作业法中，绝缘杆为相地之间的主绝缘，绝缘防护用具为辅助绝缘。

### 1.2.3　绝缘手套作业法的概念

绝缘手套作业法如图1-2所示。

图1-2　绝缘手套作业法现场图

按照GB/T 18857—2019《配电线路带电作业技术导则》6.2的定义，绝缘手套作业法要点如下：

（1）绝缘手套作业法是指作业人员使用绝缘斗臂车、绝缘梯、绝缘平台等绝缘承载工具与大地保持规定的安全距离，穿戴绝缘防护用具，与周围物体保持绝缘隔离，通过绝缘手套对带电体直接进行作业的方式。

本条款中作业人员使用绝缘斗臂车等绝缘承载工具与大地保持规定的安全距离，以及保证绝缘承载工具可靠的绝缘性能，是进行绝缘手套作业法作业的先决条件，对作业人员的安全担负着非常重要的主绝缘保护作用。

（2）采用绝缘手套作业法时，无论作业人员与接地体和相邻带电体的空气间隙是否满足规定的安全距离，作业前均应对人体可能触及范围内的带电体和接地体进行绝缘遮蔽。

（3）在作业范围窄小、电气设备布置密集处，为保证作业人员对相邻带电体或接地体的有效隔离，在适当位置还应装设绝缘隔板等，限制作业人员的活动范围。

（4）在配电线路带电作业中，严禁作业人员穿戴屏蔽服装和导电手套，采用等电位方式进行作业。绝缘手套作业法不是等电位作业法。

（5）绝缘手套作业法中，绝缘承载工具为相地主绝缘，空气间隙为相间主绝缘，绝缘遮蔽用具、绝缘防护用具为辅助绝缘。

### 1.2.4 绝缘手套作业法之绝缘引流线法、旁路作业法和桥接施工法的概念

1. 绝缘引流线法

如图 1-3 所示，绝缘引流线法是指由绝缘引流线逐相搭接导线而构成的旁路回路进行负荷转移的作业，特点是绝缘引流线构建旁路回路，逐相短接、逐相分流，实现负荷转移。其中，绝缘引流线是由挂接导线用的引流线夹和螺旋式紧固手柄以及起载流导体作用的载流引线所组成的，适用于带负荷更换隔离开关、熔断器、导线非承力线夹等作业。但在用于带负荷更换柱上开

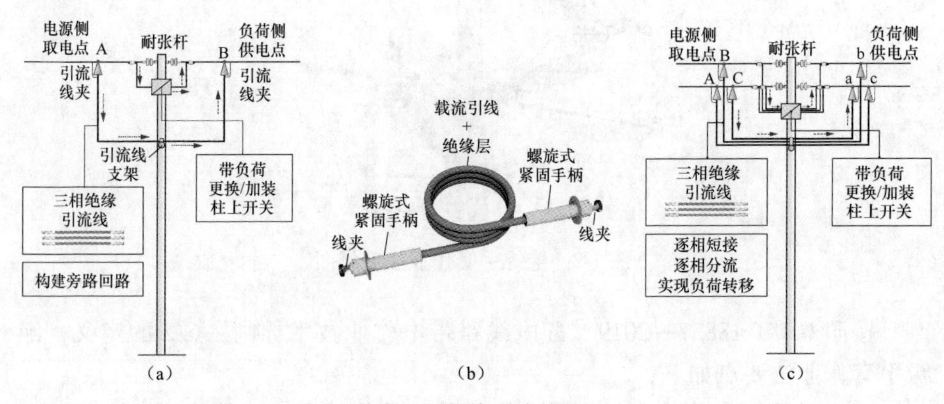


图 1-3 绝缘引流线法

（a）绝缘引流线接入示意图；（b）绝缘引流线外形图；（c）逐相短接、分流示意图

关作业时，开关的跳闸回路不锁死，严禁短接开关。原因是：采用绝缘引流线法逐相短接时，逐相短接就是逐相分流的开始，先短接的引流线要先分流 1/2 左右的线路电流，三相电流不平衡，就必然存在着短接瞬间由于开关跳闸而带负荷接入绝缘引流线的隐患。

如图 1-4 所示，绝缘引流线作为带电作业用消弧开关的配套跨接线使用。带电作业用消弧开关，是指用于带电作业的，具有开合空载架空或电缆线路电容电流功能和一定灭弧能力的开关，是带电断、接空载电缆线路引线作业项目使用的主要工具。在使用消弧开关断、接空载电缆连接引线时，需配套使用绝缘引流线作为跨接线。使用时先将消弧开关挂接在架空线路上，绝缘引流线一端线夹挂接在消弧开关的导电杆上，另一端线夹固定在空载电缆引线或支柱型避雷器的验电接地杆上。

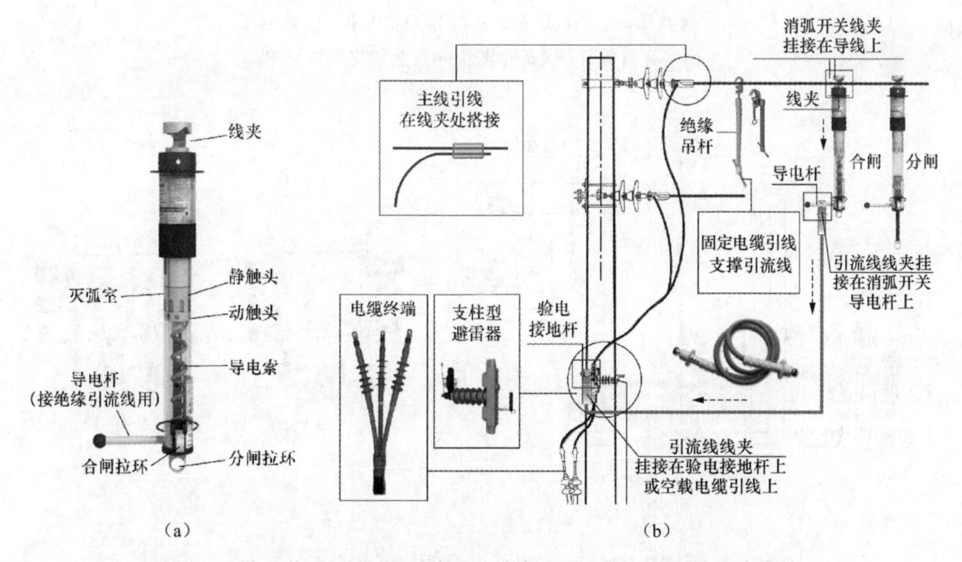


图 1-4　带电作业用消弧开关和配套使用的绝缘引流线（跨接线）
（a）消弧开关（合闸）外形图；（b）消弧开关+绝缘引流线（跨接线）应用示意图

2. 旁路作业法

如图 1-5 所示，旁路作业法是指通过旁路负荷开关、电杆两侧的旁路引下电缆和余缆支架组成的旁路回路进行负荷转移作业，特点是“旁路引下电缆+旁路负荷开关”构建旁路回路，通过逐相接入、合上开关、同时分流实现负荷转移，如图 1-6 所示。

3. 桥接施工法

如图 1-7 所示，桥接施工法是指先通过旁路负荷开关、电杆两侧的旁路引下电缆和余缆支架组成的旁路回路进行负荷转移之后，再通过桥接工具硬质

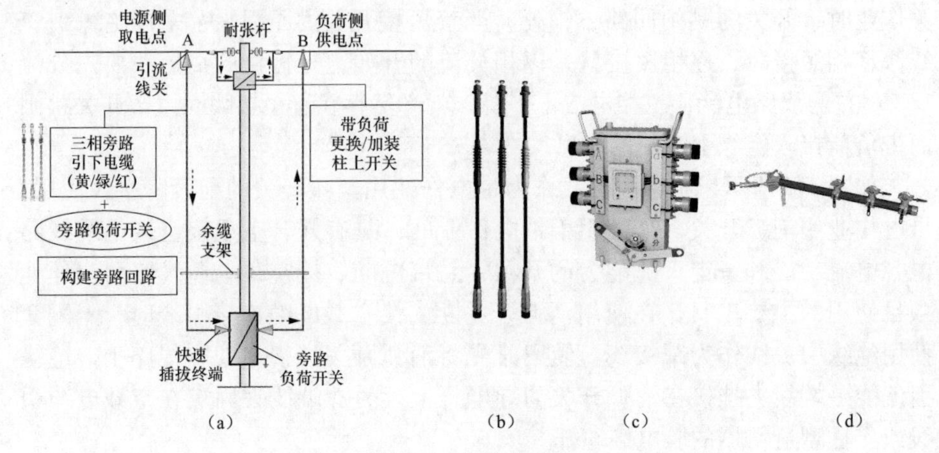


图 1-5 旁路作业法

（a）旁路作业法组成示意图；（b）旁路引下电缆外形图；
（c）旁路负荷开关外形图；（d）余缆支架外形图

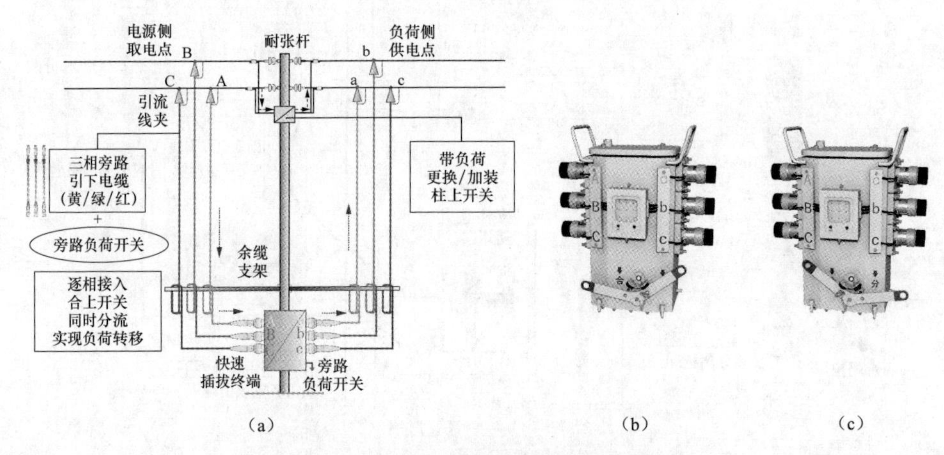


图 1-6 旁路引下电缆的接入与分流

（a）逐相接入、合上开关、同时分流示意图；
（b）合上开关，分流开始；（c）断开开关，分流结束

绝缘紧线器等开断主导线，实现按照停电检修作业方式更换柱上开关，待作业完成后再用液压接续管或专用快速接头接续主导线的作业。其特点是：①“旁路引下电缆+旁路负荷开关”构建旁路回路，逐相接入、合上开关、同时分流实现负荷转移，如图 1-8 所示；②通过桥接工具开断主导线构建停电作业区，转带电作业方式为停电检修作业方式，对导线开断、接续工艺质量要求高，如图 1-9 所示。

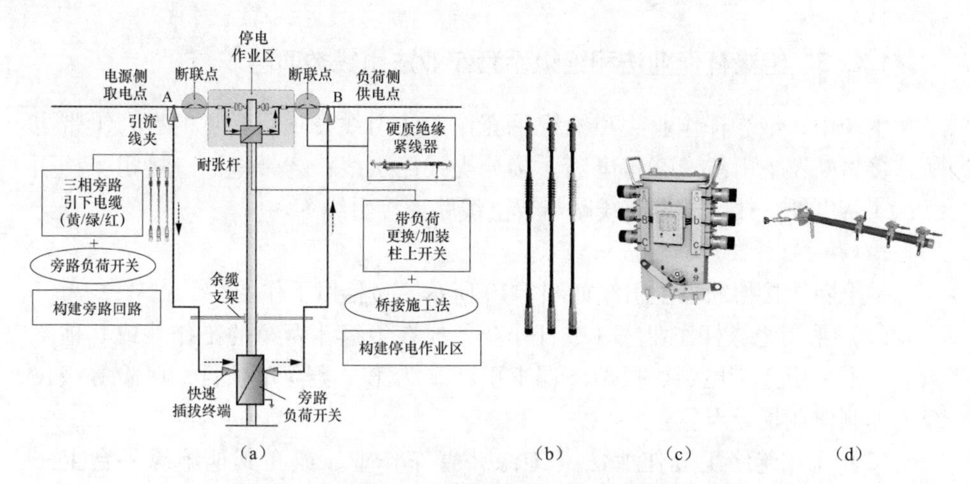


图 1-7　桥接施工法之旁路供电回路构成组成示意图

（a）桥接施工法组成示意图；（b）旁路引下电缆外形图；

（c）旁路负荷开关外形图；（d）余缆支架外形图

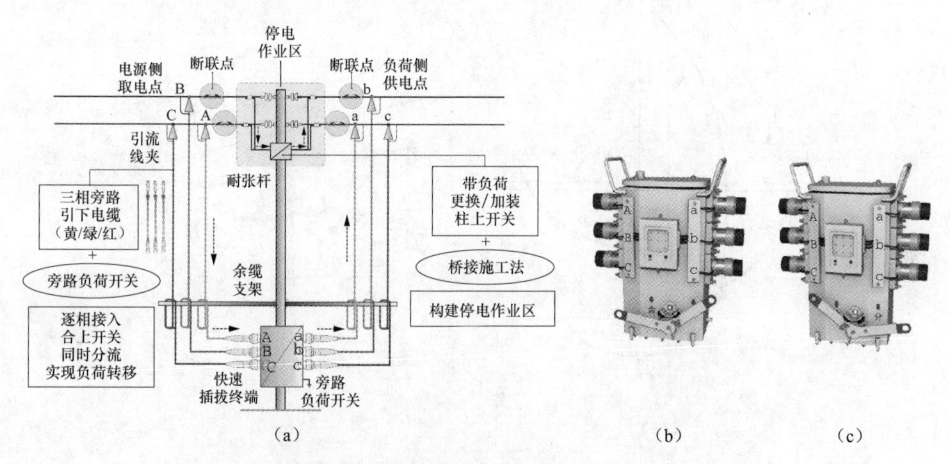


图 1-8　桥接施工法之旁路引下电缆的接入与分流示意图

（a）逐相接入、合上开关、同时分流示意图；

（b）合上开关，分流开始；（c）断开开关，分流结束

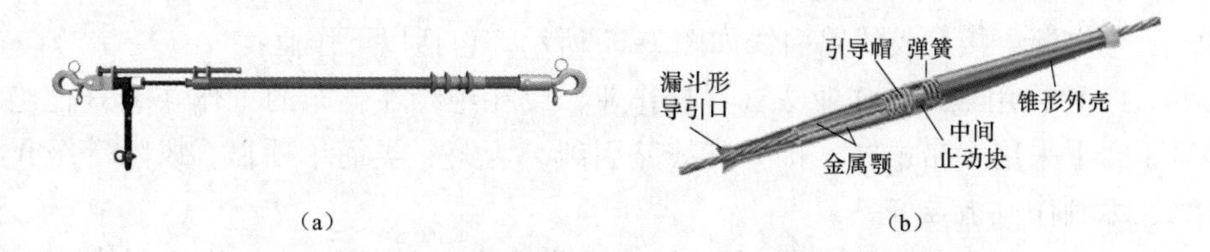


图 1-9　桥接施工法中的桥接工具

（a）硬质绝缘紧线器外形图；（b）专用快速接头构造图

### 1.2.5 绝缘杆作业法和绝缘手套作业法引线类项目

生产中，绝缘杆作业法和绝缘手套作业法引线类项目常见的有：①带电断、接熔断器上引线；②带电断、接分支线路引线；③带电断、接耐张杆引线；④带电断、接空载电缆线路与架空线路连接引线等。

1. 带电断、接熔断器上引线

带电断、接熔断器上引线如图1-10所示，包括以下作业：

（1）采用绝缘杆作业法（登杆作业，或在绝缘斗臂车的工作斗或其他绝缘平台上采用）带电断、接熔断器上引线，为第一类简单项目，风险等级Ⅳ级，编制作业指导卡。

（2）采用绝缘手套作业法（绝缘斗臂车作业，或在其他绝缘平台上采用）带电断、接熔断器上引线，为第二类简单项目，风险等级Ⅳ级，编制作业指导卡。

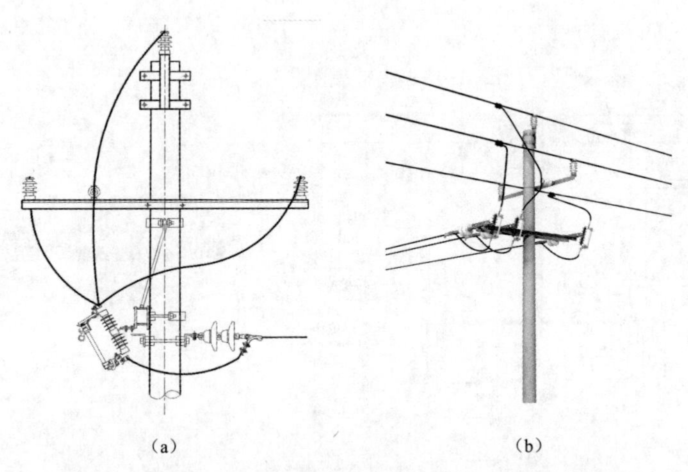

图1-10 带电断、接熔断器上引线（三角排列）示意图

（a）杆头正视图；（b）杆头外形图

2. 带电断、接分支线路引线

带电断、接分支线路引线如图1-11所示，包括以下作业：

（1）采用绝缘杆作业法（登杆作业，或在绝缘斗臂车的工作斗或其他绝缘平台上采用）带电断、接分支线路引线，为第一类简单项目，风险等级Ⅳ级，编制作业指导卡。

（2）采用绝缘手套作业法（绝缘斗臂车作业，或在其他绝缘平台上采用）带电断、接分支线路引线，为第二类简单项目，风险等级Ⅳ级，编制作业指导卡。

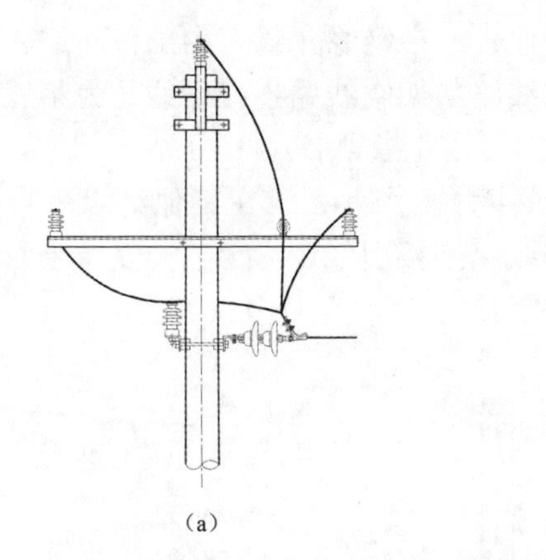

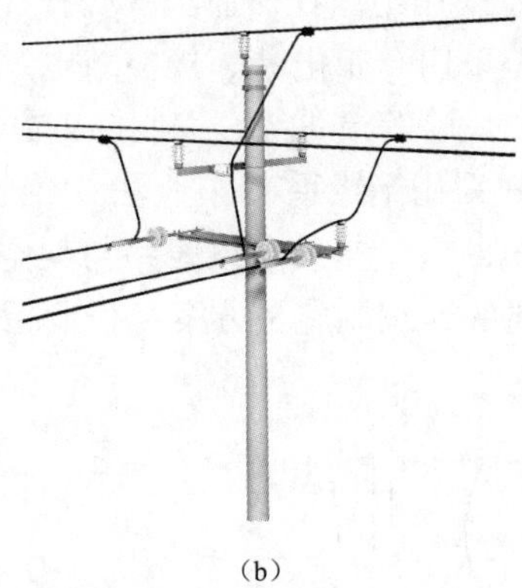

(a)　　　　　　　　　　　　(b)

图 1-11　带电断、接分支线路引线（三角排列）示意图

(a) 杆头正视图；(b) 杆头外形图

3. 带电断、接耐张杆引线

带电断、接耐张杆引线如图 1-12 所示，包括以下作业：

(1) 采用绝缘杆作业法（登杆作业，或在绝缘斗臂车的工作斗或其他绝缘平台上采用）带电断、接耐张杆引线，为第一类简单项目，风险等级Ⅳ级，编制作业指导卡。

(2) 采用绝缘手套作业法（绝缘斗臂车作业，或在其他绝缘平台上采用）带电断、接耐张杆引线，为第二类简单项目，风险等级Ⅳ级，编制作业指导卡。

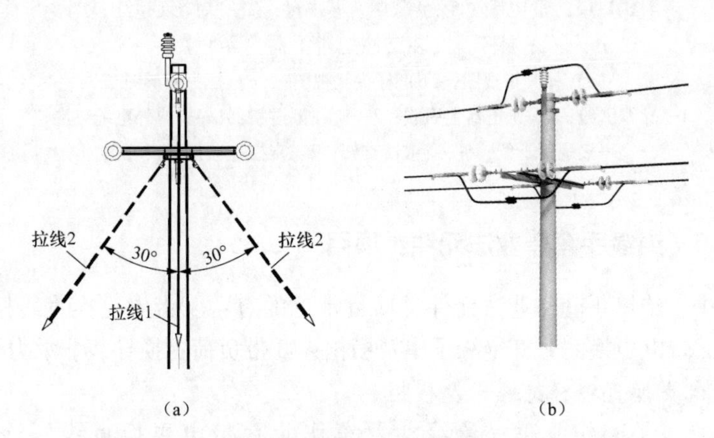


(a)　　　　　　　　　　　　(b)

图 1-12　带电断、接耐张杆引线（三角排列）示意图

(a) 杆头正视图；(b) 杆头外形图

4. 带电断、接空载电缆线路与架空线路连接引线

带电断、接空载电缆线路与架空线路连接引线如图 1-13 所示，包括以下作业：

(1) 采用绝缘杆作业法（登杆作业，或在绝缘斗臂车的工作斗或其他绝缘平台上采用）带电断、接空载电缆线路与架空线路连接引线，为第三类复杂项目，风险等级Ⅲ级，编制施工方案（作业指导书）。

(2) 采用绝缘手套作业法（绝缘斗臂车作业，或在其他绝缘平台上采用）带电断、接空载电缆线路与架空线路连接引线，为第三类复杂项目，风险等级Ⅲ级，编制施工方案（作业指导书）。

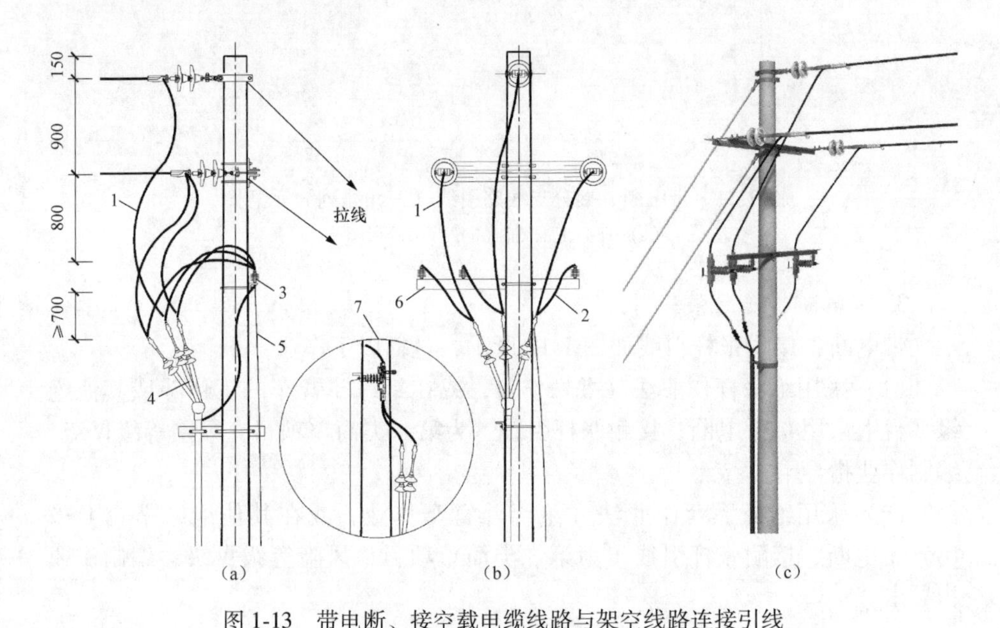


图 1-13　带电断、接空载电缆线路与架空线路连接引线
（终端杆，安装支柱型避雷器）示意图
(a) 杆头正视图；(b) 杆头侧视图；(c) 杆头外形图
1—导线引线；2—避雷器上引线；3—支柱型避雷器；4—户外电缆终端；
5—接地引下线；6—避雷器支架；7—支柱型避雷器安装图

## 1.2.6　绝缘手套作业法元件类项目

生产中，绝缘手套作业法元件类项目常见的有：①带电更换直线杆绝缘子及横担；②带电更换耐张杆绝缘子串及横担；③带负荷更换导线非承力线夹。

1. 带电更换直线杆绝缘子及横担

采用绝缘手套作业法（绝缘斗臂车作业）带电更换直线杆绝缘子如图 1-14 所示，为第二类简单项目，风险等级Ⅳ级，编制作业指导卡。

2. 带电更换耐张杆绝缘子串及横担

采用绝缘手套作业法（绝缘斗臂车作业）带电更换耐张杆绝缘子串及横担如图 1-15 所示，为第二类简单项目，风险等级Ⅳ级，编制作业指导卡。

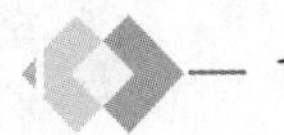


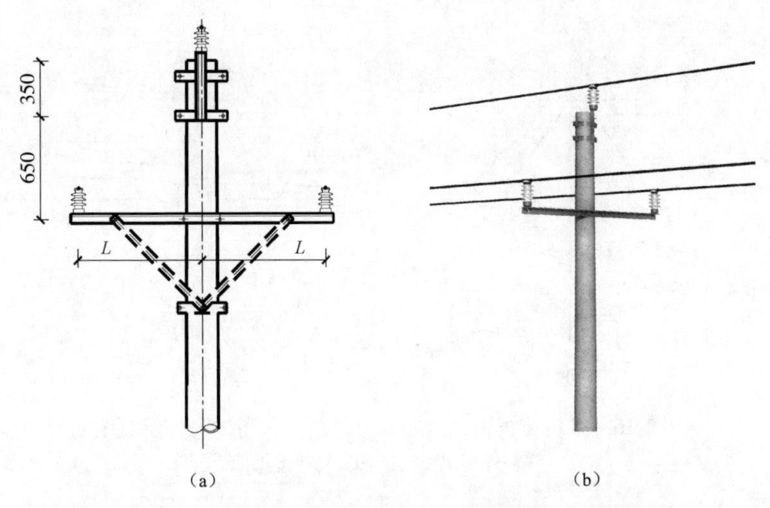


图1-14　带电更换直线杆绝缘子（三角排列）示意图

（a）杆头正视图；（b）杆头外形图

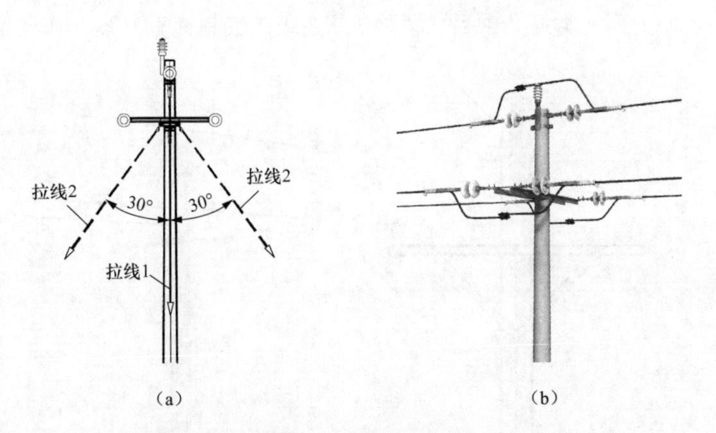


图1-15　带电更换耐张杆绝缘子串及横担示意图

（a）杆头正视图；（b）杆头外形图

3. 带负荷更换导线非承力线夹

采用绝缘手套作业法和绝缘引流线法（绝缘斗臂车作业）带负荷更换导线非承力线夹如图1-16所示，为第三类复杂项目，风险等级Ⅲ级，编制施工方案（作业指导书）。

### 1.2.7　绝缘手套作业法电杆类项目

生产中，绝缘手套作业法电杆类项目常见的有：①带电组立或撤除直线电杆；②带电更换直线电杆；③带电直线杆改终端杆；④带负荷直线杆改耐张杆。

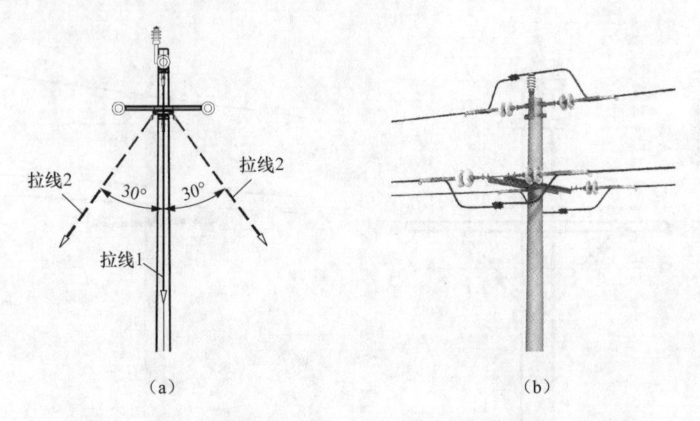


图 1-16　带负荷更换导线非承力线夹（三角排列）示意图

（a）杆头正视图；（b）杆头外形图

1. 带电组立或撤除直线电杆

采用绝缘手套作业法（绝缘斗臂车+吊车作业）带电组立或撤除直线电杆如图 1-17 所示，为第三类复杂项目，风险等级Ⅲ级，编制施工方案（作业指导书）。

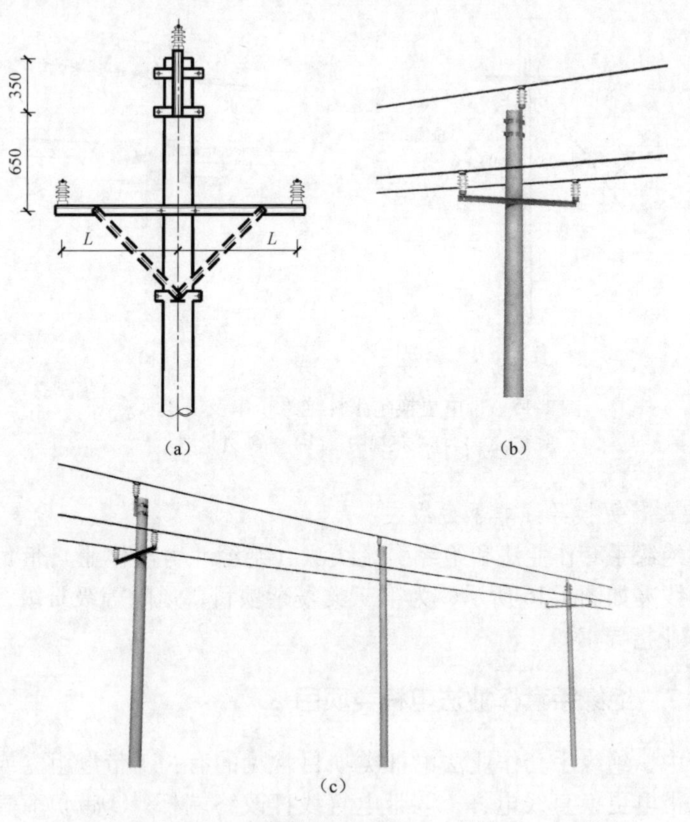


图 1-17　带电组立或撤除直线电杆（三角排列）示意图

（a）杆头正视图；（b）杆头外形图；（c）架空线路图

2. 带电更换直线电杆

采用绝缘手套作业法（绝缘斗臂车+吊车作业）带电更换直线电杆如图 1-18 所示，为第三类复杂项目，风险等级Ⅲ级，编制施工方案（作业指导书）。

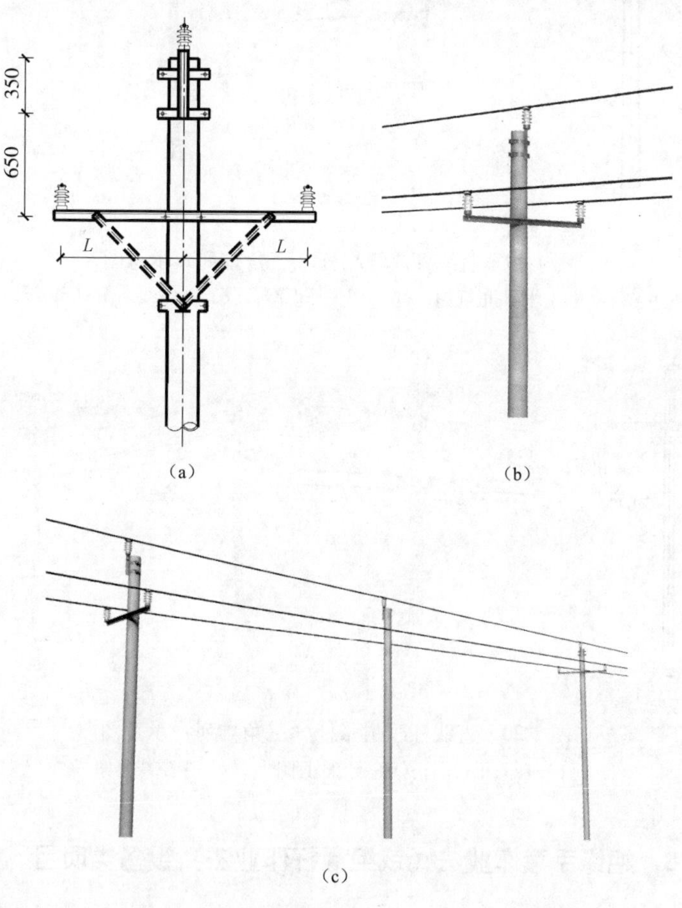


图 1-18　带电更换直线电杆（三角排列）示意图
(a) 杆头正视图；(b) 杆头外形图；(c) 架空线路图

3. 带电直线杆改终端杆

采用绝缘手套作业法和绝缘横担法（绝缘斗臂车作业）带电直线杆改终端杆如图 1-19 所示，为第三类复杂项目，风险等级Ⅲ级，编制施工方案（作业指导书）。

4. 带负荷直线杆改耐张杆

采用绝缘手套作业法、旁路作业法和绝缘横担法（绝缘斗臂车作业）带负荷直线杆改耐张杆如图 1-20 所示，为第三类复杂项目，风险等级Ⅲ级，编制施工方案（作业指导书）。

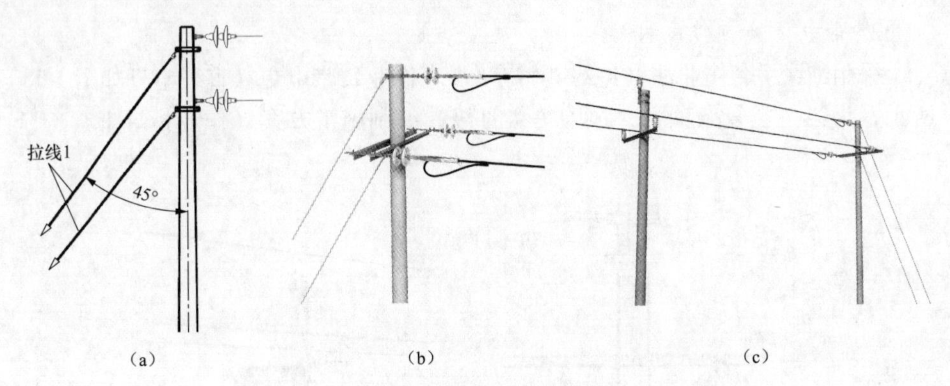


图 1-19　直线杆改终端杆（三角排列）示意图
(a) 杆头正视图；(b) 杆头外形图；(c) 架空线路图

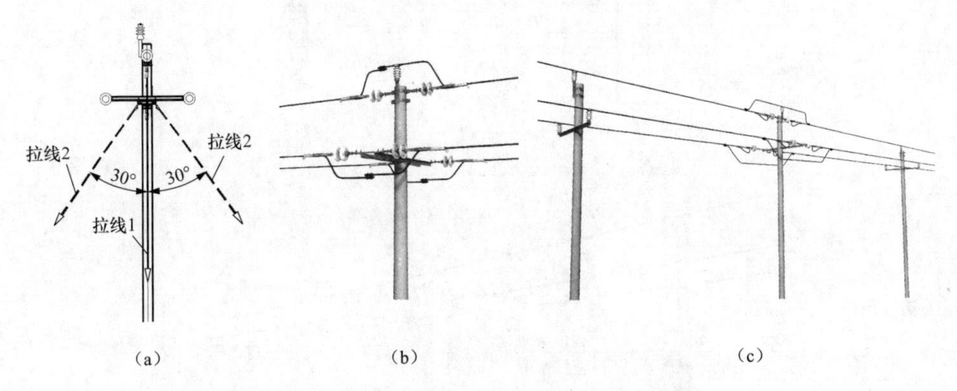


图 1-20　直线杆改耐张杆（三角排列）示意图
(a) 杆头正视图；(b) 杆头外形图；(c) 架空线路图

### 1.2.8　绝缘手套作业法（或绝缘杆作业法）设备类项目

生产中，绝缘手套作业法（或绝缘杆作业法）设备类项目包括带电更换避雷器、带电更换熔断器、带负荷更换熔断器、带电更换隔离开关、带电更换柱上开关（断路器、负荷开关）、带负荷更换或加装隔离开关、带负荷更换或加装柱上开关（断路器、负荷开关）等。

1. 带电更换避雷器

采用绝缘手套作业法（绝缘斗臂车作业）带电更换避雷器如图 1-21 所示，为第二类简单项目，风险等级Ⅳ级，编制作业指导卡。

2. 带电更换熔断器 1

带电更换熔断器 1 如图 1-22 所示，包括以下作业：

(1) 采用绝缘杆作业法（登杆作业）带电更换熔断器，为第三类复杂项目，风险等级Ⅲ级，编制施工方案（作业指导书）。

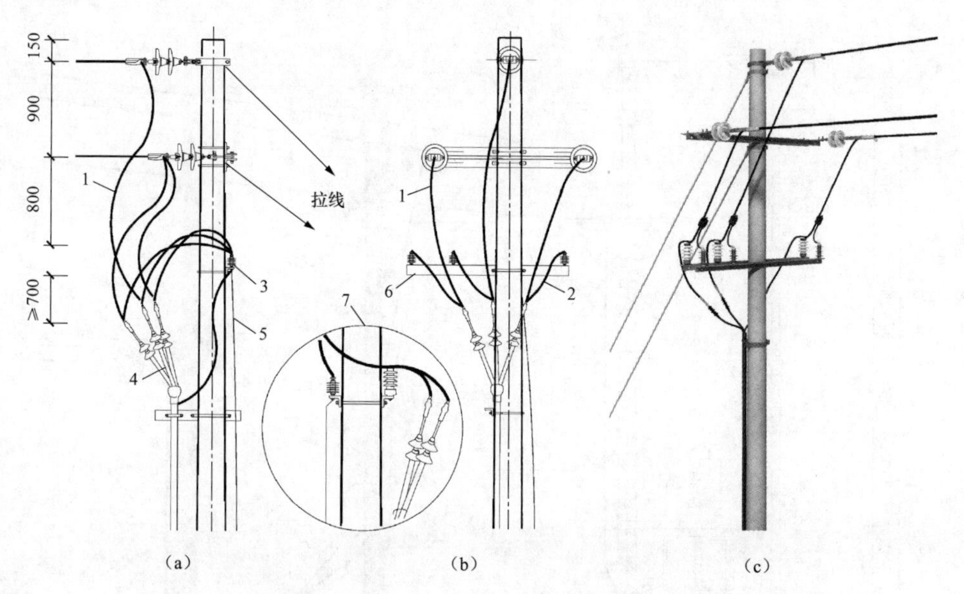


图 1-21　带电更换避雷器（终端杆，安装氧化锌避雷器）示意图

（a）杆头正视图；（b）杆头侧视图；（c）杆头外形图

1—导线引线；2—避雷器上引线；3—合成氧化锌避雷器；4—户外电缆终端；5—接地引下线；6—避雷器支架；7—氧化锌避雷器安装图

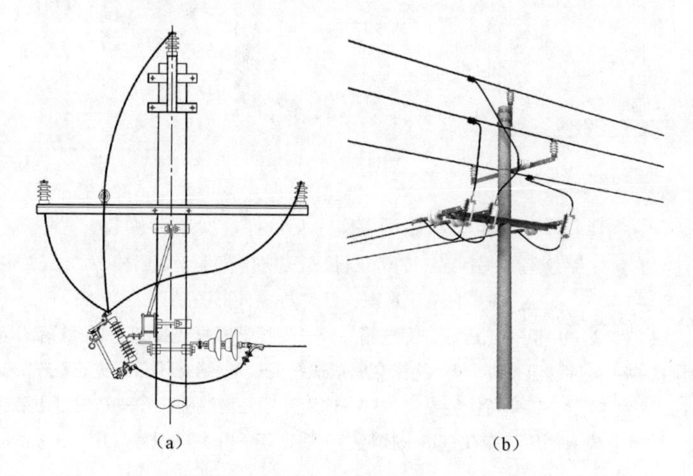


图 1-22　带电更换熔断器 1（分支杆，三角排列）示意图

（a）杆头正视图；（b）杆头外形图

（2）采用绝缘手套作业法（绝缘斗臂车作业）带电更换熔断器，为第二类简单项目，风险等级Ⅳ级，编制作业指导卡。

3. 带电更换熔断器 2

采用绝缘手套作业法（绝缘斗臂车作业）带电更换熔断器 2 如图 1-23 所

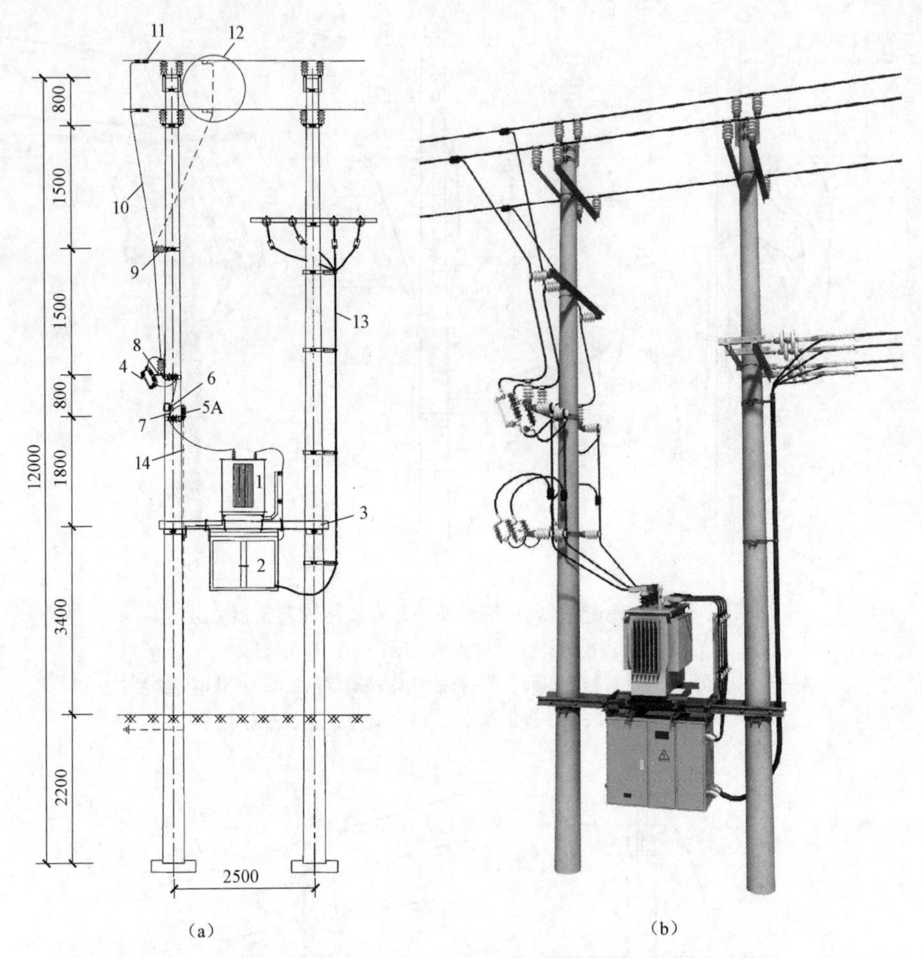


图 1-23 带电更换熔断器 2（变台杆，变压器侧装，绝缘导线引线，12m 双杆，三角排列）示意图

（a）杆头正视图；（b）杆头外形图

1—柱上变压器；2—JP 柜（低压综合配电箱）；3—变压器双杆支持架；4—跌落式熔断器；5A—普通型避雷器或可拆卸避雷器；6—绝缘穿刺接地线夹；7—绝缘压接线夹；8—熔断器安装架；9—线路柱式瓷绝缘子；10—高压绝缘线；11—选用异性并沟线夹；12—选用带电装拆线夹；13—低压电缆或低压绝缘线；14—接地引下线；15—开关标识牌（图中未标示）

示，为第二类简单项目，风险等级Ⅳ级，编制作业指导卡。

4. 带负荷更换熔断器 3

采用绝缘手套作业法（绝缘斗臂车作业）带负荷更换熔断器 3 如图 1-24 所示，为第三类复杂项目，风险等级Ⅲ级，编制施工方案（作业指导书）。

5. 带电更换隔离开关

采用绝缘手套作业法（绝缘斗臂车作业）带电更换隔离开关如图 1-25 所

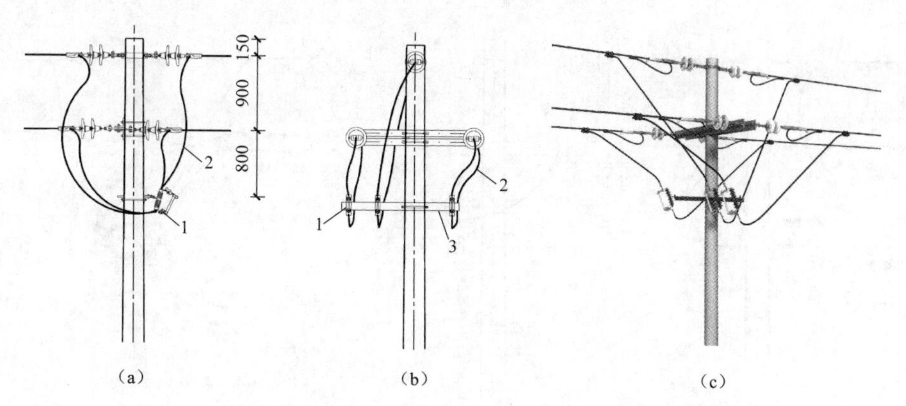


图 1-24　带负荷更换熔断器 3（耐张杆，三角排列）示意图

（a）杆头正视图；（b）杆头侧视图；（c）杆头外形图

1—跌落式熔断器；2—导线引线；3—跌落式熔断器支架

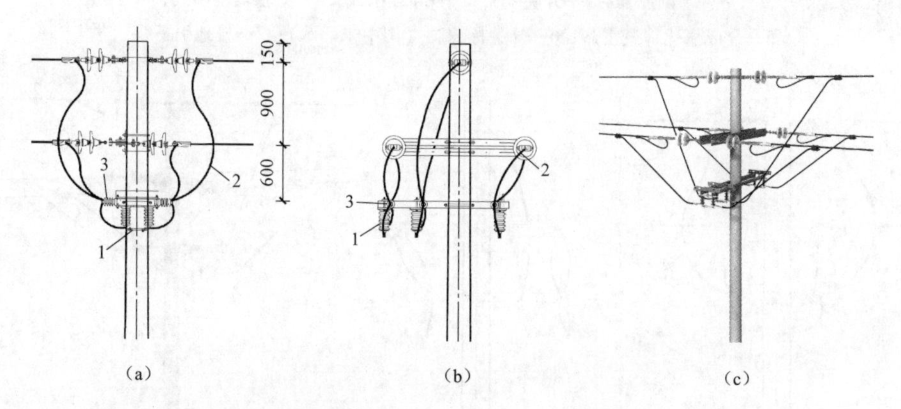


图 1-25　带电更换隔离开关（耐张杆，三角排列）示意图

（a）杆头正视图；（b）杆头侧视图；（c）杆头外形图

1—隔离开关；2—导线引线；3—线路柱式瓷绝缘子

示，为第二类简单项目，风险等级Ⅳ级，编制作业指导卡。

6. 带电更换柱上开关

采用绝缘手套作业法（绝缘斗臂车作业）带电更换柱上开关如图 1-26 所示，为第二类简单项目，风险等级Ⅳ级，编制作业指导卡。

7. 带负荷更换隔离开关

带负荷更换隔离开关如图 1-27 所示，为第三类复杂项目，风险等级Ⅲ级，编制施工方案（作业指导书），包括以下作业：

（1）采用绝缘手套作业法+绝缘引流线法（绝缘斗臂车作业）带负荷更换隔离开关。

（2）采用绝缘手套作业法+旁路作业法（绝缘斗臂车作业）带负荷更换

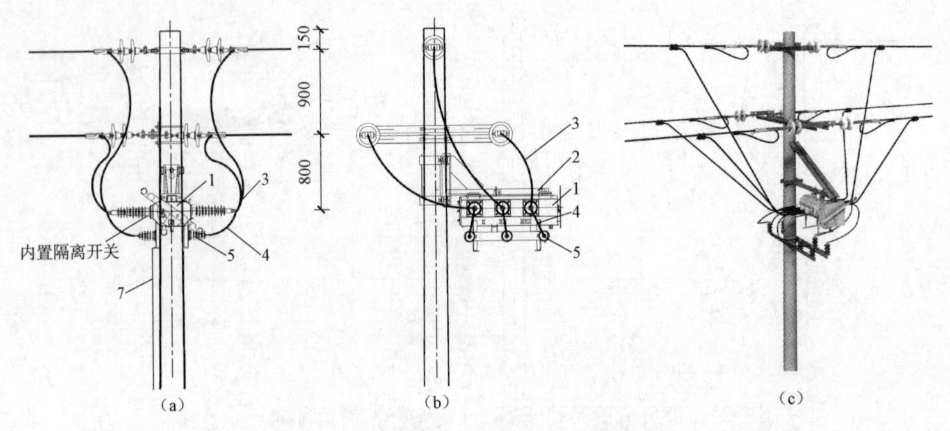


图 1-26 带电更换柱上开关（三角排列，内置隔离开关）示意图

（a）杆头正视图；（b）杆头侧视图；（c）杆头外形图

1—柱上断路器；2—开关支架；3—导线引线；4—避雷器上引线；

5—合成氧化锌避雷器；6—开关标识牌（图中未标示）；7—接地引下线

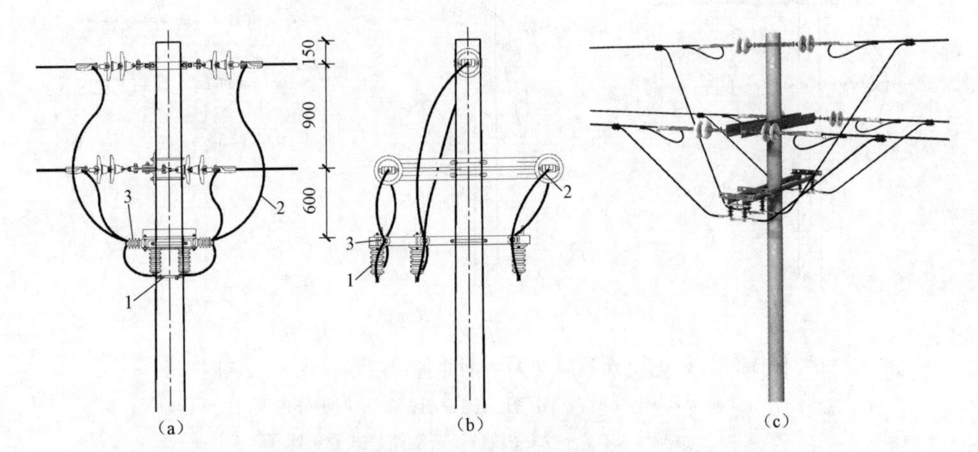


图 1-27 带负荷更换或加装隔离开关（耐张杆，三角排列）示意图

（a）杆头正视图；（b）杆头侧视图；（c）杆头外形图

1—隔离开关；2—导线引线；3—线路柱式瓷绝缘子

柱上开关。

8. 带负荷更换柱上开关 1

带负荷更换柱上开关 1 如图 1-28 所示，为第三类复杂项目，风险等级Ⅲ级，编制施工方案（作业指导书），包括以下作业。

（1）采用绝缘手套作业法+旁路作业法（绝缘斗臂车作业）带负荷更换柱上开关 1。

（2）采用绝缘手套作业法+桥接施工法（绝缘斗臂车作业）带负荷更换柱上开关 1。

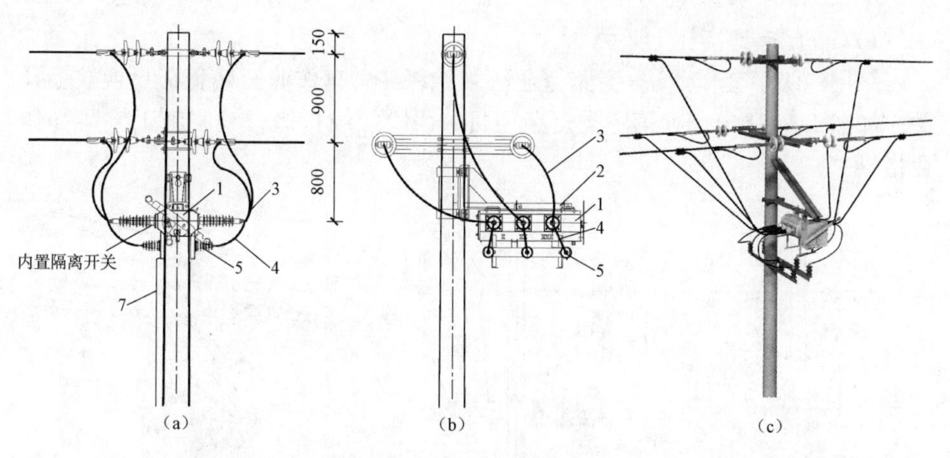


图 1-28　带负荷更换柱上开关 1（三角排列，内置隔离开关）或负荷开关示意图

（a）杆头正视图；（b）杆头侧视图；（c）杆头外形图

1—柱上断路器；2—开关支架；3—导线引线；4—避雷器上引线；

5—合成氧化锌避雷器；6—开关标识牌（图中未标示）；7—接地引下线

### 9. 带负荷更换柱上开关 2

采用绝缘手套作业法+旁路作业法（绝缘斗臂车作业）带负荷更换柱上开关 2 如图 1-29 所示，为第三类复杂项目，风险等级Ⅲ级，编制施工方案（作业指导书）。

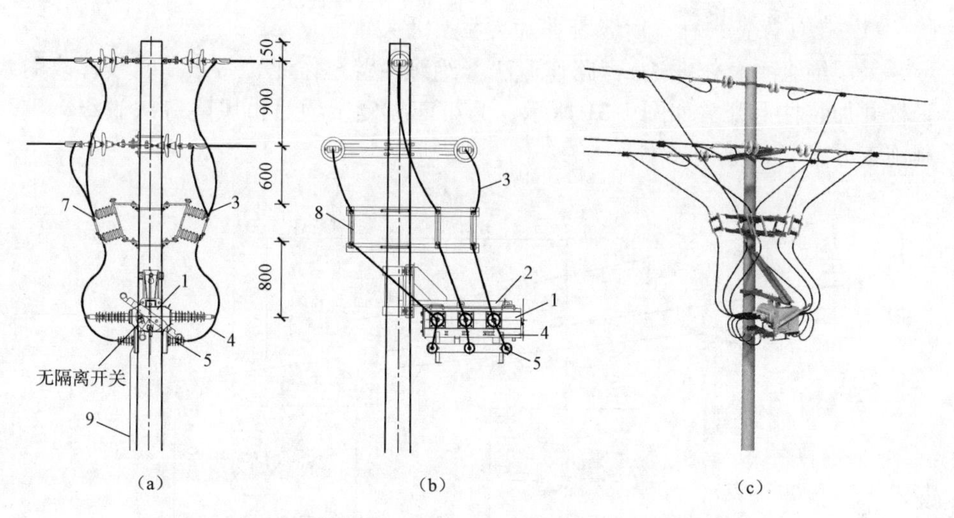


图 1-29　带负荷更换柱上开关 2（三角排列，外加两侧隔离开关）或负荷开关示意图

（a）杆头正视图；（b）杆头侧视图；（c）杆头外形图

1—柱上断路器；2—开关支架；3—导线引线；4—避雷器上引线；5—合成氧化锌避雷器；

6—开关标识牌（图中未标示）；7—隔离开关；8—隔离开关安装支架；9—接地引下线

10. 带负荷更换柱上开关 3

采用绝缘手套作业法+旁路作业法（绝缘斗臂车作业）带负荷更换柱上开关 3 如图 1-30 所示，为第三类复杂项目，风险等级Ⅲ级，编制施工方案（作业指导书）。

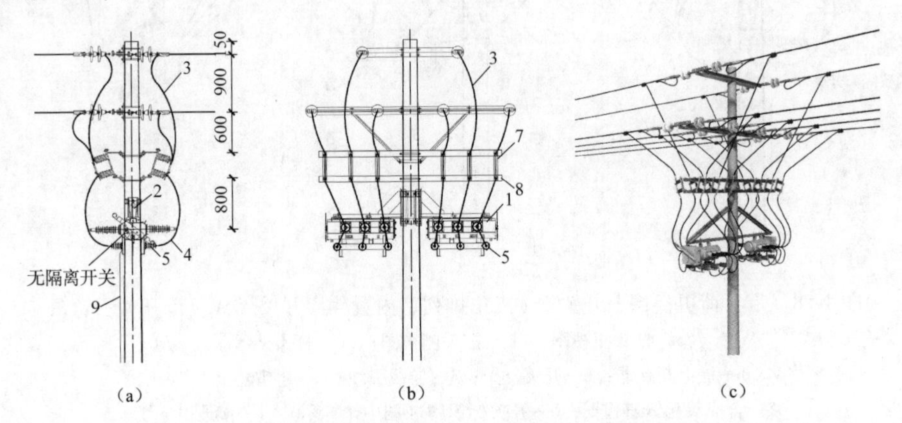


图 1-30 带负荷更换柱上开关 3（三角排列，双回柱上断路器，外加两侧隔离开关）示意图

(a) 杆头正视图；(b) 杆头侧视图；(c) 杆头外形图

1—柱上断路器；2—开关支架；3—导线引线；4—避雷器上引线；5—合成氧化锌避雷器；6—开关标识牌（图中未标示）；7—隔离开关；8—隔离开关安装支架；9—接地引下线

11. 带负荷直线杆改耐张杆并加装柱上开关

采用绝缘手套作业法+旁路作业法（绝缘斗臂车作业）带负荷直线杆改耐张杆并加装柱上开关如图 1-31 所示，为第四类复杂项目，风险等级Ⅲ级，编制施工方案（作业指导书）。

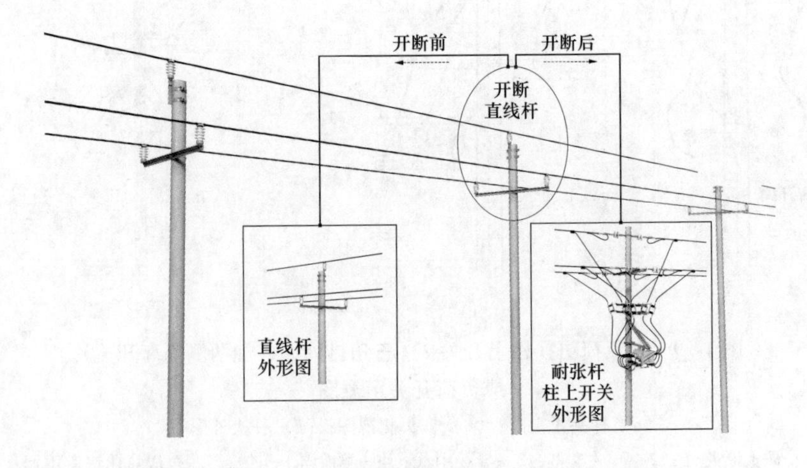


图 1-31 带负荷直线杆改耐张杆并加装柱上开关示意图

### 1.2.9 绝缘杆作业法和绝缘手套作业法消缺类项目

生产中，绝缘杆作业法和绝缘手套作业法消缺类项目如图1-32所示，包括以下作业：

（1）绝缘杆作业法带电普通消缺及装拆附件，包括：修剪树枝、清除异物、扶正绝缘子、拆除退役设备；加装或拆除接触设备套管、故障指示器、驱鸟器等，为第一类简单项目，风险等级Ⅳ级，编制作业指导卡。

（2）绝缘手套作业法带电普通消缺及装拆附件，包括：清除异物、扶正绝缘子、修补导线及调节导线弧垂、处理绝缘子异响、拆除退役设备、更换拉线、拆除非承力线夹；加装接地环；加装或拆除接触设备套管、故障指示器、驱鸟器等，为第二类简单项目，风险等级Ⅳ级，编制作业指导卡。

图1-32 普通消缺及装拆附件类项目

（a）主线路；（b）分支线路

## 1.3 配电线路旁路作业技术

### 1.3.1 旁路作业的概念

按照GB/T 34577—2017《配电线路旁路作业技术导则》的定义：旁路作业（bypass working）是指通过旁路设备的接入，将配电网中的负荷转移至旁路系统，实现待检修设备停电检修的作业方式。

配电线路旁路作业方式按照项目的不同可以分为旁路作业法和临时供电作业法。其中，无论是旁路作业法，还是临时供电作业法，都是通过构建旁路电缆供电回路，实现线路和设备中的负荷转移，从而完成停电检修工作和保供电工作。如图1-33所示，实现线路负荷转移的旁路电缆供电回路就是由三相旁路引下电缆、旁路负荷开关、三相旁路柔性电缆和电气连接用的引流线夹、快速插拔终端、快速插拔接头所组成，而图中的断联点是

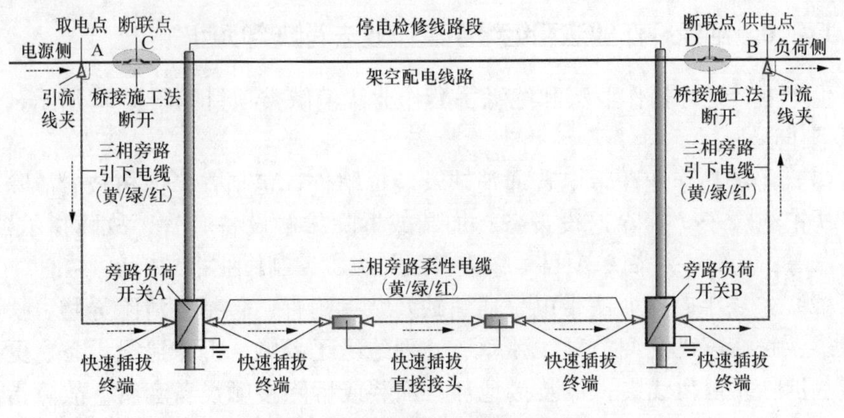


图 1-33　旁路作业工作示意图

指采用桥接施工法实现线路的断开点（停电检修）与联结点（线路供电），简称断联点。

### 1.3.2　旁路作业中转供电作业的概念

生产中，旁路作业中转供电作业用于负荷转移（停电检修）工作，包含取电、送电、供电三个环节，作业项目包括：①电缆线路和环网箱的停电检修（更换）工作，采用旁路作业+倒闸操作方式完成；②架空线路和柱上变压器的停电检修（更换）工作，需要采用带电作业+旁路作业+倒闸操作方式协同完成。例如，在如图 1-34 所示的停电检修架空线路的旁路作业中，实现线路负荷转移（停电检修）工作：

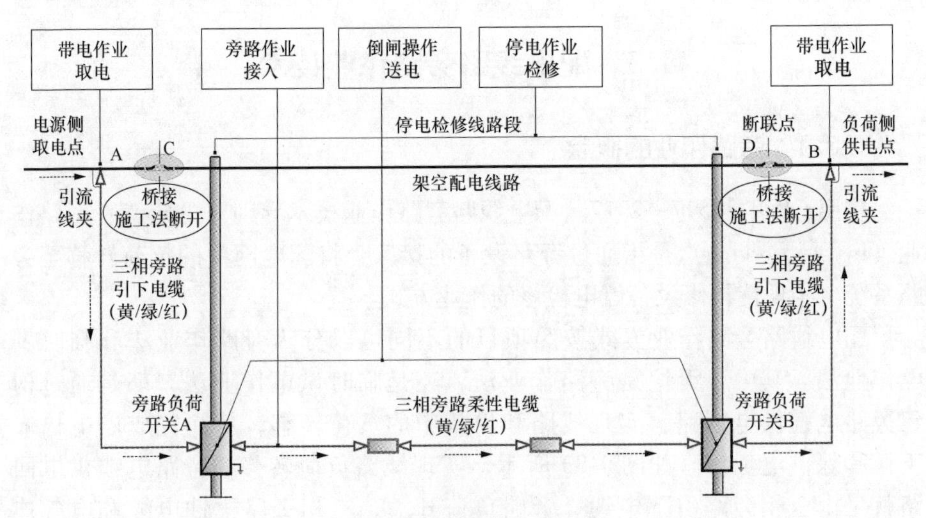


图 1-34　转供电作业示意图

（1）在旁路负荷开关处，采用旁路作业完成旁路电缆回路的接入工作，以及旁路引下电缆的接入工作。

（2）在取电点和供电点处，采用带电作业完成旁路引下电缆的连接工作。

（3）在旁路负荷开关处，采用倒闸操作完成旁路电缆回路送电和供电工作，即负荷转移工作。

（4）在断联点处，采用带电作业（桥接施工法）完成待检修线路的停运工作。

（5）线路负荷转移后，即可按照停电检修作业方式完成线路检修工作。

### 1.3.3　旁路作业中临时取电作业的概念

生产中，旁路作业中临时取电作业用于负荷转移（保供电）工作，作业项目包括：①采用旁路作业+倒闸操作完成取电工作；②采用旁路作业+带电作业+倒闸操作完成取电工作。例如，在图1-35所示的从架空线路临时取电给移动箱变的作业中，实现线路负荷转移（保供电）工作：

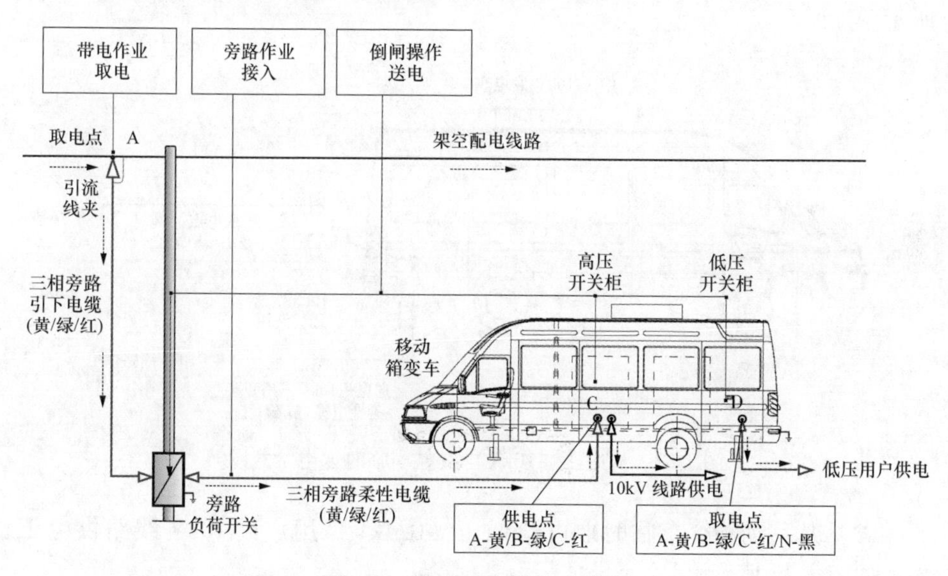


图1-35　临时取电作业示意图

（1）在旁路负荷开关和移动箱变处，采用“旁路作业”完成旁路电缆回路的接入工作，以及低压旁路引下电缆的接入工作。

（2）在取电点处，采用带电作业完成旁路引下电缆的连接工作。

（3）在旁路负荷开关和移动箱变处，采用倒闸操作完成旁路电缆回路送电和供电工作，即负荷转移（保供电）工作。

生产中，根据取电点的不同，临时取电作业还包含以下几类：

（1）从低压（0.4kV）发电车临时取电给低压（0.4kV）用户供电工作，如图1-36所示。

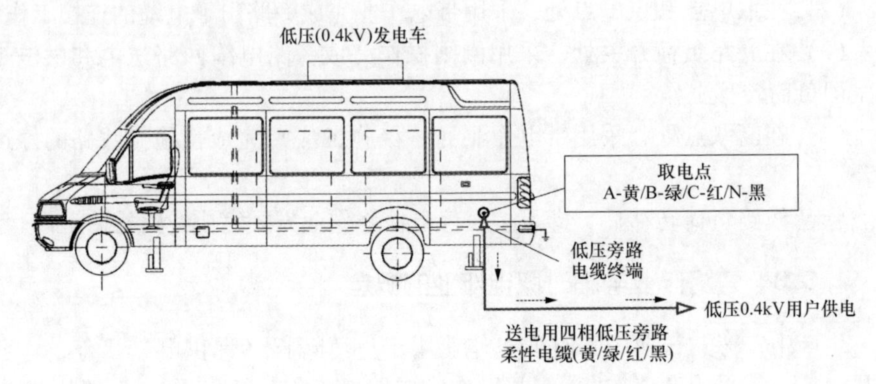


图1-36 从低压（0.4kV）发电车取电示意图

（2）从中压（10kV）发电车临时取电给10kV线路供电工作，如图1-37所示。

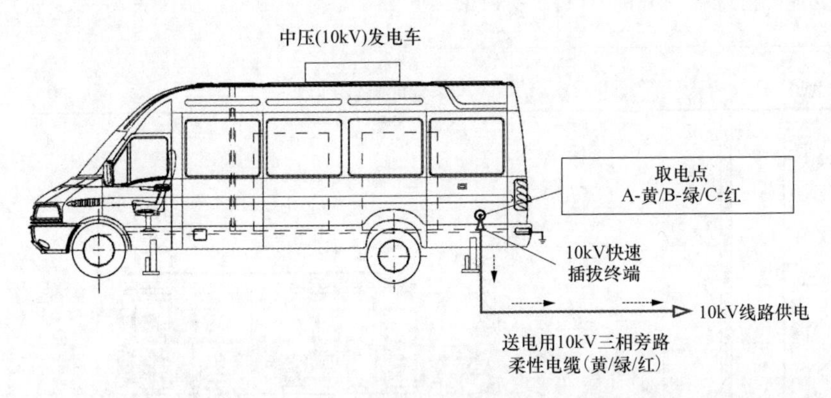


图1-37 从中压（10kV）发电车临时取电示意图

（3）从移动箱变车临时取电给低压（0.4kV）用户或10kV线路供电工作，如图1-38所示。

（4）从环网箱临时取电给移动箱变供电工作，如图1-39所示。

### 1.3.4 旁路作业转供电类项目

生产中，旁路作业转供电类项目常见的有：①不停电更换柱上变压器；②旁路作业“检修”架空线路；③旁路作业检修电缆线路；④旁路作业检修环网箱等。

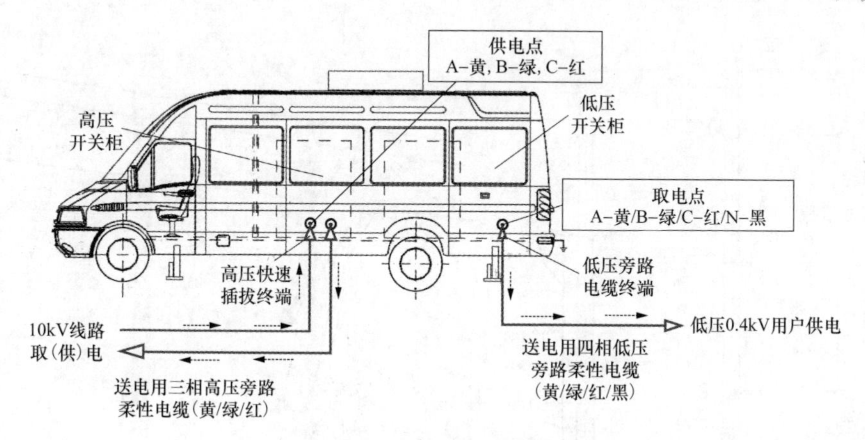


图 1-38　从移动箱变车取电示意图

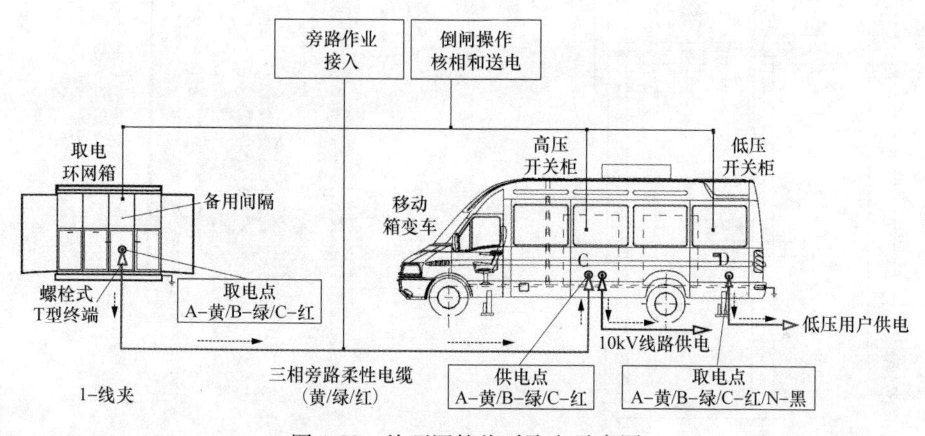


图 1-39　从环网箱临时取电示意图

1. 不停电更换柱上变压器

不停电更换柱上变压器如图 1-40 所示，为第四类复杂项目，风险等级Ⅲ级，编制施工方案（作业指导书），包括以下作业。

（1）不停电更换柱上变压器（绝缘斗臂车+发电车作业）如图 1-41 所示。

（2）不停电更换柱上变压器（绝缘斗臂车+移动箱变车作业）如图 1-42 所示。

2. 旁路作业检修架空线路

旁路作业检修架空线路（绝缘斗臂车+旁路设备作业）如图 1-43 所示，为第四类复杂项目，风险等级Ⅲ级，编制施工方案（作业指导书）。

3. 旁路作业检修电缆线路

旁路作业检修电缆线路（旁路设备作业）如图 1-44 所示，为第四类复杂项目，风险等级Ⅲ级，编制施工方案（作业指导书）。

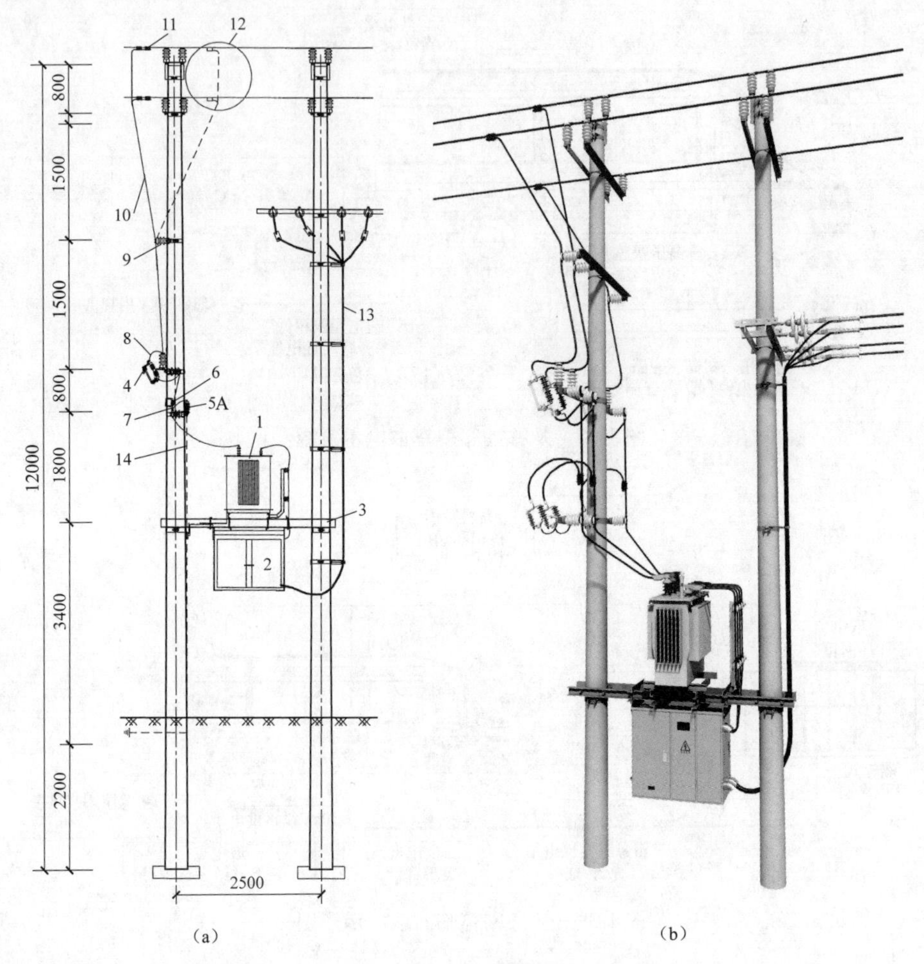


图 1-40 柱上变压器（变台杆，变压器侧装，绝缘导线引线，12m 双杆，三角排列）示意图

（a）杆头正视图；（b）杆头外形图

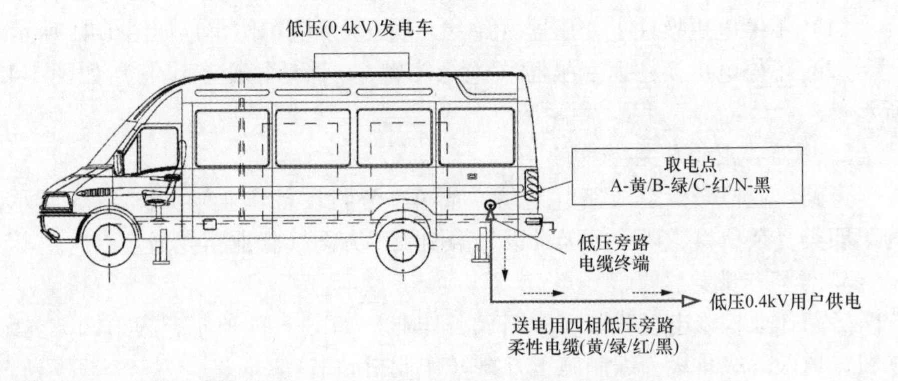


图 1-41 不停电更换柱上变压器（发电车作业）示意图

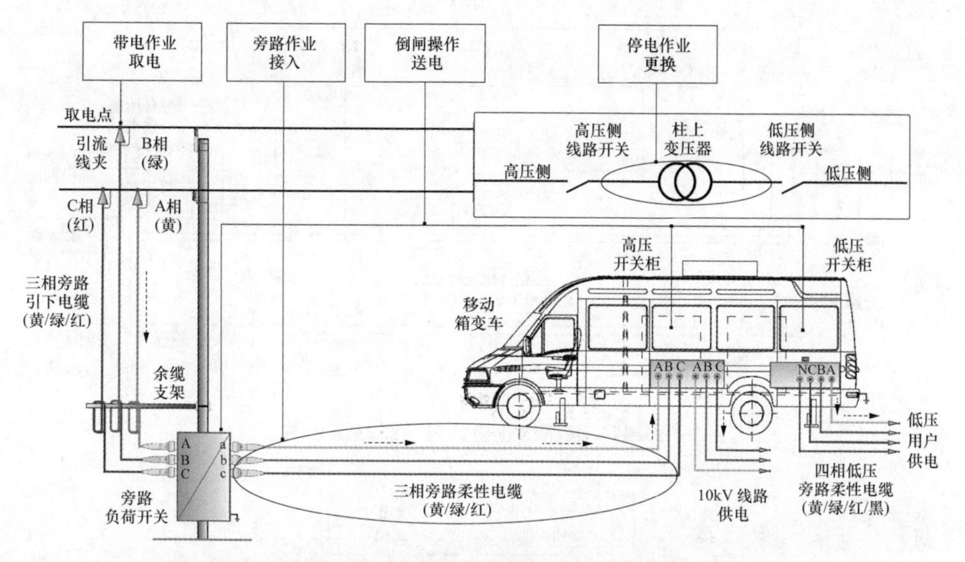


图 1-42　不停电更换柱上变压器（移动箱变车作业）示意图

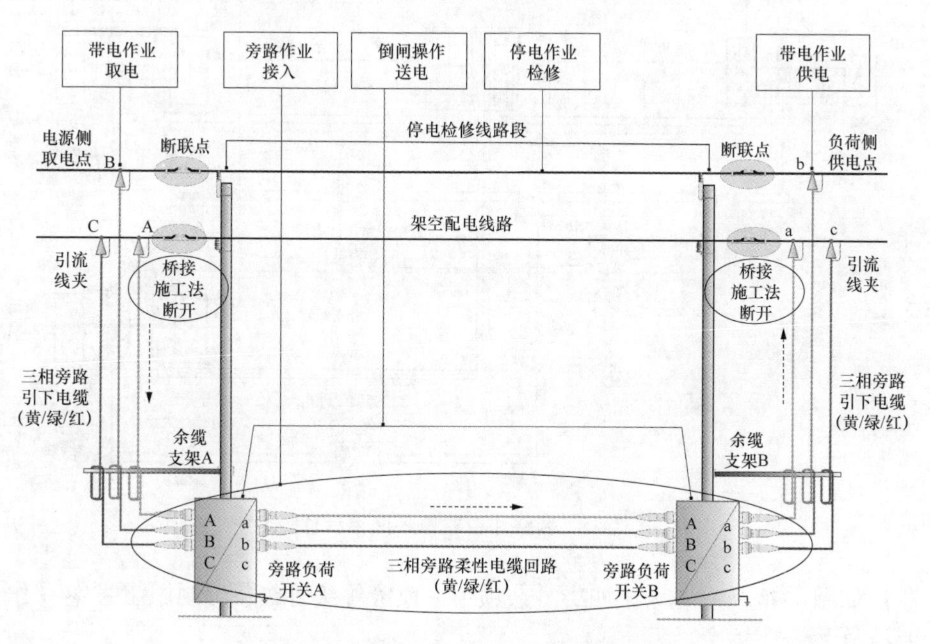


图 1-43　旁路作业检修架空线路示意图

4. 旁路作业检修环网箱

（1）旁路作业检修环网箱（旁路设备作业）如图 1-45 所示，为第四类复杂项目，风险等级Ⅲ级，编制施工方案（作业指导书）。

（2）旁路作业检修环网箱（旁路设备+电缆转换接头+移动环网柜车作

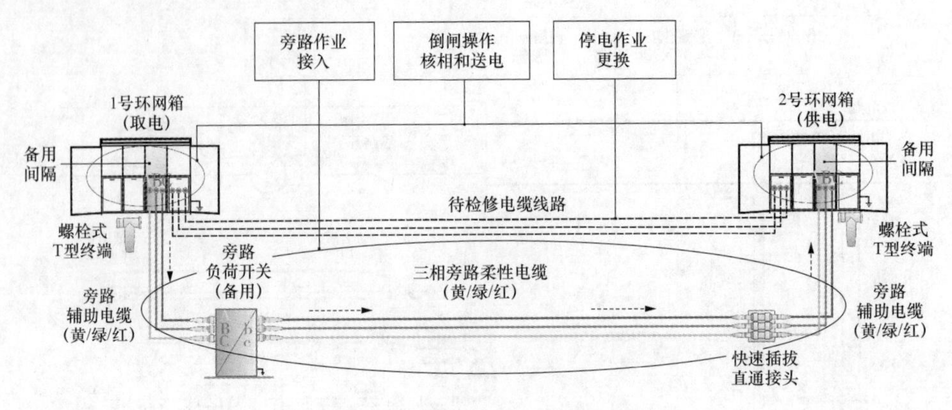


图 1-44　旁路作业检修电缆线路示意图

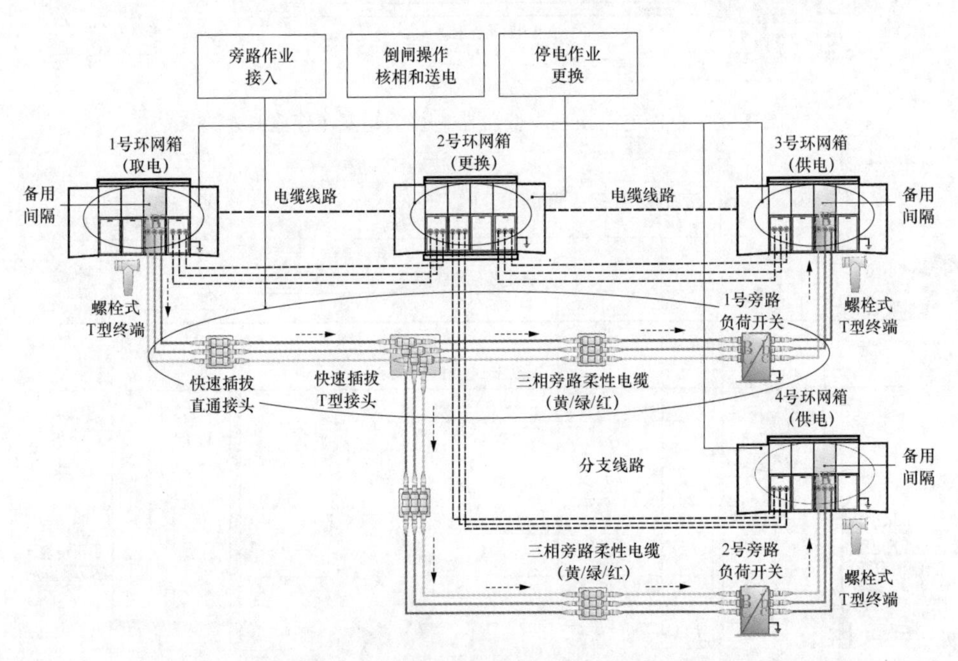


图 1-45　旁路作业检修环网箱示意图

业）如图 1-46 所示，为第四类复杂项目，风险等级Ⅲ级，编制施工方案（作业指导书）。

### 1.3.5　旁路作业临时取电类项目

生产中，旁路作业临时取电类项目常见的有：①从架空线路临时取电给移动箱变供电；②从架空线路临时取电给环网箱供电；③从环网箱临时取电给移动箱变；④从环网箱临时取电给环网箱供电。

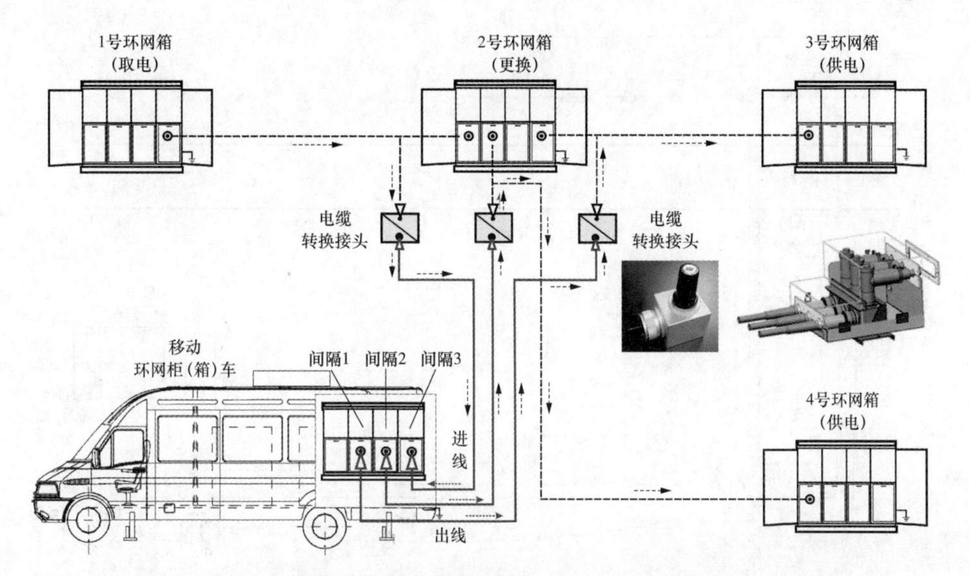


图 1-46　采用“电缆转接头+移动环网柜车”旁路作业检修环网箱作业示意图

1. 从架空线路临时取电给移动箱变供电

从架空线路临时取电给移动箱变供电（绝缘斗臂车+移动箱变作业）如图 1-47 所示，为第四类复杂项目，风险等级Ⅲ级，编制施工方案（作业指导书）。

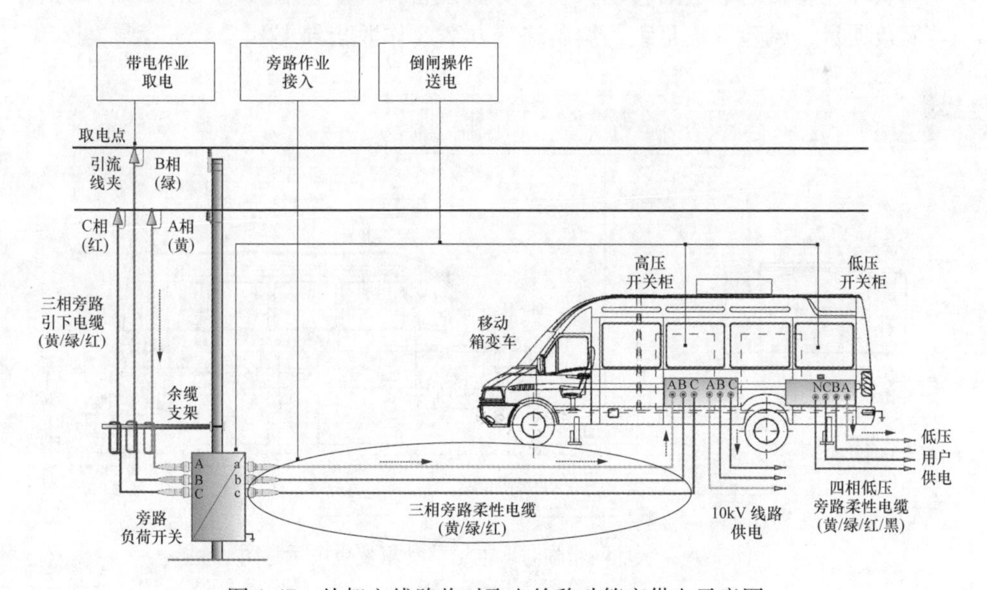


图 1-47　从架空线路临时取电给移动箱变供电示意图

2. 从架空线路临时取电给环网箱供电

从架空线路临时取电给环网箱供电（绝缘斗臂车作业）如图 1-48 所示，

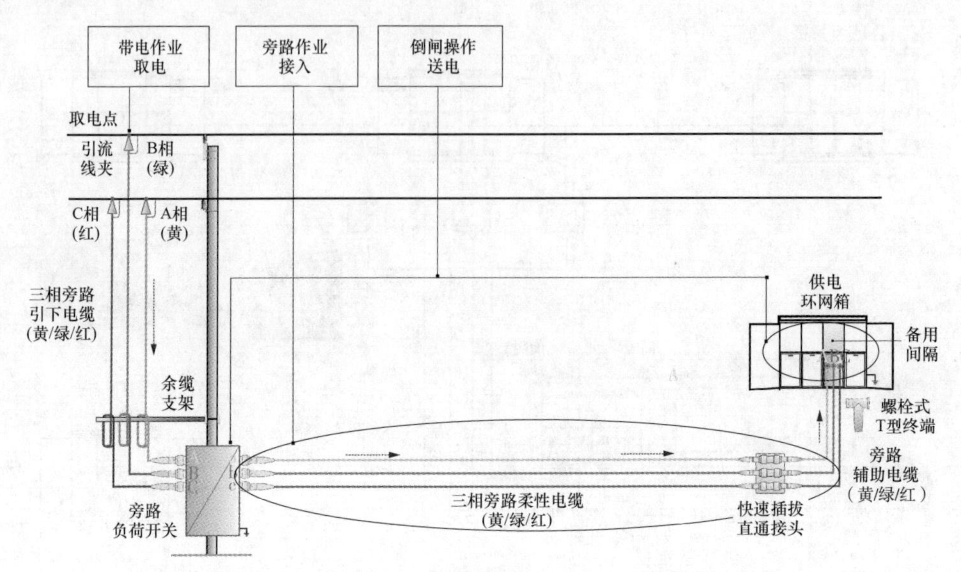


图 1-48 从架空线路“临时取电”给环网箱供电示意图

为第四类复杂项目，风险等级Ⅲ级，编制施工方案（作业指导书）。

3. 从环网箱临时取电给移动箱变

从环网箱临时取电给移动箱变（旁路设备作业）如图 1-49 所示，为第四类复杂项目，风险等级Ⅲ级，编制施工方案（作业指导书）。

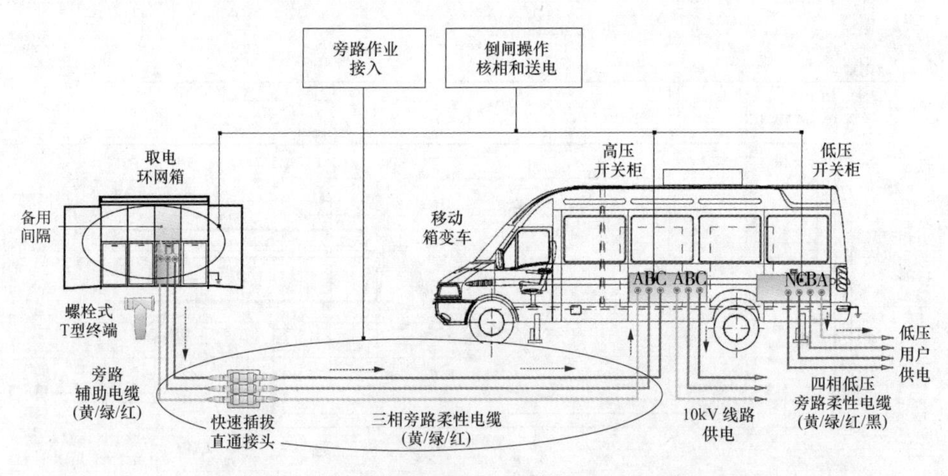


图 1-49 从环网箱临时取电给移动箱变供电示意图

4. 从环网箱临时取电给环网箱供电

从环网箱临时取电给环网箱供电（旁路设备作业）如图 1-50 所示，为第四类复杂项目，风险等级Ⅲ级，编制施工方案（作业指导书）。

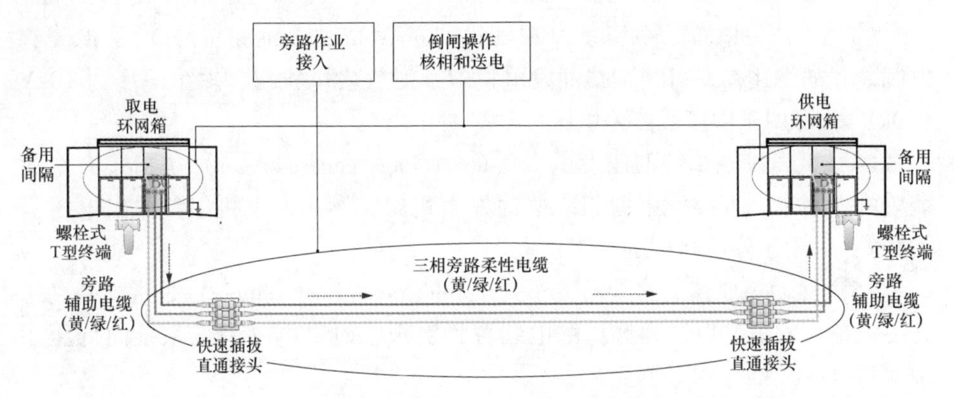


图1-50　从环网箱临时取电给环网箱供电示意图

## 1.4　微网发电作业技术

### 1.4.1　微网发电作业的概念

微网发电作业主要由中压发电车、低压发电车、移动箱变车等装备所组成，如图1-51所示。其中：①中压发电车（带支）为用于提供10kV中压电源的专用车辆，具备单台运行供电、多台并机运行供电等模式；②低压发电车（带户）为用于提供0.4kV低压电源的专用车辆；③移动箱变车（带变）为实现临时供电（高压系统向低压系统输送电能）的专用车辆。

按照Q/GDW 06 10027—2020《“微网”发电作业通用运行规程》的定义，各项基本概念如下：

（1）微电网（微网）。微电网（micro-grid，微网）是指由分布式电源、储能装置、能量转换装置、负荷、监控和保护装置等组成的小型发配电系统。

（2）微网发电组网。微网发电组网（micro-grid generating network）是指针对现有10kV配电线路和设备，利用发电作业装备提供电源，组成临时小型独立电网系统，为指定范围内的用户供电。

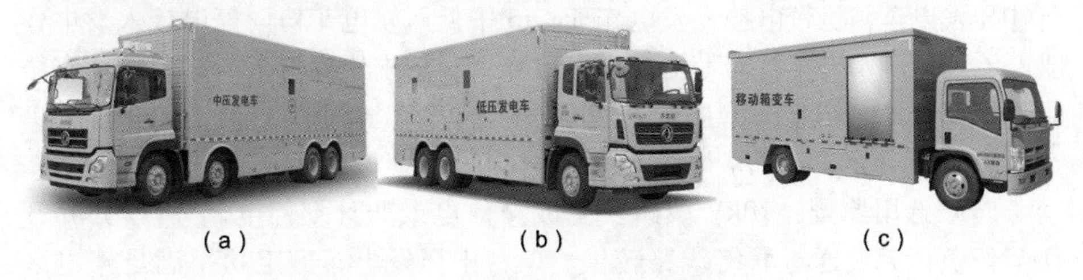


图1-51　微网发电作业主要装备

（a）中压发电车（带支）；（b）低压发电车（带户）；（c）移动箱变车（带变）

（3）中压发电车。中压发电车（medium voltage generator car）是指装有电源装置的专用车，可装配柴油发电机组、燃气发电机组，输出电压为10kV（20kV），可用于中压线路停电区段的短时供电。

（4）低压发电车。低压发电车（low voltage generator car）是指装有电源装置的专用车，可装配电瓶组、柴油发电机组、燃汽发电机组，输出电压为0.4kV，可用于停电台区的短时供电。

（5）移动箱变车。移动箱变车（mobile transformer vehicle）是指配备高压开关设备、配电变压器和低压配电装置，实现临时供电（高压系统向低压系统输送电能）的专用车辆。

（6）中压发电车单机发电作业。中压发电车单机发电作业（single power operation by medium voltage generation car）是指利用单台中压发电车，通过停电或带电接入的方式对指定区域的中压负荷进行临时供电。

（7）中压发电车并机发电作业。中压发电车并机发电作业（parallel power operation by medium voltage generation cars）是指利用多台中压发电车，通过停电或带电接入的方式对指定区域的中压负荷进行临时供电。

（8）中低压发电车协同发电作业。中低压发电车协同发电作业（co-power operation by medium- and low-voltage generation cars）是指利用中压发电车、低压发电车协同作业方式对大范围、多区域的中、低压负荷进行临时供电。

（9）中压发电车与移动箱变车协同发电作业。中压发电车与移动箱变车协同发电作业（co-power operation by medium voltage generation car and mobile transformer vehicle）是指利用中压发电车、移动箱变车协同作业方式对大范围、多区域的中、低压负荷进行临时供电。

### 1.4.2 微网发电作业的应用

依据Q/GDW 06 10027—2020《“微网”发电作业通用运行规程》的规定，微网发电作业的应用包括：①中压发电车单机停电接入发电作业；②中压发电车单机带电接入发电作业；③中压发电车并机停电接入发电作业；④中压发电车并机带电接入发电作业；⑤中低压发电车协同停电接入发电作业；⑥中低压发电车协同带电接入发电作业；⑦中压发电车与移动箱变车协同停电接入发电作业；⑧中压发电车与移动箱变车协同带电接入发电作业。

1. 中压发电车单机停电接入发电作业

（1）选用原则：10kV线路发生故障停电或非计划停电，分段/分界开关后段负荷无法通过联络线路转供。单台中压发电车额定功率满足停电区域内最大负荷要求，应选用中压发电车单机停电接入发电作业，如图1-52所示。

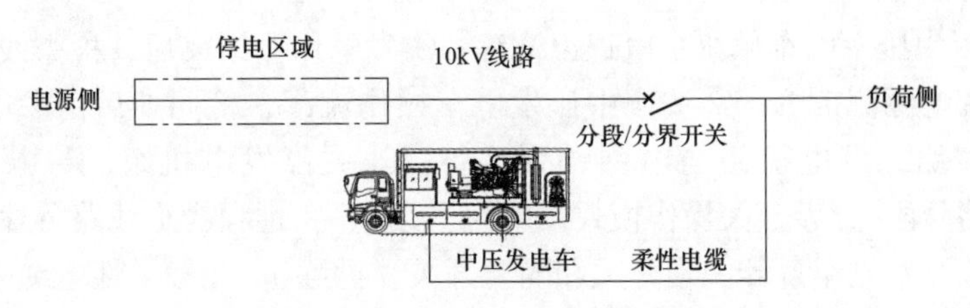


图 1-52　中压发电车单机停电接入发电作业示意图

（2）中压发电车单机停电接入流程：①中压发电车就位后，检查确认线路分段/分界开关、发电车各断路器和隔离开关处于分闸位置，将线路分段/分界开关操作方式调整为“就地”模式，正确安装发电车接地线；②验明分段/分界开关负荷侧线路确无电压，按照相序使用柔性电缆将中压发电车和线路分段/分界开关负荷侧线路连接；③按照中压发电车操作流程启动发电机组，开始发电作业。

（3）中压发电车单机停电退出流程：①发电作业结束后，关停发电机组，拉开发电车各断路器和隔离开关；②拆除柔性电缆并对地放电，拆除发电车接地线；③将线路分段/分界开关操作方式调整为“远程”模式，远程合上线路分段/分界开关，线路恢复正常运行方式。

2. 中压发电车单机带电接入发电作业

（1）选用原则：10kV 线路部分区段计划检修，分段/分界开关后段负荷无法通过联络线路转供。单台中压发电车额定功率满足发电区域最大负荷要求，应选用中压发电车单机带电接入发电作业，如图 1-53 所示。

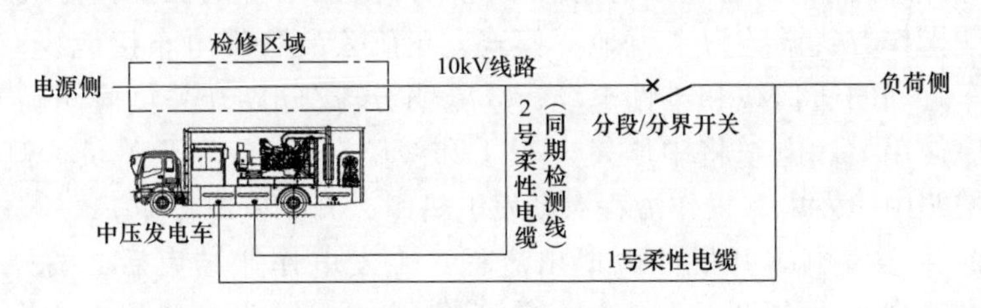


图 1-53　中压发电车单机带电接入发电作业示意图

（2）中压发电车单机带电接入流程：①中压发电车就位后，检查确认线路分段/分界开关处于合闸位置，发电车各断路器和隔离开关处于分闸位置，正确安装发电车接地线；②按照相序，使用 1、2 号柔性电缆将中压发电车分别与线路分段/分界开关负荷侧、电源侧的导线连接；③按照中压发电车操作流程，发电车内部形成旁路，远程拉开线路分段/分界开关，并将操作模式调整为“就地”，由发电车旁路带检修线路运行；④启动发电机组，检同期后与电网并列运行；⑤发电车与电网解列，由发电车独立带分段/分界开关负荷侧线路运行。

（3）中压发电车单机带电退出流程：①发电作业结束后，检查线路分段/分界开关电源侧带电；②按照中压发电车操作流程，检同期后由发电车旁路带检修线路，发电机组与电网并列运行；③关停发电机组，与电网解列；④将线路分段/分界开关操作模式调整为“远程”，远程合上线路分段/分界开关；⑤拉开发电车各开关柜开关和隔离开关，拆除 1、2 号柔性电缆并对地放电，拆除发电车接地线，线路恢复正常运行方式。

3. 中压发电车并机停电接入发电作业

（1）选用原则：10kV 线路发生故障停电或非计划停电，分段/分界开关后段负荷无法通过联络线路转供。单台中压发电车额定功率不满足停电区域最大负荷要求，应根据最大负荷要求测算所需中压发电车台数和组合方式，选用中压发电车并机停电接入发电作业，如图 1-54 所示。

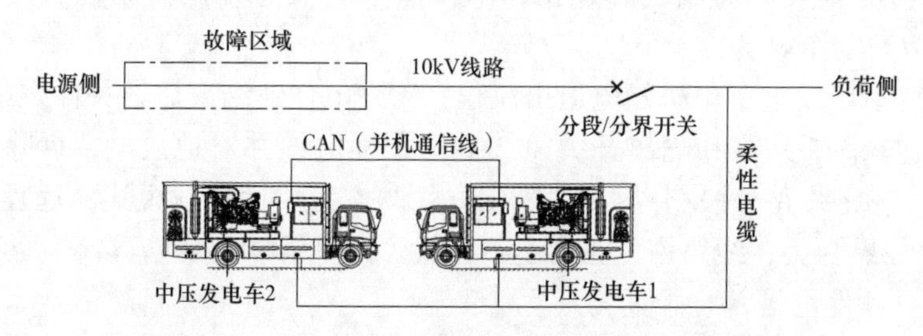


图 1-54　中压发电车并机停电接入发电作业示意图

（2）中压发电车并机停电接入流程：①中压发电车就位后，检查确认线路分段/分界开关、发电车各断路器和隔离开关处于分闸位置，将线路分段/分界开关操作方式调整为“就地”模式，正确安装各发电车接地线；②连接各发电车之间的通信线和柔性电缆；③验明分段/分界开关负荷侧确无电压，按照相序使用柔性电缆将中压发电车 1 和线路分段/分界开关负荷侧线路连接；④按照中压发电车操作流程启动发电机组，开始发电作业。

（3）中压发电车并机停电退出流程：①发电作业结束后，关停各发电机组，拉开发电车各开关和刀闸；②拆除柔性电缆并对地放电，拆除发电车之间通信线，拆除各发电车接地线；③将线路分段/分界开关操作方式调整为“远程”模式，远程合上线路分段/分界开关，线路恢复正常运行方式。

4. 中压发电车并机带电接入发电作业

（1）选用原则：10kV 线路部分区段计划检修，分段/分界开关后段负荷无法通过联络线路转供。单台中压发电车额定功率不满足发电区域最大负荷要求，应根据最大负荷要求测算所需中压发电车台数和组合方式，选用中压发电车并机带电接入发电作业，如图 1-55 所示。

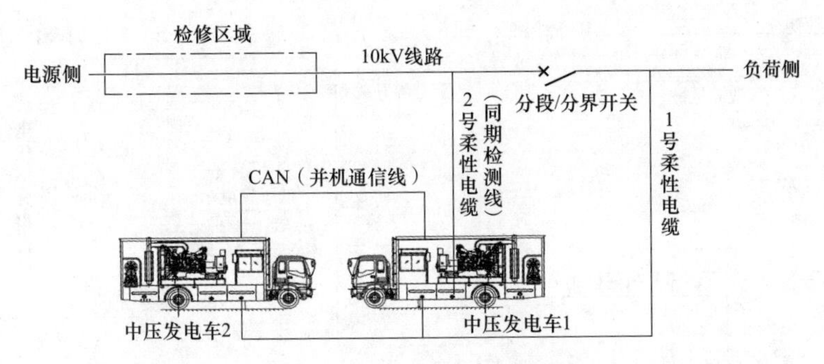


图 1-55　中压发电车并机带电接入发电作业示意图

（2）中压发电车并机带电接入流程：①中压发电车就位后，检查确认线路分段/分界开关处于合闸位置，发电车各断路器和隔离开关处于分闸位置，正确安装各发电车接地线；②连接各发电车之间的通信线和柔性电缆；③按照相序，使用 1、2 号柔性电缆将中压发电车 1 分别与线路分段/分界开关的负荷侧、电源侧连接；④按照中压发电车操作流程，发电车内部形成旁路，远程拉开线路分段/分界开关，并将操作模式调整为“就地”，由发电车旁路带检修线路运行；⑤启动各发电机组，检同期后与电网并列运行；⑥发电车与电网解列，由发电车独立带分段/分界开关负荷侧线路运行。

（3）中压发电车并机带电退出流程：①发电作业结束后，检查线路分段/分界开关电源侧带电；②按照中压发电车操作流程，检同期后由发电车旁路带检修线路，发电机组与电网并列运行；③关停发电机组，与电网解列；④将线路分段/分界开关操作模式调整为“远程”，远程合上线路分段/分界开关；⑤拉开发电车各开关柜开关和刀闸，拆除 1、2 号柔性电缆与各发电车之间的柔性电缆并对地放电，拆除各发电车之间的通信线，拆除发电车接地线，线路恢复正常运行方式。

5. 中低压发电车协同停电接入发电作业

（1）选用原则：10kV 线路发生故障停电或非计划停电，分段/分界开关后段负荷无法通过联络线路转供。部分线路末端台区距离中压发电车较远，电压质量不合格，或部分台区配电变压器同时发生故障，应根据最大负荷要求测算所需中压发电车台数和组合方式，选用中低压发电车协同停电接入发电作业。在保证人身和设备安全的前提下，应确保台区计量和采集装置工作正常。对于电压质量不合格台区，低压发电车接入点应优先选择停电台区低压总开关的电源侧；对于配变故障台区，低压发电车接入点应优先选择停电台区低压总开关的负荷侧，如图 1-56 所示。

（2）中低压发电车协同停电接入流程：①中、低压发电车就位后，检查确认线路分段/分界开关、发电车各断路器和隔离开关处于分闸位置，将线路

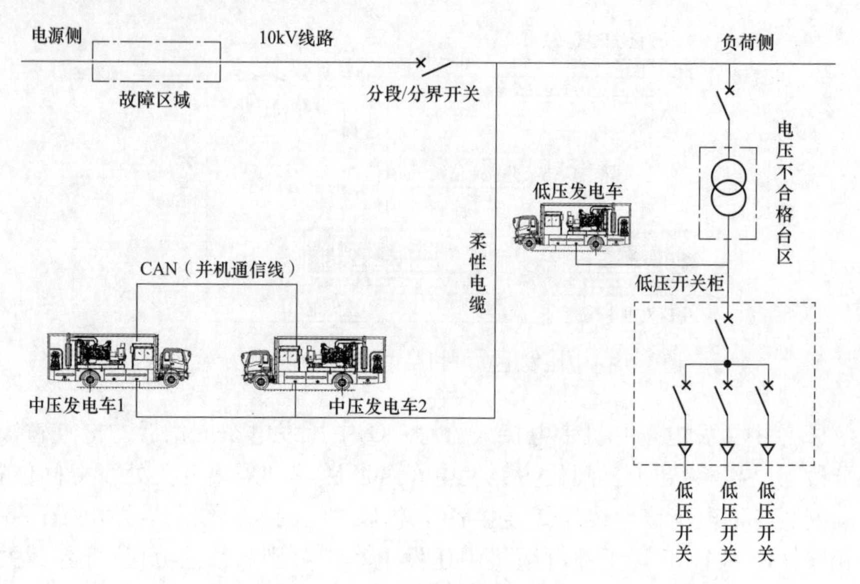


图 1-56　中低压发电车协同停电接入发电作业示意图

分段/分界开关操作方式调整为“就地”模式，正确安装各发电车接地线；②检查电压不合格或配电变压器故障台区高、低压侧开关处于分闸位置；③使用低压柔性电缆将低压发电车接入台区指定位置，核相正确后，启动低压发电车发电机组，合上台区低压开关，开始发电作业；④连接各中压发电车之间的通信线和柔性电缆；⑤验明分段/分界开关负荷侧确无电压，按照相序使用柔性电缆将中压发电车 1 与线路分段/分界开关负荷侧线路连接；⑥按照中压发电车操作流程启动发电机组开始发电作业。

（3）中低压发电车协同停电退出流程：①发电作业结束后，关停各中压发电车发电机组，拉开中压发电车各断路器和隔离开关；②拆除柔性电缆并对地放电，拆除中压发电车之间的通信线，拆除各中压发电车接地线；③将线路分段/分界开关操作方式调整为“远程”模式，远程合上线路分段/分界开关，线路恢复正常运行方式；④关停低压发电车发电机组，拆除低压柔性电缆并对地放电，拆除低压发电车接地线；⑤合上台区配电变压器高、低压侧开关，台区恢复正常供电。

6. 中低压发电车协同带电接入发电作业

（1）选用原则：10kV 线路部分区段计划检修，分段/分界开关后段负荷无法通过联络线路转供。部分线路末端台区距离中压发电车较远、用户电压质量不合格，或部分台区配变同时安排检修，应根据最大负荷要求测算所需中压发电车台数和组合方式，选用中低压发电车协同带电接入发电作业。在保证人身和设备安全的前提下，应确保台区计量和采集装置工作正常。对于

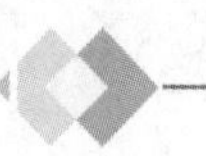


电压质量不合格台区，低压发电车接入点应优先选择停电台区低压总开关的电源侧；对于配电变压器检修台区，低压发电车接入点应优先选择停电台区低压总开关的负荷侧，如图 1-57 所示。

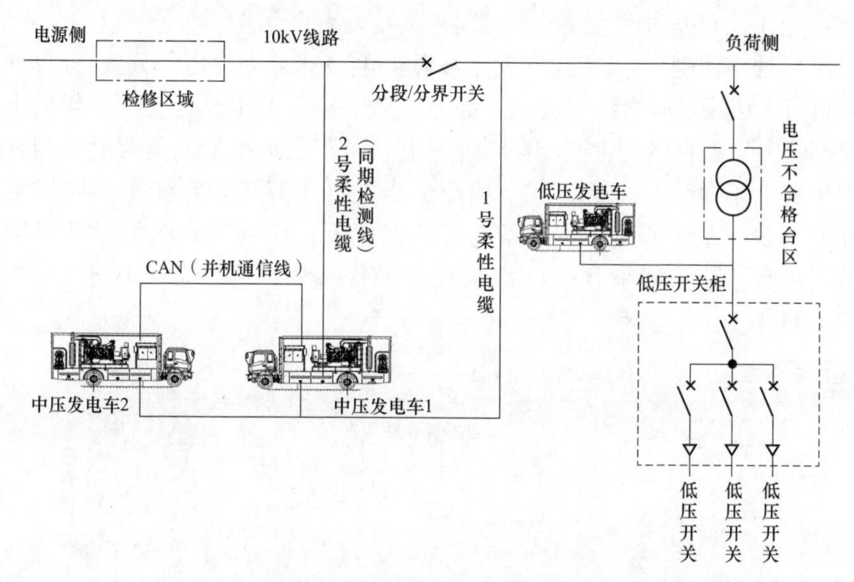


图 1-57　中低压发电车协同带电接入发电作业示意图

（2）中低压发电车协同带电接入流程：①中、低压发电车就位后，检查确认线路分段/分界开关处于合闸位置，发电车各断路器和隔离开关处于分闸位置，正确安装各发电车接地线；②拉开配变检修台区高、低压侧开关；③使用低压柔性电缆将低压发电车接入台区指定位置，核相正确后，启动低压发电车发电机组，合上台区低压开关，开始发电作业；④连接各发电车之间的通信线和柔性电缆；⑤按照相序，使用 1、2 号柔性电缆将中压发电车 1 分别与线路分段/分界开关的负荷侧、电源侧连接；⑥按照中压发电车操作流程，发电车内部形成旁路，远程拉开线路分段/分界开关，并将操作模式调整为“就地”，由发电车旁路带检修线路运行；⑦启动各发电机组，检同期后与电网并列运行；⑧发电车与电网解列，由发电车独立带分段/分界开关负荷侧线路运行。

（3）中低压发电车协同带电退出流程：①检查线路分段/分界开关电源侧带电；②按照中压发电车操作流程，检同期后由中压发电车 1 旁路带检修线路，中压发电车发电机组与电网并列运行；③关停各中压发电车发电机组，与电网解列；④将线路分段/分界开关操作模式调整为“远程”，远程合上线路分段/分界开关，线路恢复正常运行方式；⑤拆除 1、2 号柔性电缆与各中压发电车之间的柔性电缆并对地放电，拆除各中压发电车之间通信线，拆除各中压发电车接地线；⑥关停低压发电车发电机组，拆除低压柔性电缆并对地放电，拆除低压发电车接地线；⑦合上台区配电变压器高、低压侧开关，台区恢复正常供电。

7. 中压发电车与移动箱变车协同停电接入发电作业

（1）选用原则：10kV 线路发生故障停电或非计划停电，分段/分界开关后段负荷无法通过联络线路转供。部分距离中压发电车较近（车载柔性电缆长度范围内）的台区配电变压器同时发生故障，应根据最大负荷要求测算所需中压发电车台数和组合方式，选用中压发电车与移动箱变车协同停电接入发电作业。在保证人身和设备安全的前提下，应确保台区计量和采集装置工作正常。移动箱变车接入点应在故障停电台区低压总开关的负荷侧，如图 1-58 所示。

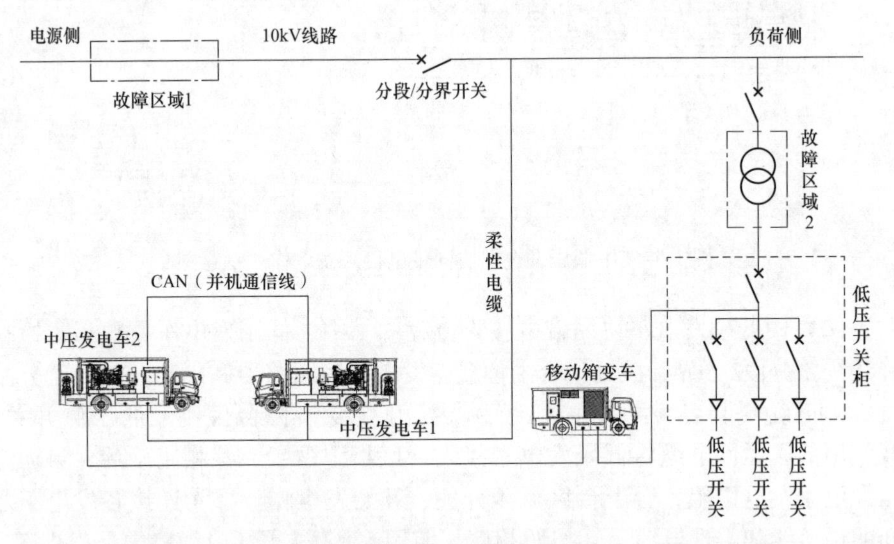


图 1-58　中压发电车与移动箱变车协同停电接入发电作业示意图

（2）中压发电车与移动箱变车协同停电接入流程：①中压发电车、移动箱变车就位后，检查确认线路分段/分界开关、发电车、箱变车各断路器和隔离开关处于分闸位置，将线路分段/分界开关操作方式调整为“就地”模式，正确安装各发电车、箱变车接地线；②检查配变故障台区高、低压侧开关处在分闸位置；③连接各发电车之间的通信线和柔性电缆；④使用柔性电缆将中压发电车 2 与移动箱变车连接；⑤使用低压柔性电缆将移动箱变车接入台区指定位置；⑥验明分段/分界开关负荷侧确无电压，按照相序使用柔性电缆将中压发电车 1 与线路分段/分界开关负荷侧线路连接；⑦按照中压发电车操作流程启动发电机组，开始发电作业；⑧合上移动箱变车中、低压侧开关，为低压台区供电。

（3）中压发电车与移动箱变车协同停电退出流程：①发电作业结束后，关停各发电机组，拉开发电车各开关和刀闸；②拉开各发电车各开关柜开关及刀闸，拆除柔性电缆、低压柔性电缆并对地放电，拆除发电车之间的通信线，拆除各发电车、箱变车接地线；③将线路分段/分界开关操作方式调整为"远程"模式，远程合上线路分段/分界开关，线路恢复正常运行方式；④合上配电变压器故障台区高、低压侧开关，台区恢复正常供电。

8. 中压发电车与移动箱变车协同带电接入发电作业

（1）选用原则：10kV线路部分区段计划检修，分段/分界开关后段负荷无法通过联络线路转供。部分距离中压发电车较近（车载柔性电缆长度范围内）的台区配电变压器同时检修，应根据最大负荷要求测算所需中压发电车台数和组合方式，选用中压发电车与移动箱变车协同带电接入发电作业。在保证人身和设备安全的前提下，应确保台区计量和采集装置工作正常。移动箱变车接入点应在配电变压器检修台区低压总开关的负荷侧，如图1-59所示。

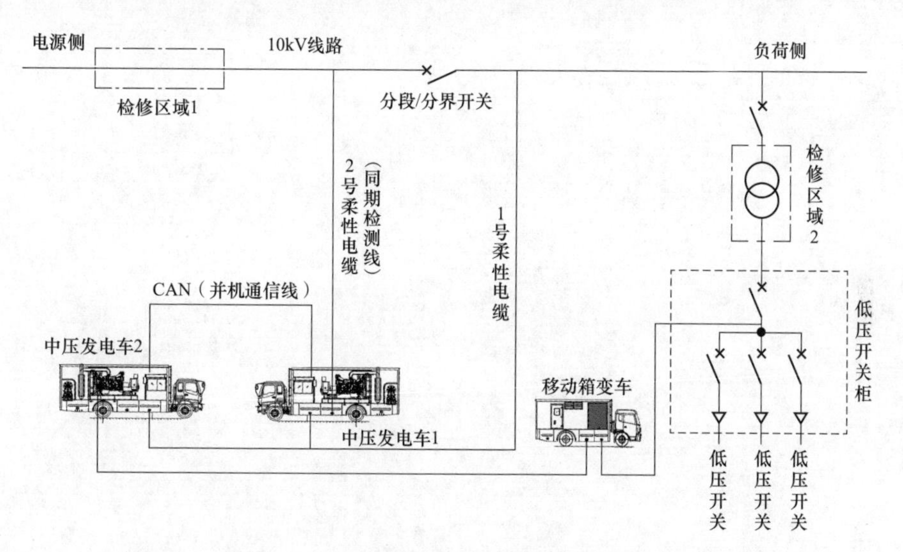


图1-59 中压发电车与移动箱变车协同带电接入发电作业示意图

（2）中压发电车与移动箱变车协同带电接入流程：①中压发电车、移动箱变车就位后，检查确认线路分段/分界开关处于合闸位置，发电车、箱变车各断路器和隔离开关处于分闸位置，正确安装各发电车、箱变车接地线；②连接各发电车之间的通信线和柔性电缆；③使用柔性电缆将中压发电车2与移动箱变车连接；④拉开配电变压器检修台区高、低压侧开关；⑤使用低压柔性电缆将移动箱变车接入台区指定位置；⑥按照相序，使用1、2号柔性电缆将中压发电车1分别与线路分段/分界开关的负荷侧、电源侧连接；⑦按照中压发电车操作流程，发电车内部形成旁路，远程拉开线路分段/分界开关，并将操作模式调整为“就地”，由发电车旁路带检修线路运行；⑧启动各发电机组，检同期后与电网并列运行；⑨发电车与电网解列，由发电车独立带分段/分界开关负荷侧线路运行；⑩合上移动箱变车中、低压侧开关，核相正确后，合上台区低压开关，为低压台区供电。

（3）中压发电车与移动箱变车协同带电退出流程：①发电作业结束后，检查线路分段/分界开关电源侧带电；②按照中压发电车操作流程，检同期后由发电车 1 旁路带检修线路，发电机组与电网并列运行；③关停各发电机组，与电网解列；④将线路分段/分界开关操作模式调整为“远程”，远程合上线路分段/分界开关，线路恢复正常运行方式；⑤拉开各发电车各开关柜断路器及隔离开关，拆除 1、2 号柔性电缆与各发电车之间的柔性电缆并对地放电，拆除各发电车之间通信线，拆除各发电车接地线；⑥拉开移动箱变车各断路器、隔离开关，拆除移动箱变车两侧柔性电缆并对地放电，拆除箱变车接地线；⑦合上配变检修台区高、低压侧开关，台区恢复正常供电。

# 第 2 章　引线类项目装备配置

## 2.1　绝缘杆作业法（登杆作业）带电断熔断器上引线项目

本项目装备配置适用于如图 2-1 所示的直线分支杆（有熔断器，导线三角排列），采用绝缘杆作业法（登杆作业）带电断熔断器上引线项目。生产中务必结合现场实际工况参照使用，推广绝缘手套作业法融合绝缘杆作业法在绝缘斗臂车的绝缘斗［见图 2-1（d）］或其他绝缘平台，如绝缘脚手架［见图 2-1（e）］上的应用。

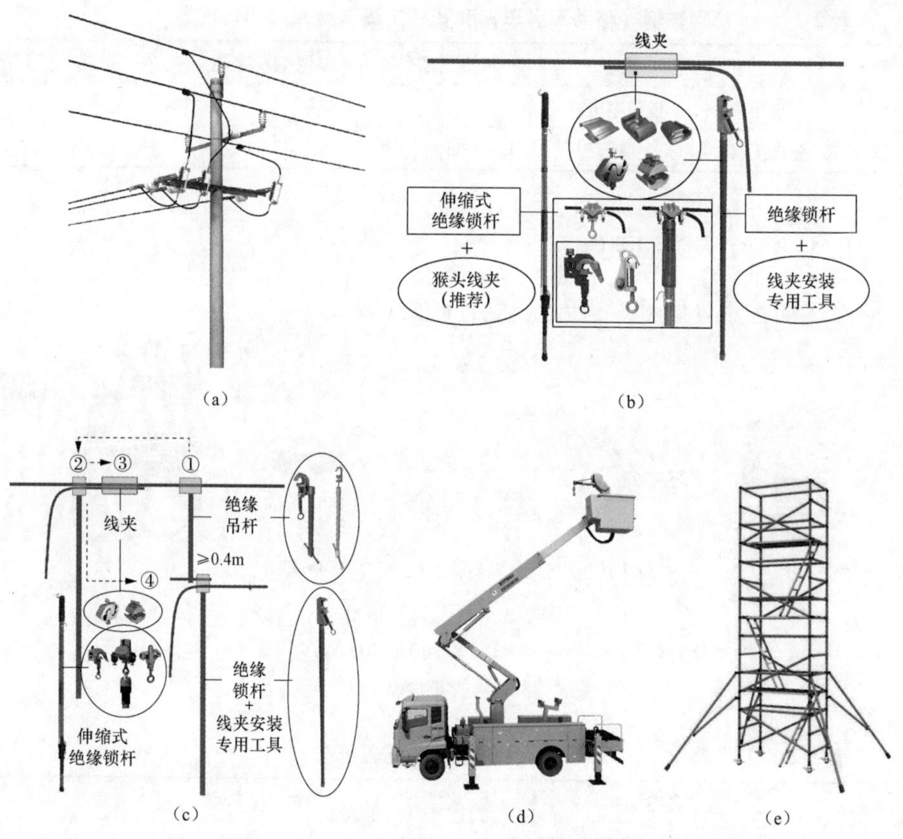


图 2-1　绝缘杆作业法（登杆作业）带电断熔断器上引线项目

（a）杆头外形图；（b）线夹与绝缘锁杆外形图；（c）线夹拆除示意图；

（d）绝缘斗臂车的绝缘斗；（e）绝缘脚手架的绝缘平台

①—绝缘吊杆固定在主导线上；②—绝缘锁杆将待断引线固定；③—拆除线夹或剪断引线；

④—绝缘锁杆（连同引线）固定在绝缘吊杆的横向支杆上，三相引线按相同方法完成断开操作

### 2.1.1 特种车辆和登杆工具

特种车辆（移动库房车）和登杆工具（金属脚扣）如图 2-2 所示，配置详见表 2-1。

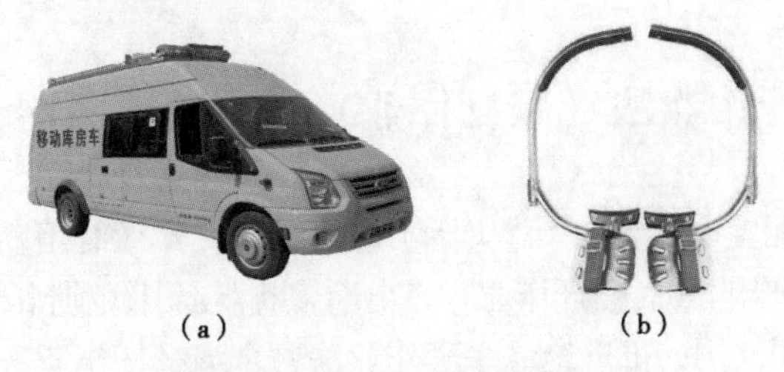


图 2-2 特种车辆和登杆工具

(a) 移动库房车；(b) 金属脚扣

**表 2-1　　特种车辆（移动库房车）和登杆工具（金属脚扣）配置**

| 序号 | 名称 | | 规格、型号 | 单位 | 数量 | 备注 |
|---|---|---|---|---|---|---|
| 1 | 特种车辆 | 移动库房车 | | 辆 | 1 | |
| 2 | 登杆工具 | 金属脚扣 | 12~18m 电杆用 | 副 | 2 | 杆上电工使用 |

### 2.1.2 个人防护用具

个人防护用具如图 2-3 所示，配置详见表 2-2。

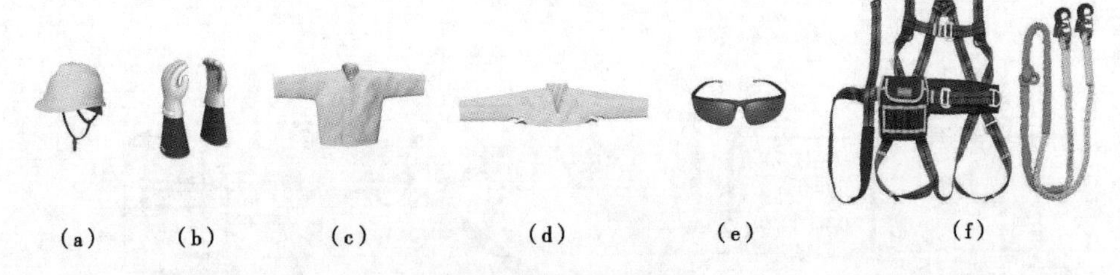


图 2-3 个人防护用具

(a) 绝缘安全帽；(b) 绝缘手套+羊皮或仿羊皮保护手套；(c) 绝缘服；(d) 绝缘披肩；(e) 护目镜；(f) 安全带

**表 2-2　　个人防护用具配置**

| 序号 | 名称 | | 规格、型号 | 单位 | 数量 | 备注 |
|---|---|---|---|---|---|---|
| 1 | 个人防护用具 | 绝缘安全帽 | 10kV | 顶 | 2 | |
| 2 | | 绝缘手套 | 10kV | 双 | 2 | 带防刺穿手套 |
| 3 | | 绝缘披肩（绝缘服） | 10kV | 件 | 2 | 根据现场情况选择 |

续表

| 序号 | 名称 | | 规格、型号 | 单位 | 数量 | 备注 |
|---|---|---|---|---|---|---|
| 4 | 个人防护用具 | 护目镜 | | 副 | 2 | |
| 5 | | 安全带 | | 副 | 2 | 有后备保护绳 |

## 2.1.3 绝缘遮蔽用具

绝缘遮蔽用具如图 2-4 所示，配置详见表 2-3。

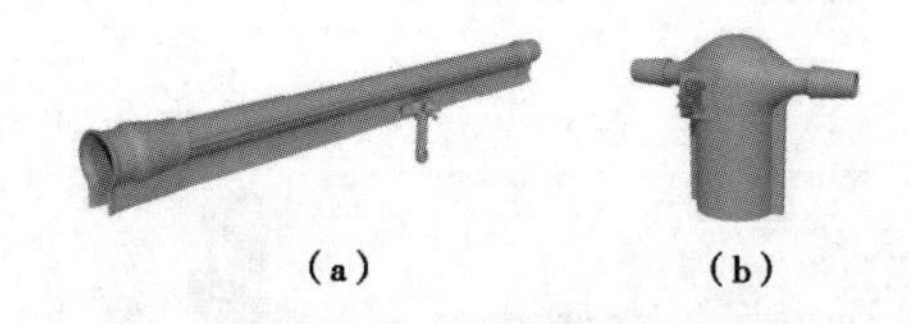

（a）　　（b）

图 2-4　绝缘遮蔽用具

（a）绝缘杆式导线遮蔽罩；（b）绝缘杆式绝缘子遮蔽罩

表 2-3　绝缘遮蔽用具配置

| 序号 | 名称 | | 规格、型号 | 单位 | 数量 | 备注 |
|---|---|---|---|---|---|---|
| 1 | 绝缘遮蔽用具 | 绝缘杆式导线遮蔽罩 | 10kV | 个 | 3 | 绝缘杆作业法用 |
| 2 | | 绝缘杆式绝缘子遮蔽罩 | 10kV | 个 | 2 | 绝缘杆作业法用 |

## 2.1.4 绝缘工具

绝缘工具如图 2-5 所示，配置详见表 2-4。

表 2-4　绝缘工具配置

| 序号 | 名称 | | 规格、型号 | 单位 | 数量 | 备注 |
|---|---|---|---|---|---|---|
| 1 | 绝缘工具 | 绝缘滑车 | 10kV | 个 | 1 | 绝缘传递绳用 |
| 2 | | 绝缘绳套 | 10kV | 个 | 1 | 挂滑车用 |
| 3 | | 绝缘传递绳 | 10kV | 根 | 1 | $\phi$12mm×15m |
| 4 | | 绝缘（双头）锁杆 | 10kV | 个 | 1 | 可同时锁定两根导线 |
| 5 | | 伸缩式绝缘锁杆 | 10kV | 个 | 1 | 射枪式操作杆 |
| 6 | | 绝缘吊杆 | 10kV | 个 | 3 | 临时固定引线用 |
| 7 | | 绝缘操作杆 | 10kV | 个 | 1 | |
| 8 | | 绝缘断线剪 | 10kV | 个 | 1 | |
| 9 | | 线夹装拆工具 | 10kV | 套 | 1 | 根据线夹类型选择 |
| 10 | | 绝缘支架 | | 个 | 1 | 放置绝缘工具用 |

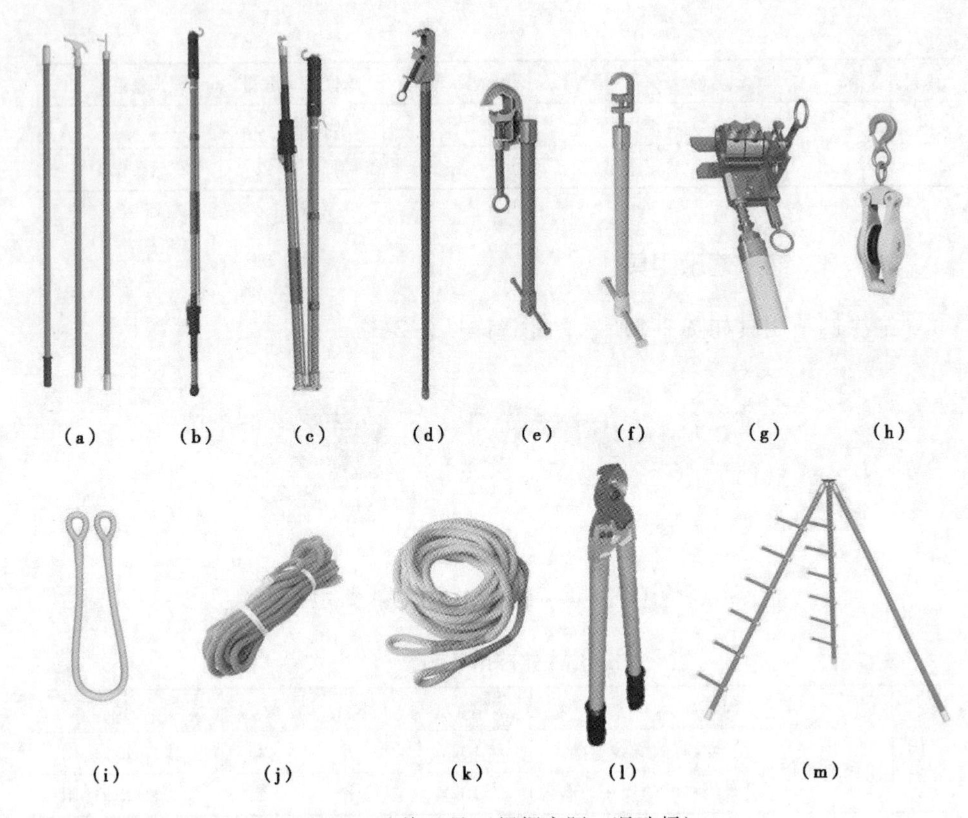


图 2-5 绝缘工具（根据实际工况选择）

(a) 绝缘操作杆；(b) 伸缩式绝缘锁杆（射枪式操作杆）；(c) 伸缩式折叠绝缘锁杆（射枪式操作杆）；(d) 绝缘（双头）锁杆；(e) 绝缘吊杆 1；(f) 绝缘吊杆 2；(g) 并沟线夹拆除专用工具（根据线夹选择）；(h) 绝缘滑车；(i) 绝缘绳套；(j) 绝缘传递绳 1（防潮型）；(k) 绝缘传递绳 2（普通型）；(l) 绝缘断线剪；(m) 绝缘工具支架

## 2.1.5 仪器仪表

仪器仪表如图 2-6 所示，配置详见表 2-5。

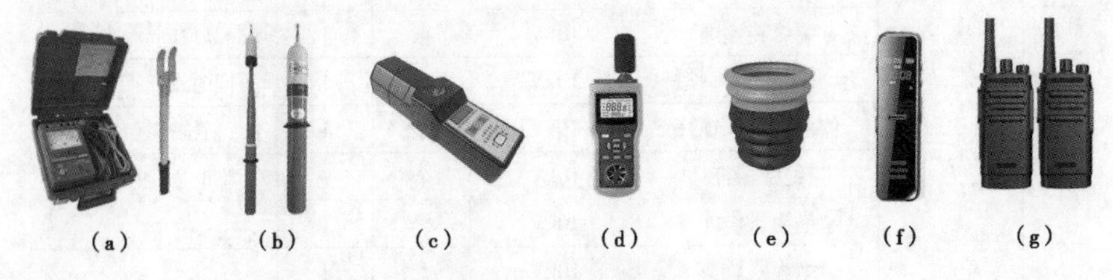


图 2-6 仪器仪表（根据实际工况选择）

(a) 绝缘电阻测试仪+电极板；(b) 高压验电器；(c) 工频高压发生器；(d) 风速湿度仪；(e) 绝缘手套充压气检测器；(f) 录音笔；(g) 对讲机

表 2-5　　　　　　　　　　　　仪器仪表配置

| 序号 | 名称 | | 规格、型号 | 单位 | 数量 | 备注 |
|---|---|---|---|---|---|---|
| 1 | 仪器仪表 | 绝缘电阻测试仪 | 2500V 及以上 | 套 | 1 | 含电极板 |
| 2 | | 高压验电器 | 10kV | 个 | 1 | |
| 3 | | 工频高压发生器 | 10kV | 个 | 1 | |
| 4 | | 风速湿度仪 | | 个 | 1 | |
| 5 | | 绝缘手套充压气检测器 | | 个 | 1 | |
| 6 | | 录音笔 | 便携高清降噪 | 个 | 1 | 记录作业对话用 |
| 7 | | 对讲机 | 户外无线手持 | 台 | 3 | 杆上杆下监护指挥用 |

### 2.1.6　其他工具

其他工具如图 2-7 所示，配置详见表 2-6。

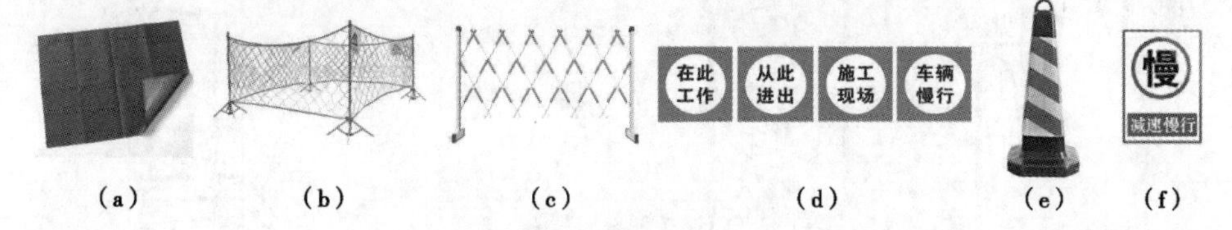


图 2-7　其他工具（根据实际工况选择）
（a）防潮苫布；（b）安全围栏 1；（c）安全围栏 2；
（d）警告标志；（e）路障；（f）减速慢行标志

表 2-6　　　　　　　　　　　　其他工具配置

| 序号 | 名称 | | 规格、型号 | 单位 | 数量 | 备注 |
|---|---|---|---|---|---|---|
| 1 | 其他工具 | 防潮苫布 | | 块 | 若干 | 根据现场情况选择 |
| 2 | | 个人手工工具 | | 套 | 1 | 推荐用绝缘手工工具 |
| 3 | | 安全围栏 | | 组 | 1 | |
| 4 | | 警告标志 | | 套 | 1 | |
| 5 | | 路障和减速慢行标志 | | 组 | 1 | |

## 2.2　绝缘杆作业法（登杆作业）带电接熔断器上引线项目

本项目装备配置适用于如图 2-8 所示的直线分支杆（有熔断器，导线三角排列），采用绝缘杆作业法（登杆作业）带电接熔断器上引线项目。生产中务必结合现场实际工况参照适用，推广绝缘手套作业法融合绝缘杆作业法在绝缘斗臂车的绝缘斗［见图 2-8（d）］或其他绝缘平台，如绝缘脚手架［见图 2-8（e）］上的应用。

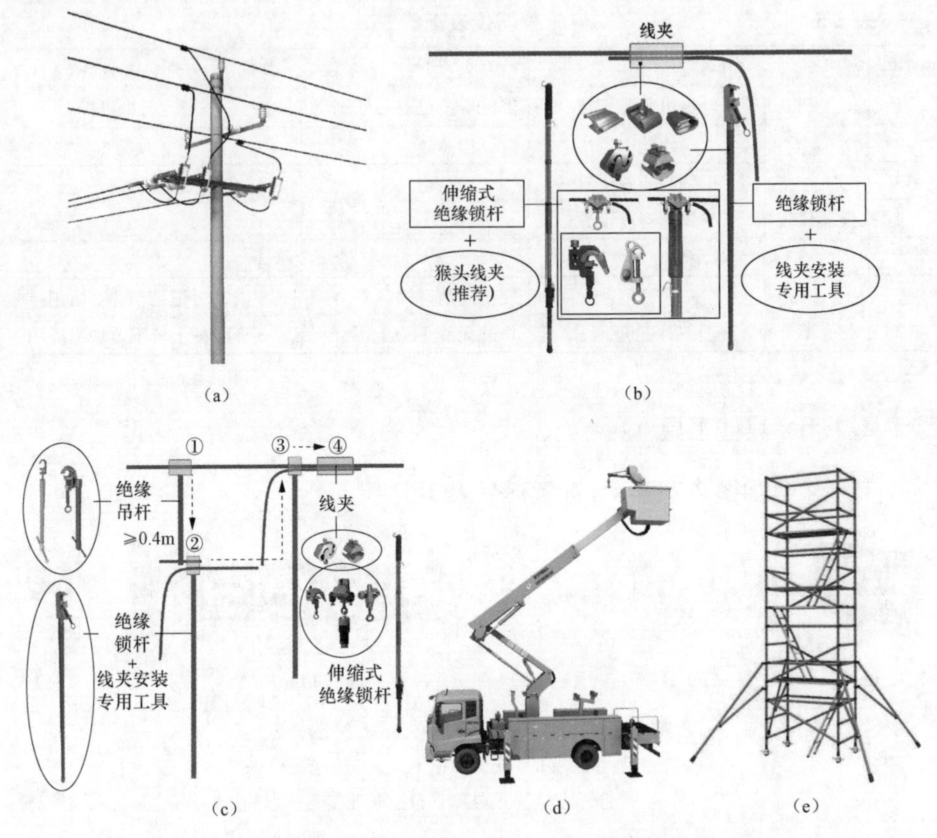


图 2-8　绝缘杆作业法（登杆作业）带电接熔断器上引线项目

（a）杆头外形图；（b）线夹与绝缘锁杆外形图；（c）线夹安装示意图；（d）绝缘斗臂车的绝缘斗；（e）绝缘脚手架的绝缘平台

①—绝缘吊杆固定在主导线上；②—绝缘锁杆（连同引线）固定在绝缘吊杆的横向支杆上；③—绝缘锁杆将待接引线固定在导线上；④—安装线夹，三相引线按相同方法完成搭接操作

## 2.2.1　特种车辆和登杆工具

特种车辆（移动库房车）和登杆工具（金属脚扣）如图 2-9 所示，配置详见表 2-7。

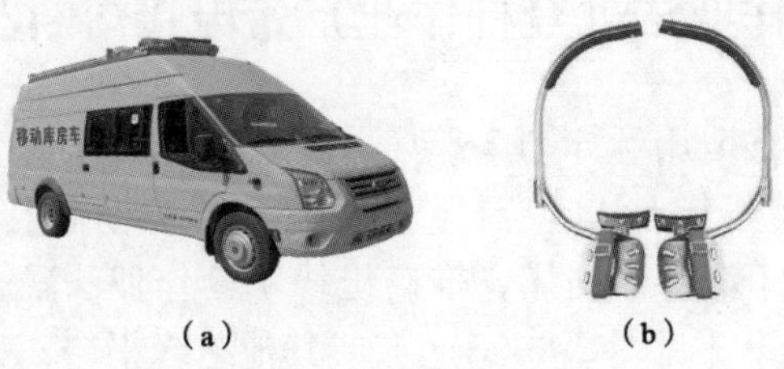


图 2-9　特种车辆和登杆工具

（a）移动库房车；（b）金属脚扣

表 2-7　　特种车辆（移动库房车）和登杆工具（金属脚扣）配置

| 序号 | 名称 | | 规格、型号 | 单位 | 数量 | 备注 |
|---|---|---|---|---|---|---|
| 1 | 特种车辆 | 移动库房车 | | 辆 | 1 | |
| 2 | 登杆工具 | 金属脚扣 | 12~18m 电杆用 | 副 | 2 | 杆上电工使用 |

## 2.2.2　个人防护用具

个人防护用具如图 2-10 所示，配置详见表 2-8。

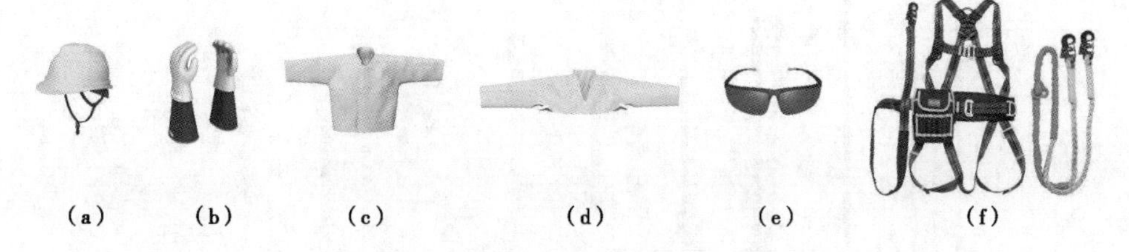


图 2-10　个人防护用具

（a）绝缘安全帽；（b）绝缘手套+羊皮或仿羊皮保护手套；
（c）绝缘服；（d）绝缘披肩；（e）护目镜；（f）安全带

表 2-8　　个人防护用具配置

| 序号 | 名称 | | 规格、型号 | 单位 | 数量 | 备注 |
|---|---|---|---|---|---|---|
| 1 | | 绝缘安全帽 | 10kV | 顶 | 2 | |
| 2 | | 绝缘手套 | 10kV | 双 | 2 | 带防刺穿手套 |
| 3 | 个人防护用具 | 绝缘披肩（绝缘服） | 10kV | 件 | 2 | 根据现场情况选择 |
| 4 | | 护目镜 | | 副 | 2 | |
| 5 | | 安全带 | | 副 | 2 | 有后备保护绳 |

## 2.2.3　绝缘遮蔽用具

绝缘遮蔽用具如图 2-11 所示，配置详见表 2-9。

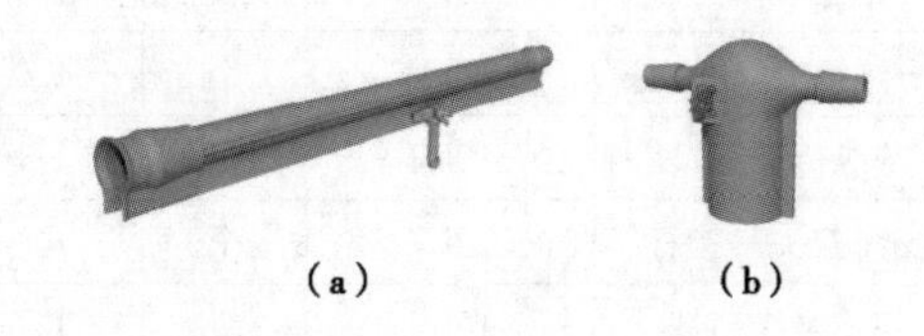


图 2-11　绝缘遮蔽用具

（a）绝缘杆式导线遮蔽罩；（b）绝缘杆式绝缘子遮蔽罩

表 2-9　　绝缘遮蔽用具配置

| 序号 | 名称 | | 规格、型号 | 单位 | 数量 | 备注 |
|---|---|---|---|---|---|---|
| 1 | 绝缘遮蔽用具 | 绝缘杆式导线遮蔽罩 | 10kV | 个 | 3 | 绝缘杆作业法用 |
| 2 | | 绝缘杆式绝缘子遮蔽罩 | 10kV | 个 | 2 | 绝缘杆作业法用 |

## 2.2.4　绝缘工具

绝缘工具如图 2-12 所示，配置详见表 2-10。

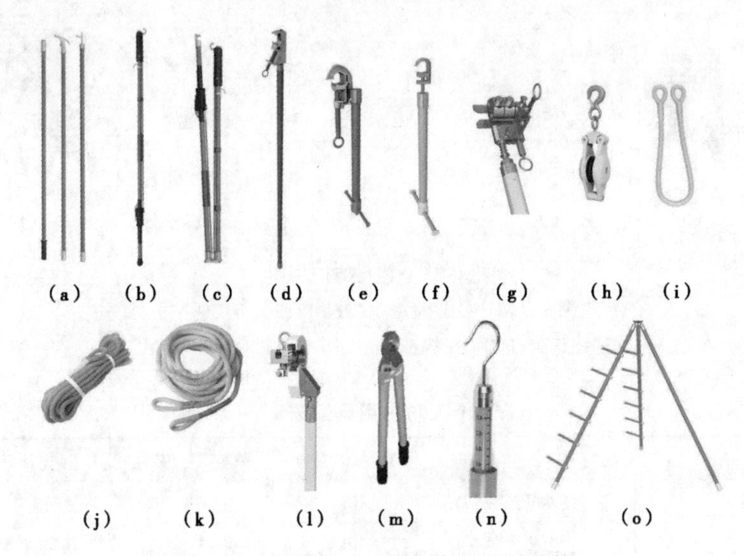

图 2-12　绝缘工具（根据实际工况选择）

(a) 绝缘操作杆；(b) 伸缩式绝缘锁杆（射枪式操作杆）；(c) 伸缩式折叠绝缘锁杆（射枪式操作杆）；(d) 绝缘（双头）锁杆；(e) 绝缘吊杆 1；(f) 绝缘吊杆 2；(g) 并沟线夹安装专用工具（根据线夹选择）；(h) 绝缘滑车；(i) 绝缘绳套；(j) 绝缘传递绳 1（防潮型）；(k) 绝缘传递绳 2（普通型）；(l) 绝缘导线剥皮器（推荐使用电动式）；(m) 绝缘断线剪；(n) 绝缘测量杆；(o) 绝缘工具支架

表 2-10　　绝缘工具配置

| 序号 | 名称 | | 规格、型号 | 单位 | 数量 | 备注 |
|---|---|---|---|---|---|---|
| 1 | 绝缘工具 | 绝缘滑车 | 10kV | 个 | 1 | 绝缘传递绳用 |
| 2 | | 绝缘绳套 | 10kV | 个 | 1 | 挂滑车用 |
| 3 | | 绝缘传递绳 | 10kV | 根 | 1 | $\phi$12mm×15m |
| 4 | | 绝缘（双头）锁杆 | 10kV | 个 | 1 | 可同时锁定两根导线 |
| 5 | | 伸缩式绝缘锁杆 | 10kV | 个 | 1 | 射枪式操作杆 |
| 6 | | 绝缘吊杆 | 10kV | 个 | 3 | 临时固定引线用 |
| 7 | | 绝缘操作杆 | 10kV | 个 | 1 | |

续表

| 序号 | 名称 | | 规格、型号 | 单位 | 数量 | 备注 |
|---|---|---|---|---|---|---|
| 8 | 绝缘工具 | 绝缘测量杆 | 10kV | 个 | 1 | |
| 9 | | 绝缘断线剪 | 10kV | 个 | 1 | |
| 10 | | 绝缘导线剥皮器 | 10kV | 套 | 1 | 绝缘杆作业法用 |
| 11 | | 线夹装拆工具 | 10kV | 套 | 1 | 根据线夹类型选择 |
| 12 | | 绝缘支架 | | 个 | 1 | 放置绝缘工具用 |

### 2.2.5 金属工具

金属工具如图2-13所示，配置详见表2-11。

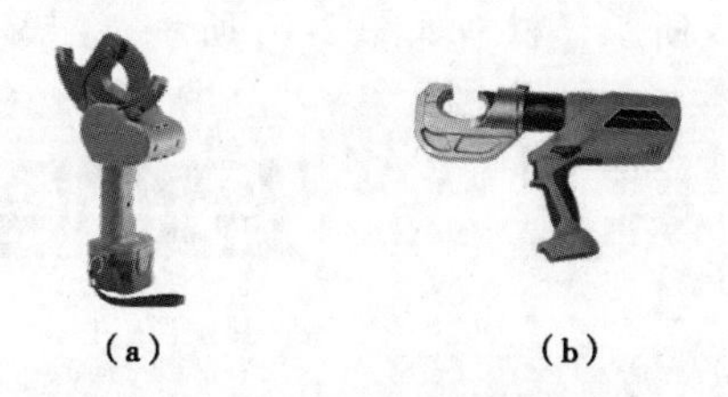

图2-13 金属工具（根据实际工况选择）

（a）电动断线切刀；（b）液压钳

表2-11 金属工具配置

| 序号 | 名称 | | 规格、型号 | 单位 | 数量 | 备注 |
|---|---|---|---|---|---|---|
| 1 | 金属工具 | 电动断线切刀 | | 个 | 1 | 地面电工用 |
| 2 | | 液压钳 | | 个 | 1 | 压接设备线夹用 |

### 2.2.6 仪器仪表

仪器仪表如图2-14所示，配置详见表2-12。

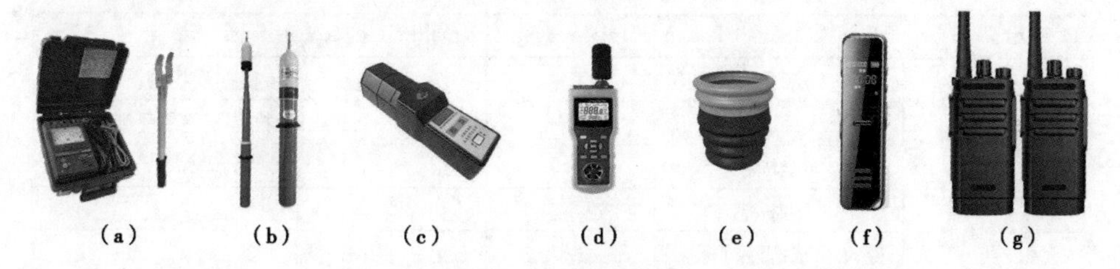

图2-14 仪器仪表（根据实际工况选择）

（a）绝缘电阻测试仪+电极板；（b）高压验电器；（c）工频高压发生器；

（d）风速湿度仪；（e）绝缘手套充压气检测器；（f）录音笔；（g）对讲机

表 2-12　　仪器仪表配置

| 序号 | 名称 | | 规格、型号 | 单位 | 数量 | 备注 |
|---|---|---|---|---|---|---|
| 1 | 仪器仪表 | 绝缘电阻测试仪 | 2500V 及以上 | 套 | 1 | 含电极板 |
| 2 | | 高压验电器 | 10kV | 个 | 1 | |
| 3 | | 工频高压发生器 | 10kV | 个 | 1 | |
| 4 | | 风速湿度仪 | | 个 | 1 | |
| 5 | | 绝缘手套充压气检测器 | | 个 | 1 | |
| 6 | | 录音笔 | 便携高清降噪 | 个 | 1 | 记录作业对话用 |
| 7 | | 对讲机 | 户外无线手持 | 台 | 3 | 杆上杆下监护指挥用 |

## 2.2.7　其他工具和材料

其他工具如图 2-15 所示，材料如图 2-16 所示，配置详见表 2-13。

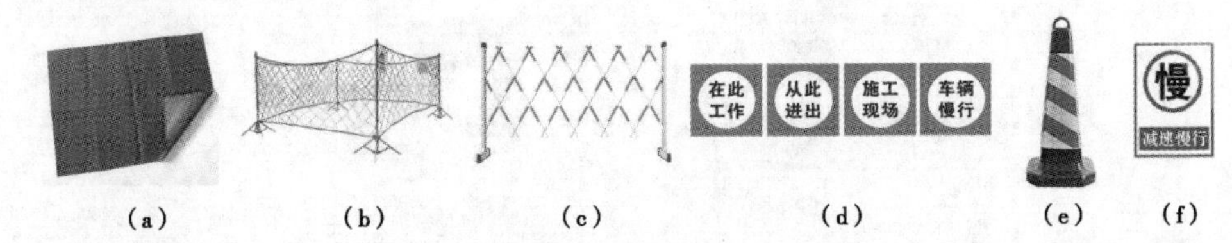


图 2-15　其他工具（根据实际工况选择）

（a）防潮苫布；（b）安全围栏 1；（c）安全围栏 2；（d）警告标志；（e）路障；（f）减速慢行标志

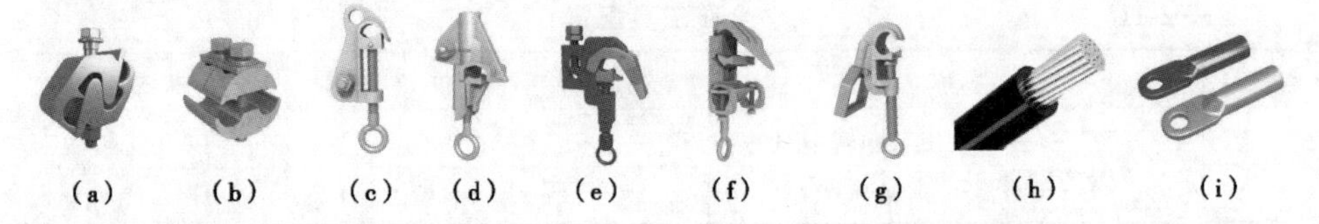


图 2-16　材料（根据实际工况选择，线夹推荐猴头线夹）

（a）螺栓 J 型线夹；（b）并沟线夹；（c）猴头线夹型式 1；（d）猴头线夹型式 2；（e）猴头线夹型式 3；（f）猴头线夹型式 4；（g）马镫线夹型式；（h）绝缘导线；（i）液压型铜铝设备线夹

表 2-13　　其他工具和材料配置

| 序号 | 名称 | | 规格、型号 | 单位 | 数量 | 备注 |
|---|---|---|---|---|---|---|
| 1 | 其他工具 | 防潮苫布 | | 块 | 若干 | 根据现场情况选择 |
| 2 | | 个人手工工具 | | 套 | 1 | 推荐用绝缘手工工具 |
| 3 | | 安全围栏 | | 组 | 1 | |
| 4 | | 警告标志 | | 套 | 1 | |
| 5 | | 路障和减速慢行标志 | | 组 | 1 | |
| 6 | 材料 | 绝缘导线 | | m | 若干 | 制作开关引线 |
| 7 | | 设备线夹 | | 个 | 若干 | 制作开关引线端子用 |
| 8 | | 搭接线夹 | | 个 | 3 | 根据现场情况选择型号 |

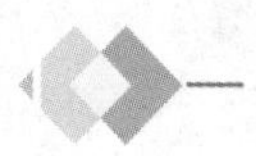


## 2.3　绝缘杆作业法（登杆作业）带电断分支线路引线项目

本项目装备配置适用于如图 2-17 所示的直线分支杆（无熔断器，导线三角排列），采用绝缘杆作业法（登杆作业）带电断分支线路引线项目。生产中务必结合现场实际工况参照适用，推广绝缘手套作业法融合绝缘杆作业法在绝缘斗臂车的绝缘斗［见图 2-17（d）］或其他绝缘平台，如绝缘脚手架［见图 2-17（e）］上的应用。

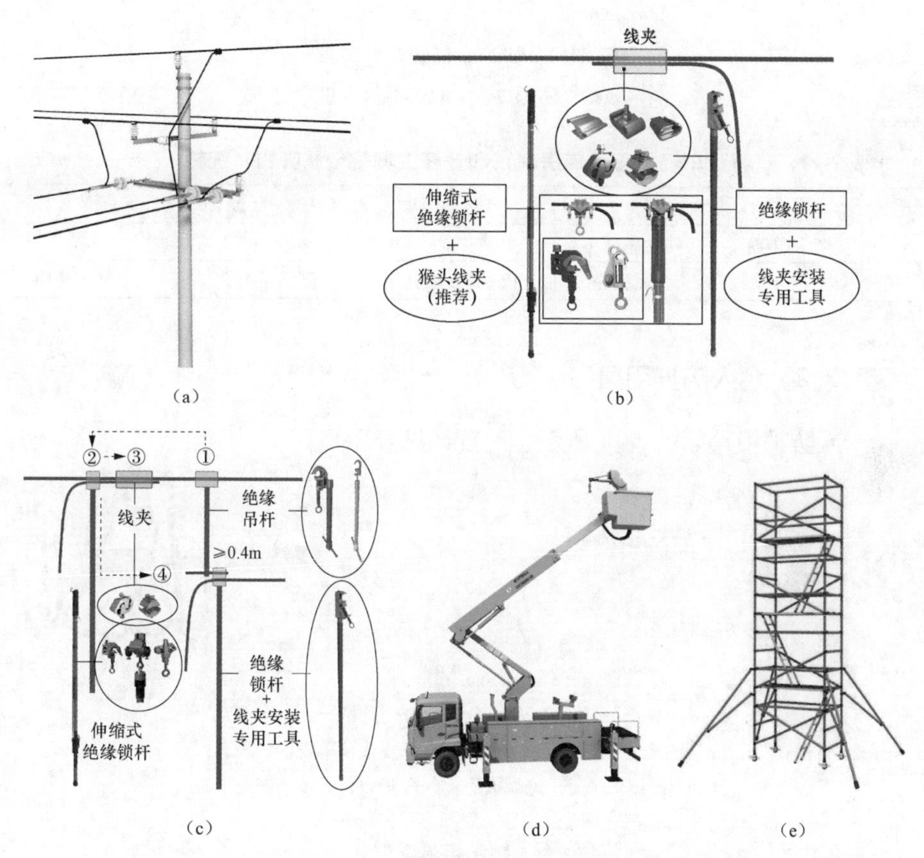


图 2-17　绝缘杆作业法（登杆作业）带电断分支线路引线项目

（a）杆头外形图；（b）线夹与绝缘锁杆外形图；（c）线夹拆除示意图；（d）绝缘斗臂车的绝缘斗；（e）绝缘脚手架的绝缘平台

①—绝缘吊杆固定在主导线上；②—绝缘锁杆将待断引线固定；③—拆除线夹或剪断引线；④—绝缘锁杆（连同引线）固定在绝缘吊杆的横向支杆上，三相引线按相同方法完成断开操作

### 2.3.1 特种车辆和登杆工具

特种车辆（移动库房车）和登杆工具（金属脚扣）如图 2-18 所示，配置详见表 2-14。

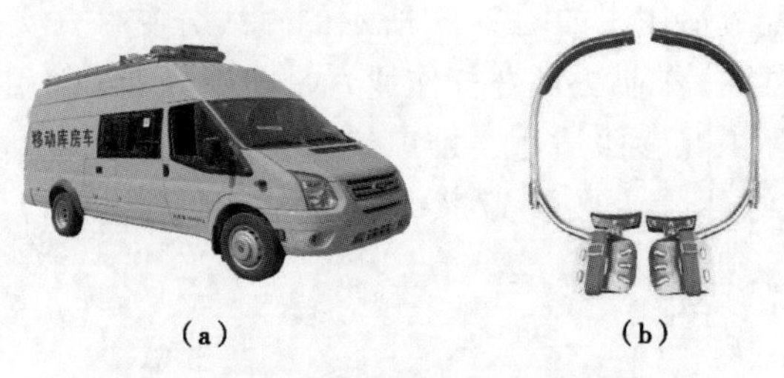


（a） （b）

图 2-18 特种车辆和登杆工具
（a）移动库房车；（b）金属脚扣

表 2-14 特种车辆（移动库房车）和登杆工具（金属脚扣）配置

| 序号 | 名称 | | 规格、型号 | 单位 | 数量 | 备注 |
|---|---|---|---|---|---|---|
| 1 | 特种车辆 | 移动库房车 | | 辆 | 1 | |
| 2 | 登杆工具 | 金属脚扣 | 12~18m 电杆用 | 副 | 2 | 杆上电工使用 |

### 2.3.2 个人防护用具

个人防护用具如图 2-19 所示，配置详见表 2-15。

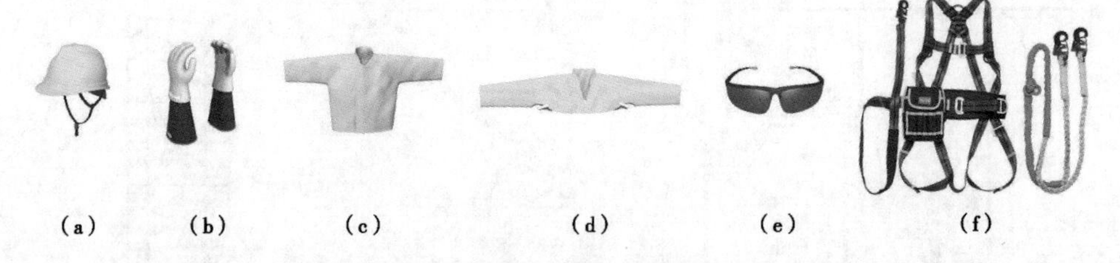

（a） （b） （c） （d） （e） （f）

图 2-19 个人防护用具
（a）绝缘安全帽；（b）绝缘手套+羊皮或仿羊皮保护手套；
（c）绝缘服；（d）绝缘披肩；（e）护目镜；（f）安全带

表 2-15 个人防护用具配置

| 序号 | 名称 | | 规格、型号 | 单位 | 数量 | 备注 |
|---|---|---|---|---|---|---|
| 1 | 个人防护用具 | 绝缘安全帽 | 10kV | 顶 | 2 | |
| 2 | | 绝缘手套 | 10kV | 双 | 2 | 带防刺穿手套 |
| 3 | | 绝缘披肩（绝缘服） | 10kV | 件 | 2 | 根据现场情况选择 |
| 4 | | 护目镜 | | 副 | 2 | |
| 5 | | 安全带 | | 副 | 2 | 有后备保护绳 |

## 2.3.3　绝缘遮蔽用具

绝缘遮蔽用具如图 2-20 所示，配置详见表 2-16。

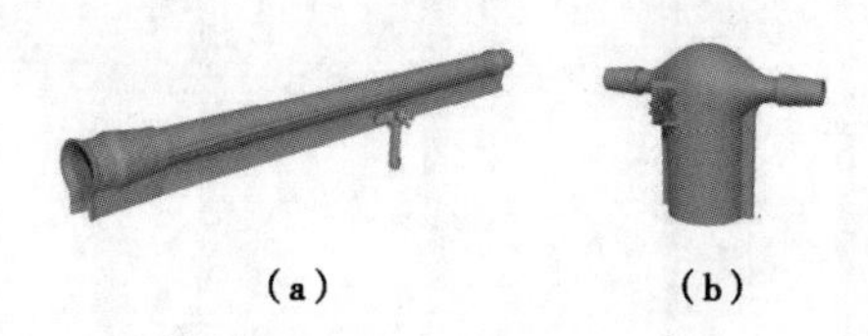

（a）　　（b）

图 2-20　绝缘遮蔽用具

（a）绝缘杆式导线遮蔽罩；（b）绝缘杆式绝缘子遮蔽罩

表 2-16　绝缘遮蔽用具配置

| 序号 | 名称 | | 规格、型号 | 单位 | 数量 | 备注 |
|---|---|---|---|---|---|---|
| 1 | 绝缘遮蔽用具 | 绝缘杆式导线遮蔽罩 | 10kV | 个 | 3 | 绝缘杆作业法用 |
| 2 | | 绝缘杆式绝缘子遮蔽罩 | 10kV | 个 | 2 | 绝缘杆作业法用 |

## 2.3.4　绝缘工具

绝缘工具如图 2-21 所示，配置详见表 2-17。

表 2-17　绝缘工具配置

| 序号 | 名称 | | 规格、型号 | 单位 | 数量 | 备注 |
|---|---|---|---|---|---|---|
| 1 | 绝缘工具 | 绝缘滑车 | 10kV | 个 | 1 | 绝缘传递绳用 |
| 2 | | 绝缘绳套 | 10kV | 个 | 1 | 挂滑车用 |
| 3 | | 绝缘传递绳 | 10kV | 根 | 1 | $\phi$12mm×15m |
| 4 | | 绝缘（双头）锁杆 | 10kV | 个 | 1 | 可同时锁定两根导线 |
| 5 | | 伸缩式绝缘锁杆 | 10kV | 个 | 1 | 射枪式操作杆 |
| 6 | | 绝缘吊杆 | 10kV | 个 | 3 | 临时固定引线用 |
| 7 | | 绝缘操作杆 | 10kV | 个 | 1 | |
| 8 | | 绝缘断线剪 | 10kV | 个 | 1 | |
| 9 | | 线夹装拆工具 | 10kV | 套 | 1 | 根据线夹类型选择 |
| 10 | | 绝缘支架 | | 个 | 1 | 放置绝缘工具用 |

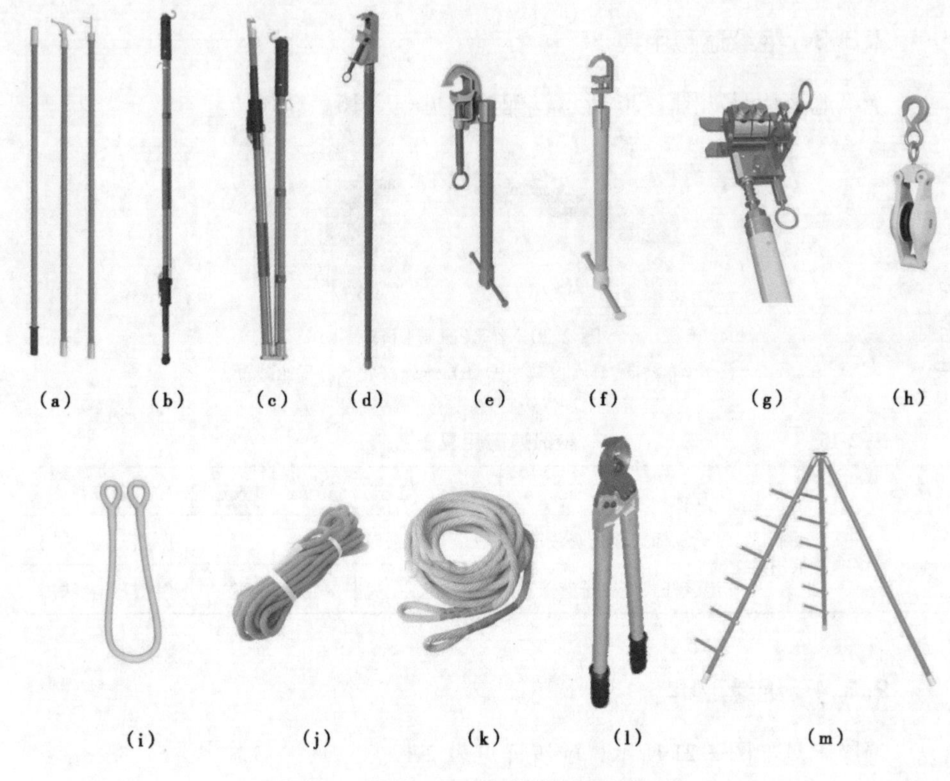


图 2-21 绝缘工具（根据实际工况选择）

(a) 绝缘操作杆；(b) 伸缩式绝缘锁杆（射枪式操作杆）；(c) 伸缩式折叠绝缘锁杆（射枪式操作杆）；(d) 绝缘（双头）锁杆；(e) 绝缘吊杆 1；(f) 绝缘吊杆 2；(g) 并沟线夹拆除专用工具（根据线夹选择）；(h) 绝缘滑车；(i) 绝缘绳套；(j) 绝缘传递绳（防潮型）；(k) 绝缘传递绳（普通型）；(l) 绝缘断线剪；(m) 绝缘工具支架

## 2.3.5 仪器仪表

仪器仪表如图 2-22 所示，配置详见表 2-18。

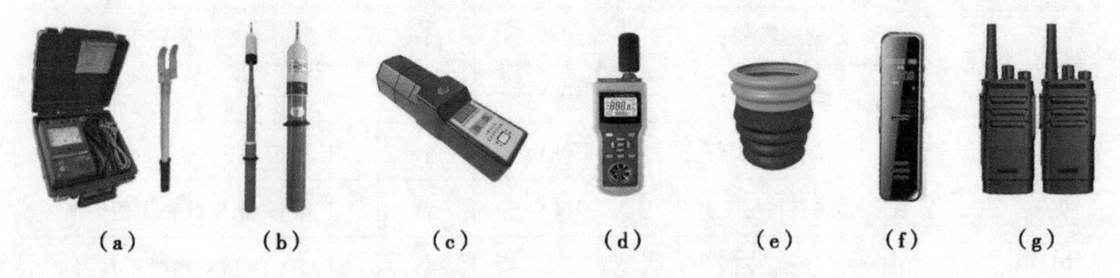


图 2-22 仪器仪表（根据实际工况选择）

(a) 绝缘电阻测试仪+电极板；(b) 高压验电器；(c) 工频高压发生器；(d) 风速湿度仪；(e) 绝缘手套充压气检测器；(f) 录音笔；(g) 对讲机

表2-18　仪器仪表配置

| 序号 | 名称 | | 规格、型号 | 单位 | 数量 | 备注 |
| --- | --- | --- | --- | --- | --- | --- |
| 1 | 仪器仪表 | 绝缘电阻测试仪 | 2500V及以上 | 套 | 1 | 含电极板 |
| 2 | | 高压验电器 | 10kV | 个 | 1 | |
| 3 | | 工频高压发生器 | 10kV | 个 | 1 | |
| 4 | | 风速湿度仪 | | 个 | 1 | |
| 5 | | 绝缘手套充压气检测器 | | 个 | 1 | |
| 6 | | 录音笔 | 便携高清降噪 | 个 | 1 | 记录作业对话用 |
| 7 | | 对讲机 | 户外无线手持 | 台 | 3 | 杆上杆下监护指挥用 |

### 2.3.6　其他

其他工具如图2-23所示，配置详见表2-19。

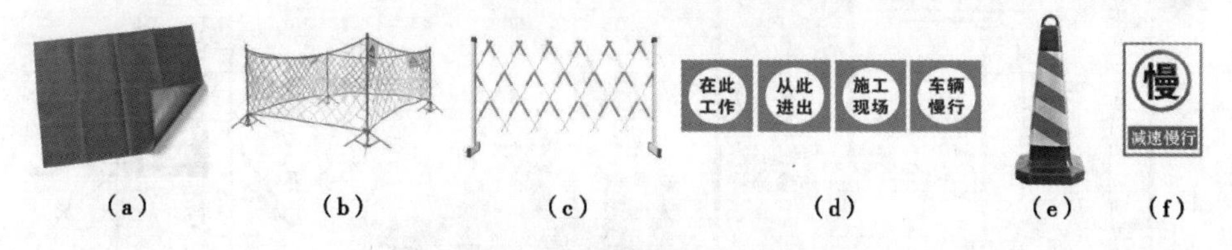


(a)　(b)　(c)　(d)　(e)　(f)

图2-23　其他工具（根据实际工况选择）

（a）防潮苫布；（b）安全围栏1；（c）安全围栏2；（d）警告标志；（e）路障；（f）减速慢行标志

表2-19　其他工具配置

| 序号 | 名称 | | 规格、型号 | 单位 | 数量 | 备注 |
| --- | --- | --- | --- | --- | --- | --- |
| 1 | 其他工具 | 防潮苫布 | | 块 | 若干 | 根据现场情况选择 |
| 2 | | 个人手工工具 | | 套 | 1 | 推荐用绝缘手工工具 |
| 3 | | 安全围栏 | | 组 | 1 | |
| 4 | | 警告标志 | | 套 | 1 | |
| 5 | | 路障和减速慢行标志 | | 组 | 1 | |

## 2.4　绝缘杆作业法（登杆作业）带电接分支线路引线项目

本项目装备配置适用于如图2-24所示的直线分支杆（无熔断器，导线三角排列），采用绝缘杆作业法（登杆作业）带电接分支线路引线项目。生产中务必结合现场实际工况参照适用，推广绝缘手套作业法融合绝缘杆作业法在绝缘斗臂车的绝缘斗［见图2-24（d）］或其他绝缘平台如绝缘脚手架［见图2-24（e）］上的应用。

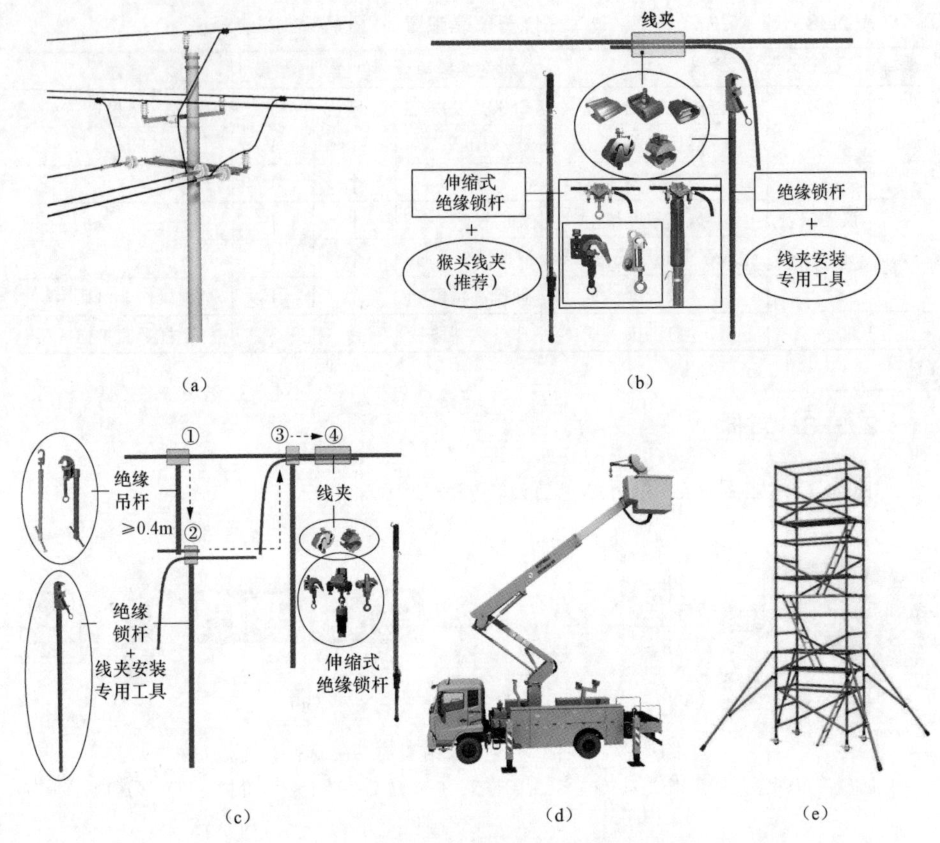


图 2-24　绝缘杆作业法（登杆作业）带电接分支线路引线项目

（a）杆头外形图；（b）线夹与绝缘锁杆外形图；（c）线夹安装示意图；

（d）绝缘斗臂车的绝缘斗；（e）绝缘脚手架的绝缘平台

①—绝缘吊杆固定在主导线上；②—绝缘锁杆（连同引线）固定在绝缘吊杆的横向支杆上；

③—绝缘锁杆将待接引线固定在导线上；④—安装线夹，三相引线按相同方法完成搭接操作

### 2.4.1　特种车辆和登杆工具

特种车辆（移动库房车）和登杆工具（金属脚扣）如图 2-25 所示，配置详见表 2-20。

图 2-25　特种车辆和登杆工具

（a）移动库房车；（b）金属脚扣

表 2-20 特种车辆（移动库房车）和登杆工具（金属脚扣）配置

| 序号 | 名称 | | 规格、型号 | 单位 | 数量 | 备注 |
|---|---|---|---|---|---|---|
| 1 | 特种车辆 | 移动库房车 | | 辆 | 1 | |
| 2 | 登杆工具 | 金属脚扣 | 12~18m 电杆用 | 副 | 2 | 杆上电工使用 |

## 2.4.2 个人防护用具

个人防护用具如图 2-26 所示，配置详见表 2-21。

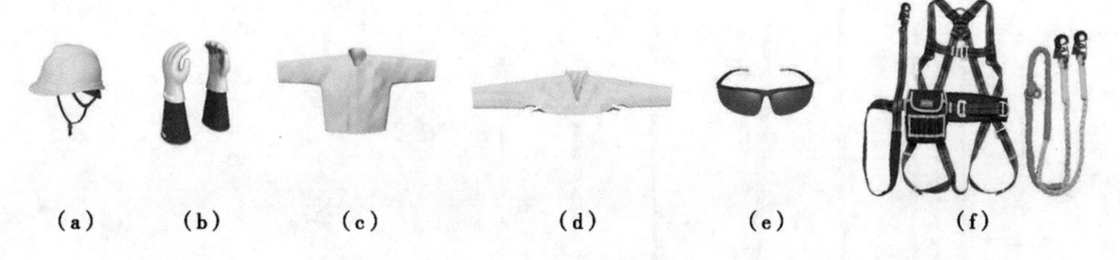

图 2-26 个人防护用具

（a）绝缘安全帽；（b）绝缘手套+羊皮或仿羊皮保护手套；（c）绝缘服；（d）绝缘披肩；（e）护目镜；（f）安全带

表 2-21 个人防护用具配置

| 序号 | 名称 | | 规格、型号 | 单位 | 数量 | 备注 |
|---|---|---|---|---|---|---|
| 1 | 个人防护用具 | 绝缘安全帽 | 10kV | 顶 | 2 | |
| 2 | | 绝缘手套 | 10kV | 双 | 2 | 带防刺穿手套 |
| 3 | | 绝缘披肩（绝缘服） | 10kV | 件 | 2 | 根据现场情况选择 |
| 4 | | 护目镜 | | 副 | 2 | |
| 5 | | 安全带 | | 副 | 2 | 有后备保护绳 |

## 2.4.3 绝缘遮蔽用具

绝缘遮蔽用具如图 2-27 所示，配置详见表 2-22。

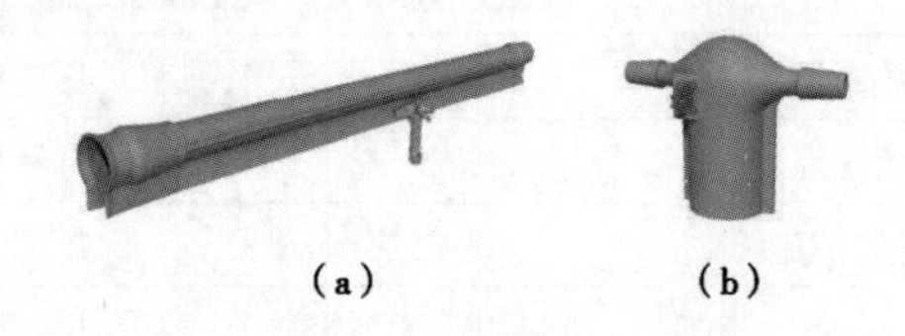

图 2-27 绝缘遮蔽用具

（a）绝缘杆式导线遮蔽罩；（b）绝缘杆式绝缘子遮蔽罩

表 2-22 绝缘遮蔽用具配置

| 序号 | 名称 | | 规格、型号 | 单位 | 数量 | 备注 |
|---|---|---|---|---|---|---|
| 1 | 绝缘遮蔽用具 | 绝缘杆式导线遮蔽罩 | 10kV | 个 | 3 | 绝缘杆作业法用 |
| 2 | | 绝缘杆式绝缘子遮蔽罩 | 10kV | 个 | 2 | 绝缘杆作业法用 |

## 2.4.4 绝缘工具

绝缘工具如图 2-28 所示，配置详见表 2-23。

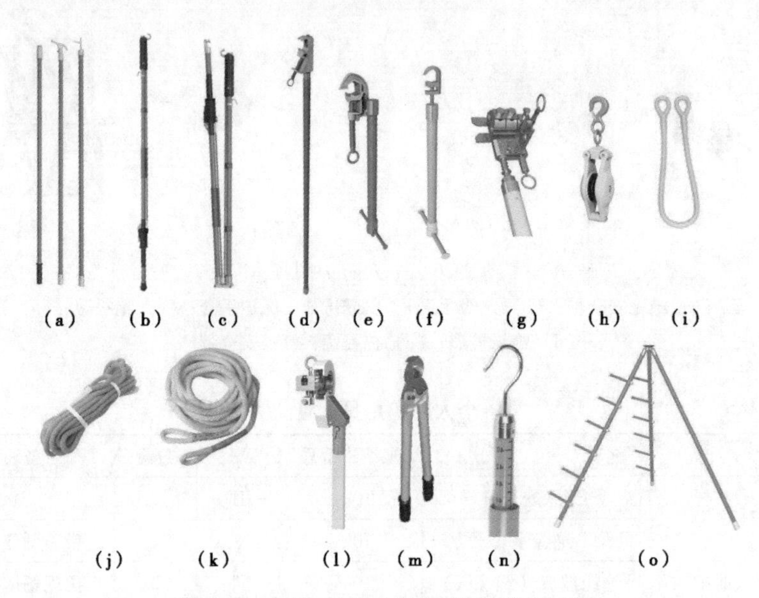

图 2-28 绝缘工具（根据实际工况选择）

(a) 绝缘操作杆；(b) 伸缩式绝缘锁杆（射枪式操作杆）；(c) 伸缩式折叠绝缘锁杆（射枪式操作杆）；(d) 绝缘（双头）锁杆；(e) 绝缘吊杆 1；(f) 绝缘吊杆 2；(g) 并沟线夹安装专用工具（根据线夹选择）；(h) 绝缘滑车；(i) 绝缘绳套；(j) 绝缘传递绳（防潮型）；(k) 绝缘传递绳（普通型）；(l) 绝缘导线剥皮器（推荐使用电动式）；(m) 绝缘断线剪；(n) 绝缘测量杆；(o) 绝缘工具支架

表 2-23 绝缘工具配置

| 序号 | 名称 | | 规格、型号 | 单位 | 数量 | 备注 |
|---|---|---|---|---|---|---|
| 1 | 绝缘工具 | 绝缘滑车 | 10kV | 个 | 1 | 绝缘传递绳用 |
| 2 | | 绝缘绳套 | 10kV | 个 | 1 | 挂滑车用 |
| 3 | | 绝缘传递绳 | 10kV | 根 | 1 | $\phi$12mm×15m |
| 4 | | 绝缘（双头）锁杆 | 10kV | 个 | 1 | 可同时锁定两根导线 |
| 5 | | 伸缩式绝缘锁杆 | 10kV | 个 | 1 | 射枪式操作杆 |
| 6 | | 绝缘吊杆 | 10kV | 个 | 3 | 临时固定引线用 |

续表

| 序号 | 名称 | | 规格、型号 | 单位 | 数量 | 备注 |
|---|---|---|---|---|---|---|
| 7 | 绝缘工具 | 绝缘操作杆 | 10kV | 个 | 1 | |
| 8 | | 绝缘测量杆 | 10kV | 个 | 1 | |
| 9 | | 绝缘断线剪 | 10kV | 个 | 1 | |
| 10 | | 绝缘导线剥皮器 | 10kV | 套 | 1 | 绝缘杆作业法用 |
| 11 | | 线夹装拆工具 | 10kV | 套 | 1 | 根据线夹类型选择 |
| 12 | | 绝缘支架 | | 个 | 1 | 放置绝缘工具用 |

## 2.4.5　仪器仪表

仪器仪表如图2-29所示，配置详见表2-24。

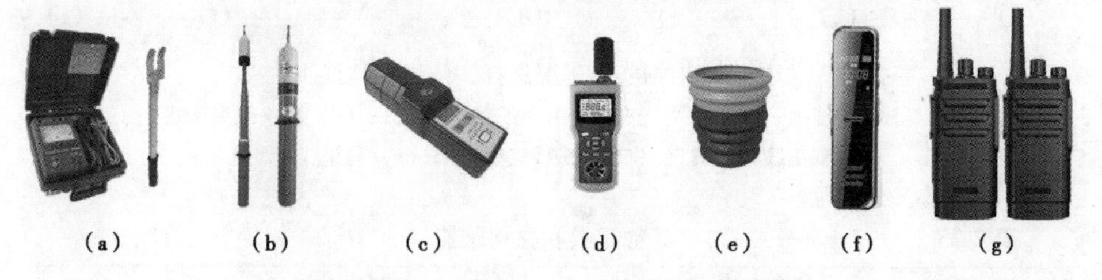

(a)　(b)　(c)　(d)　(e)　(f)　(g)

图2-29　仪器仪表（根据实际工况选择）

(a) 绝缘电阻测试仪+电极板；(b) 高压验电器；(c) 工频高压发生器；(d) 风速湿度仪；(e) 绝缘手套充压气检测器；(f) 录音笔；(g) 对讲机

表2-24　仪器仪表配置

| 序号 | 名称 | | 规格、型号 | 单位 | 数量 | 备注 |
|---|---|---|---|---|---|---|
| 1 | 仪器仪表 | 绝缘电阻测试仪 | 2500V及以上 | 套 | 1 | 含电极板 |
| 2 | | 高压验电器 | 10kV | 个 | 1 | |
| 3 | | 工频高压发生器 | 10kV | 个 | 1 | |
| 4 | | 风速湿度仪 | | 个 | 1 | |
| 5 | | 绝缘手套充压气检测器 | | 个 | 1 | |
| 6 | | 录音笔 | 便携高清降噪 | 个 | 1 | 记录作业对话用 |
| 7 | | 对讲机 | 户外无线手持 | 台 | 3 | 杆上杆下监护指挥用 |

## 2.4.6　其他工具和材料

其他工具如图2-30所示，材料如图2-31所示，配置详见表2-25。

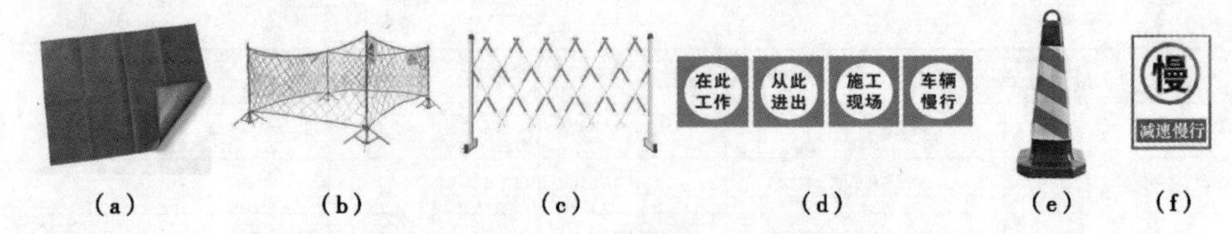


图 2-30　其他工具（根据实际工况选择）

（a）防潮苫布；（b）安全围栏 1；（c）安全围栏 2；（d）警告标志；
（e）路障；（f）减速慢行标志

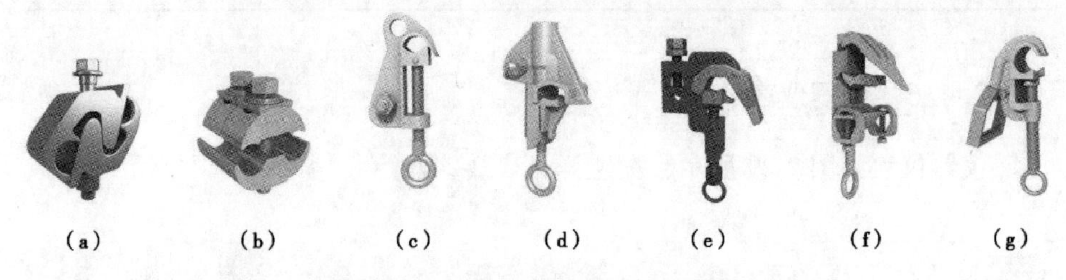


图 2-31　材料（根据实际工况选择，线夹推荐猴头线夹）

（a）螺栓 J 型线夹；（b）并沟线夹；（c）猴头线夹型式 1；（d）猴头线夹型式 2；
（e）猴头线夹型式 3；（f）猴头线夹型式 4；（g）马镫线夹型式

**表 2-25　　　　　　　　　　其他工具和材料配置**

| 序号 | 名称 | | 规格、型号 | 单位 | 数量 | 备注 |
|---|---|---|---|---|---|---|
| 1 | 其他工具 | 防潮苫布 | | 块 | 若干 | 根据现场情况选择 |
| 2 | | 个人手工工具 | | 套 | 1 | 推荐用绝缘手工工具 |
| 3 | | 安全围栏 | | 组 | 1 | |
| 4 | | 警告标志 | | 套 | 1 | |
| 5 | | 路障和减速慢行标志 | | 组 | 1 | |
| 6 | 材料 | 搭接线夹 | | 个 | 3 | 根据现场情况选择型号 |

## 2.5　绝缘手套作业法（绝缘斗臂车作业）带电断熔断器上引线项目

本项目装备配置适用于如图 2-32 所示的柱上变压器台架杆（有熔断器，导线三角排列），采用绝缘手套作业法（绝缘斗臂车作业）带电断熔断器上引线项目。生产中务必结合现场实际工况参照适用，推广绝缘手套作业法融合绝缘杆作业法在绝缘斗臂车的绝缘斗［见图 2-32（c）］或其他绝缘平台，如绝缘脚手架［见图 2-32（d）］上的应用。

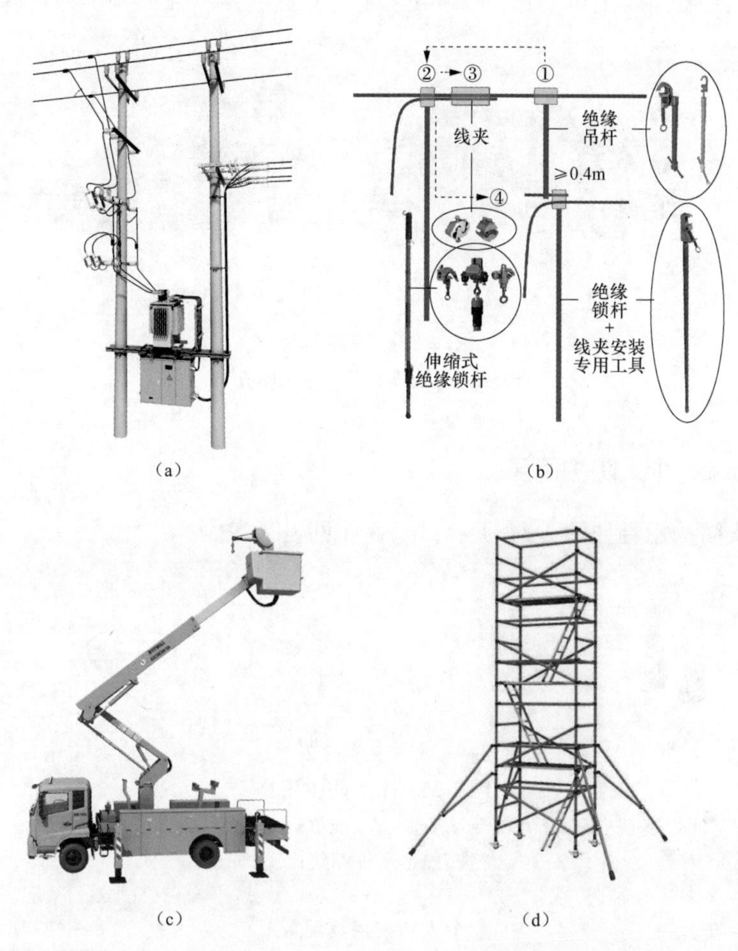


图 2-32　绝缘手套作业法（绝缘斗臂车作业）带电断熔断器上引线项目

（a）柱上变压器台架杆外形图；（b）绝缘手套法融合绝缘杆作业法线夹拆除示意图（推荐）；（c）绝缘斗臂车的绝缘斗；（d）绝缘脚手架的绝缘平台

①—绝缘吊杆固定在主导线上；②—绝缘锁杆将待断引线固定；③—拆除线夹或剪断引线；④—绝缘锁杆（连同引线）固定在绝缘吊杆的横向支杆上，三相引线按相同方法完成断开操作

## 2.5.1　特种车辆

特种车辆如图 2-33 所示，配置详见表 2-26。

**表 2-26**　　特种车辆配置

| 序号 | 名称 | | 规格、型号 | 单位 | 数量 | 备注 |
|---|---|---|---|---|---|---|
| 1 | 特种车辆 | 绝缘斗臂车 | 10kV | 辆 | 1 | |
| 2 | | 移动库房车 | | 辆 | 1 | |

（a） （b）

图 2-33 特种车辆

（a）绝缘斗臂车；（b）移动库房车

## 2.5.2 个人防护用具

个人防护用具如图 2-34 所示，配置详见表 2-27。

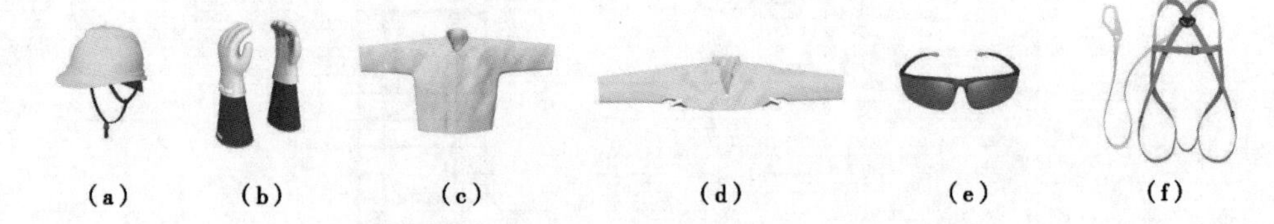

（a） （b） （c） （d） （e） （f）

图 2-34 个人防护用具

（a）绝缘安全帽；（b）绝缘手套+羊皮或仿羊皮保护手套；（c）绝缘服；（d）绝缘披肩；（e）护目镜；（f）安全带

表 2-27 个人防护用具配置

| 序号 | 名称 | | 规格、型号 | 单位 | 数量 | 备注 |
| --- | --- | --- | --- | --- | --- | --- |
| 1 | 个人防护用具 | 绝缘安全帽 | 10kV | 顶 | 2 | |
| 2 | | 绝缘手套 | 10kV | 双 | 2 | 带防刺穿手套 |
| 3 | | 绝缘披肩（绝缘服） | 10kV | 件 | 2 | 根据现场情况选择 |
| 4 | | 护目镜 | | 副 | 2 | |
| 5 | | 安全带 | | 副 | 2 | 有后备保护绳 |

## 2.5.3 绝缘遮蔽用具

绝缘遮蔽用具如图 2-35 所示，配置详见表 2-28。

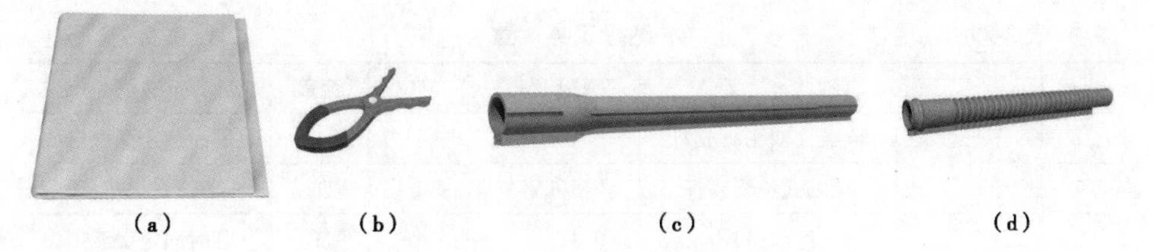

图 2-35 绝缘遮蔽用具（根据实际工况选择）
（a）绝缘毯；（b）绝缘毯夹；（c）导线遮蔽罩；
（d）引线遮蔽罩（根据实际情况选用）

**表 2-28 绝缘遮蔽用具配置**

| 序号 | 名称 | | 规格、型号 | 单位 | 数量 | 备注 |
|---|---|---|---|---|---|---|
| 1 | 绝缘遮蔽用具 | 导线遮蔽罩 | 10kV | 根 | 6 | 不少于配备数量 |
| 2 | | 引线遮蔽罩 | 10kV | 根 | 6 | 根据实际情况选用 |
| 3 | | 绝缘毯 | 10kV | 块 | 6 | 不少于配备数量 |
| 4 | | 绝缘毯夹 | | 个 | 12 | 不少于配备数量 |

## 2.5.4 绝缘工具

绝缘工具如图 2-36 所示，配置详见表 2-29。

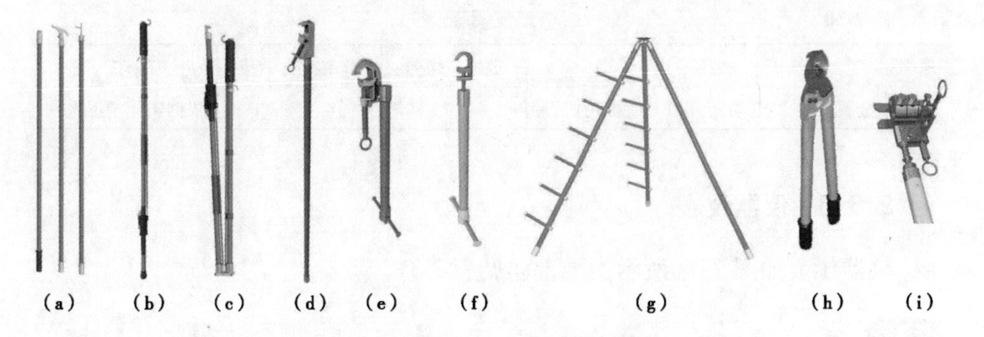

图 2-36 绝缘工具（根据实际工况选择）
（a）绝缘操作杆；（b）伸缩式绝缘锁杆（射枪式操作杆）；
（c）伸缩式折叠绝缘锁杆（射枪式操作杆）；
（d）绝缘（双头）锁杆；（e）绝缘吊杆 1；（f）绝缘吊杆 2；（g）绝缘工具支架；
（h）绝缘断线剪；（i）并沟线夹拆除专用工具（根据线夹选择）

表 2-29　　　　绝缘工具配置

| 序号 | 名称 | | 规格、型号 | 单位 | 数量 | 备注 |
|---|---|---|---|---|---|---|
| 1 | 绝缘工具 | 绝缘（双头）锁杆 | 10kV | 个 | 1 | 可同时锁定两根导线 |
| 2 | | 伸缩式绝缘锁杆 | 10kV | 个 | 1 | 射枪式操作杆 |
| 3 | | 绝缘吊杆 | 10kV | 个 | 3 | 临时固定引线用 |
| 4 | | 绝缘操作杆 | 10kV | 个 | 1 | |
| 5 | | 绝缘断线剪 | 10kV | 个 | 1 | 根据实际情况选用 |
| 6 | | 线夹装拆工具 | 10kV | 套 | 1 | 根据线夹类型选择 |

### 2.5.5 金属工具

金属工具如图 2-37 所示，配置详见表 2-30。

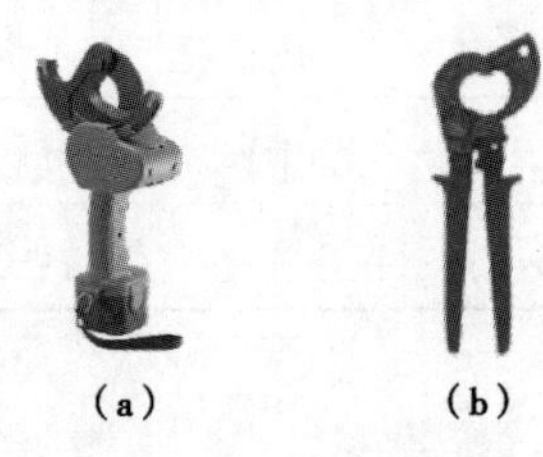

图 2-37　金属工具（根据实际工况选择）
（a）电动断线切刀；（b）棘轮切刀

表 2-30　　　　金属工具配置

| 序号 | 名称 | | 规格、型号 | 单位 | 数量 | 备注 |
|---|---|---|---|---|---|---|
| 1 | 金属工具 | 电动断线切刀或棘轮切刀 | | 个 | 1 | 根据实际情况选用 |

### 2.5.6 仪器仪表

仪器仪表如图 2-38 所示，配置详见表 2-31。

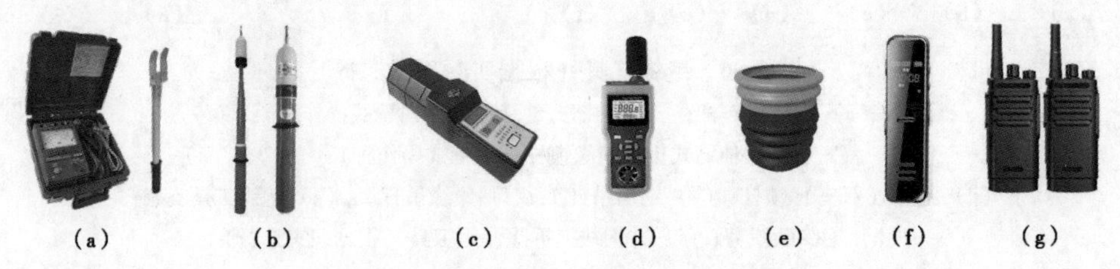

图 2-38　仪器仪表（根据实际工况选择）
（a）绝缘电阻测试仪+电极板；（b）高压验电器；（c）工频高压发生器；
（d）风速湿度仪；（e）绝缘手套充压气检测器；（f）录音笔；（g）对讲机

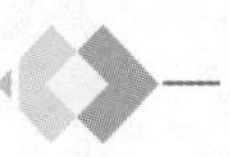


表 2-31　　　　　　　　　　　　仪器仪表配置

| 序号 | 名称 | | 规格、型号 | 单位 | 数量 | 备注 |
|---|---|---|---|---|---|---|
| 1 | 仪器仪表 | 绝缘电阻测试仪 | 2500V 及以上 | 套 | 1 | 含电极板 |
| 2 | | 高压验电器 | 10kV | 个 | 1 | |
| 3 | | 工频高压发生器 | 10kV | 个 | 1 | |
| 4 | | 风速湿度仪 | | 个 | 1 | |
| 5 | | 绝缘手套充压气检测器 | | 个 | 1 | |
| 6 | | 录音笔 | 便携高清降噪 | 个 | 1 | 记录作业对话用 |
| 7 | | 对讲机 | 户外无线手持 | 台 | 3 | 杆上杆下监护指挥用 |

### 2.5.7　其他工具

其他工具如图 2-39 所示，配置详见表 2-32。

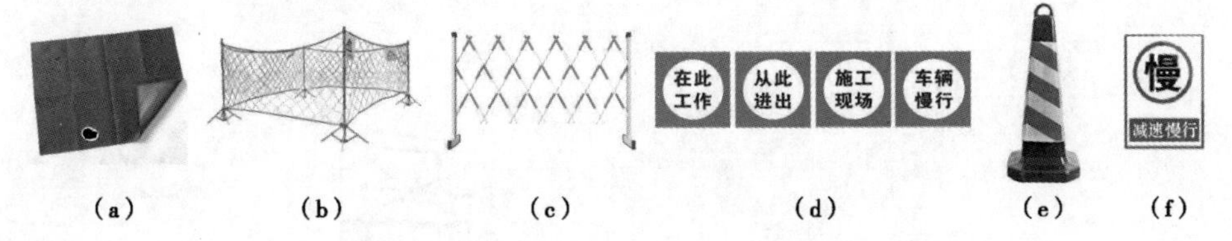


(a)　(b)　(c)　(d)　(e)　(f)

图 2-39　其他工具（根据实际工况选择）
（a）防潮苫布；（b）安全围栏 1；（c）安全围栏 2；
（d）警告标志；（e）路障；（f）减速慢行标志

表 2-32　　　　　　　　　　　　其他工具配置

| 序号 | 名称 | | 规格、型号 | 单位 | 数量 | 备注 |
|---|---|---|---|---|---|---|
| 1 | 其他工具 | 防潮苫布 | | 块 | 若干 | 根据现场情况选择 |
| 2 | | 个人手工工具 | | 套 | 1 | 推荐用绝缘手工工具 |
| 3 | | 安全围栏 | | 组 | 1 | |
| 4 | | 警告标志 | | 套 | 1 | |
| 5 | | 路障和减速慢行标志 | | 组 | 1 | |

## 2.6　绝缘手套作业法（绝缘斗臂车作业）带电接熔断器上引线项目

本项目装备配置适用于如图 2-40 所示的柱上变压器台架杆（有熔断器，导线三角排列），采用安装线夹法（绝缘手套作业法，斗臂车作业）带电接熔

断器上引线项目。生产中务必结合现场实际工况参照适用，推广绝缘手套作业法融合绝缘杆作业法在绝缘斗臂车的绝缘斗［见图 2-40（c）］或其他绝缘平台，如绝缘脚手架［见图 2-40（d）］上的应用。

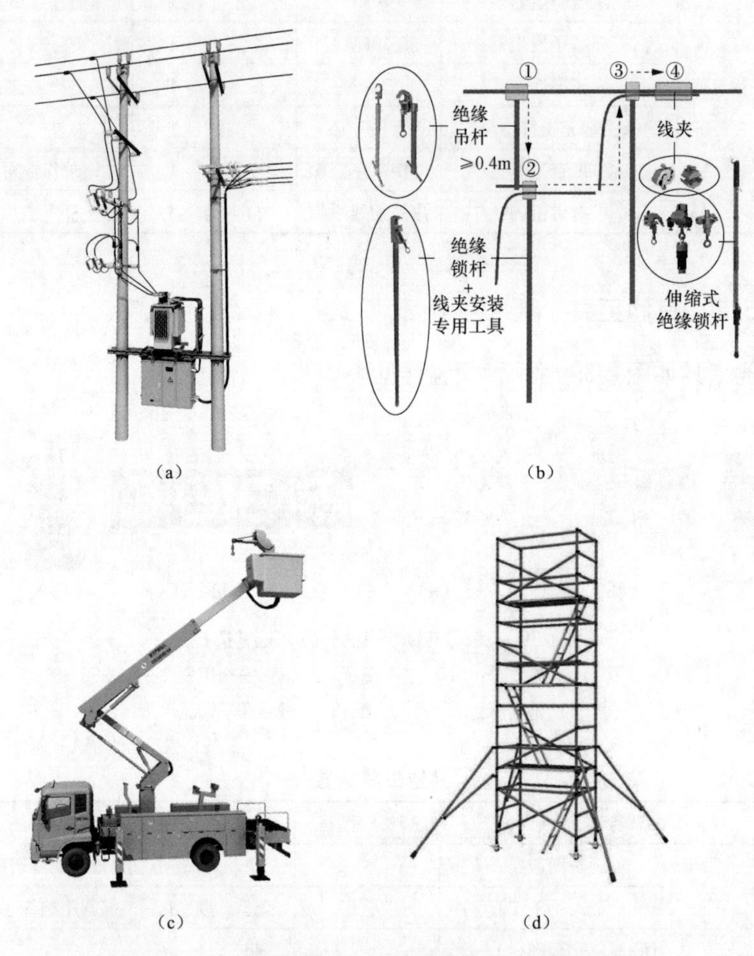


图 2-40　安装线夹法（绝缘手套作业法，斗臂车作业）带电接熔断器上引线项目

(a) 柱上变压器台架杆外形图；(b) 绝缘手套法融合绝缘杆作业法线夹安装示意图（推荐）；(c) 绝缘斗臂车的绝缘斗；(d) 绝缘脚手架的绝缘平台

①—绝缘吊杆固定在主导线上；②—绝缘锁杆（连同引线）固定在绝缘吊杆的横向支杆上；③—绝缘锁杆将待接引线固定在导线上；④—安装线夹，三相引线按相同方法完成搭接操作

## 2.6.1　特种车辆

特种车辆如图 2-41 所示，配置详见表 2-33。

(a)

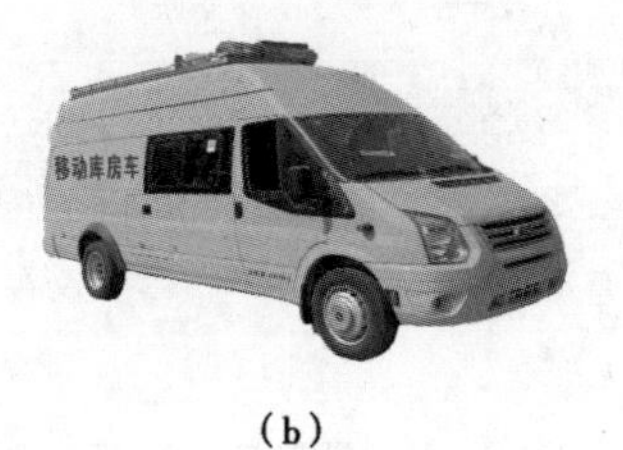


(b)

图 2-41　特种车辆

(a) 绝缘斗臂车；(b) 移动库房车

**表 2-33　　特种车辆配置**

| 序号 | 名称 | | 规格、型号 | 单位 | 数量 | 备注 |
|---|---|---|---|---|---|---|
| 1 | 特种车辆 | 绝缘斗臂车 | 10kV | 辆 | 1 | |
| 2 | | 移动库房车 | | 辆 | 1 | |

## 2.6.2　个人防护用具

个人防护用具如图 2-42 所示，配置详见表 2-34。

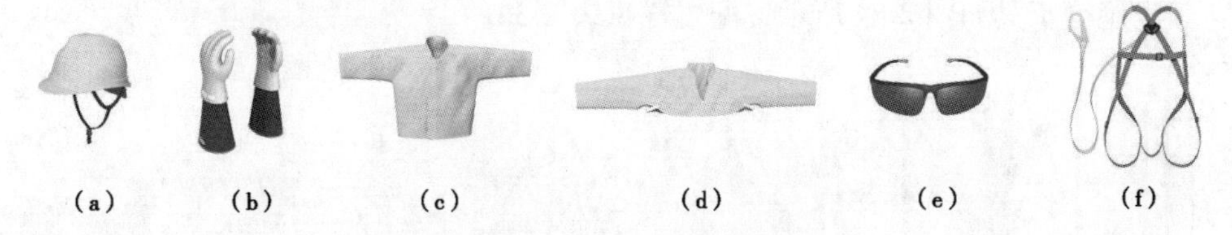

(a)　(b)　(c)　(d)　(e)　(f)

图 2-42　个人防护用具

(a) 绝缘安全帽；(b) 绝缘手套+羊皮或仿羊皮保护手套；(c) 绝缘服；(d) 绝缘披肩；(e) 护目镜；(f) 安全带

**表 2-34　　个人防护用具配置**

| 序号 | 名称 | | 规格、型号 | 单位 | 数量 | 备注 |
|---|---|---|---|---|---|---|
| 1 | 个人防护用具 | 绝缘安全帽 | 10kV | 顶 | 2 | |
| 2 | | 绝缘手套 | 10kV | 双 | 2 | 带防刺穿手套 |
| 3 | | 绝缘披肩（绝缘服） | 10kV | 件 | 2 | 根据现场情况选择 |
| 4 | | 护目镜 | | 副 | 2 | |
| 5 | | 安全带 | | 副 | 2 | 有后备保护绳 |

## 2.6.3　绝缘遮蔽用具

绝缘遮蔽用具如图 2-43 所示，配置详见表 2-35。

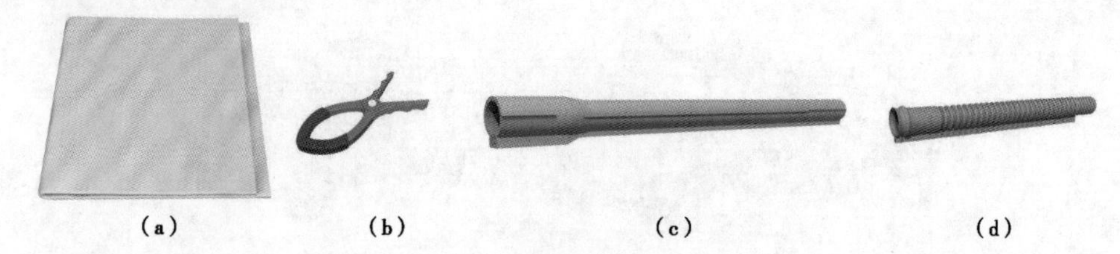

(a) (b) (c) (d)

图 2-43 绝缘遮蔽用具（根据实际工况选择）

(a) 绝缘毯；(b) 绝缘毯夹；(c) 导线遮蔽罩；(d) 引线遮蔽罩（根据实际情况选用）

表 2-35 绝缘遮蔽用具配置

| 序号 | 名称 | | 规格、型号 | 单位 | 数量 | 备注 |
|---|---|---|---|---|---|---|
| 1 | 绝缘遮蔽用具 | 导线遮蔽罩 | 10kV | 根 | 6 | 不少于配备数量 |
| 2 | | 引线遮蔽罩 | 10kV | 根 | 6 | 根据实际情况选用 |
| 3 | | 绝缘毯 | 10kV | 块 | 6 | 不少于配备数量 |
| 4 | | 绝缘毯夹 | | 个 | 12 | 不少于配备数量 |

## 2.6.4 绝缘工具

绝缘工具如图 2-44 所示，配置详见表 2-36。

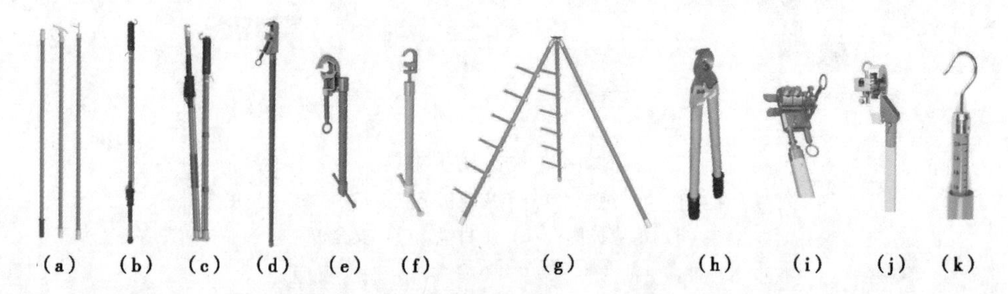

(a) (b) (c) (d) (e) (f) (g) (h) (i) (j) (k)

图 2-44 绝缘工具（根据实际工况选择）

(a) 绝缘操作杆；(b) 伸缩式绝缘锁杆（射枪式操作杆）；(c) 伸缩式折叠绝缘锁杆（射枪式操作杆）；(d) 绝缘（双头）锁杆；(e) 绝缘吊杆 1；(f) 绝缘吊杆 2；(g) 绝缘工具支架；(h) 绝缘断线剪；(i) 并沟线夹安装专用工具（根据线夹选择）；(j) 绝缘导线剥皮器（推荐使用电动式）；(k) 绝缘测量杆

表 2-36 绝缘工具配置

| 序号 | 名称 | | 规格、型号 | 单位 | 数量 | 备注 |
|---|---|---|---|---|---|---|
| 1 | 绝缘工具 | 绝缘（双头）锁杆 | 10kV | 个 | 1 | 可同时锁定两根导线 |
| 2 | | 伸缩式绝缘锁杆 | 10kV | 个 | 1 | 射枪式操作杆 |
| 3 | | 绝缘吊杆 | 10kV | 个 | 3 | 临时固定引线用 |

续表

| 序号 | 名称 | | 规格、型号 | 单位 | 数量 | 备注 |
|---|---|---|---|---|---|---|
| 4 | 绝缘工具 | 绝缘操作杆 | 10kV | 个 | 1 | |
| 5 | | 绝缘测量杆 | 10kV | 个 | 1 | |
| 6 | | 绝缘断线剪 | 10kV | 个 | 1 | 根据实际情况选用 |
| 7 | | 绝缘导线剥皮器 | 10kV | 套 | 1 | 根据实际情况选用 |
| 8 | | 线夹装拆工具 | 10kV | 套 | 1 | 根据线夹类型选择 |

### 2.6.5　金属工具

金属工具如图 2-45 所示，配置详见表 2-37。

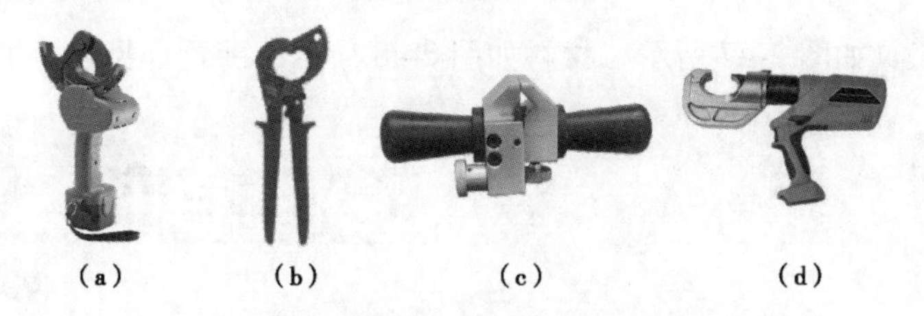

图 2-45　金属工具（根据实际工况选择）

（a）电动断线切刀；（b）棘轮切刀；（c）绝缘导线剥皮器；（d）液压钳

表 2-37　金属工具配置

| 序号 | 名称 | | 规格、型号 | 单位 | 数量 | 备注 |
|---|---|---|---|---|---|---|
| 1 | 金属工具 | 电动断线切刀或棘轮切刀 | | 个 | 1 | 根据实际情况选用 |
| 2 | | 绝缘导线剥皮器 | | 个 | 1 | |
| 3 | | 压接用液压钳 | | 个 | 1 | 根据实际情况选用 |

### 2.6.6　仪器仪表

仪器仪表如图 2-46 所示，配置详见表 2-38。

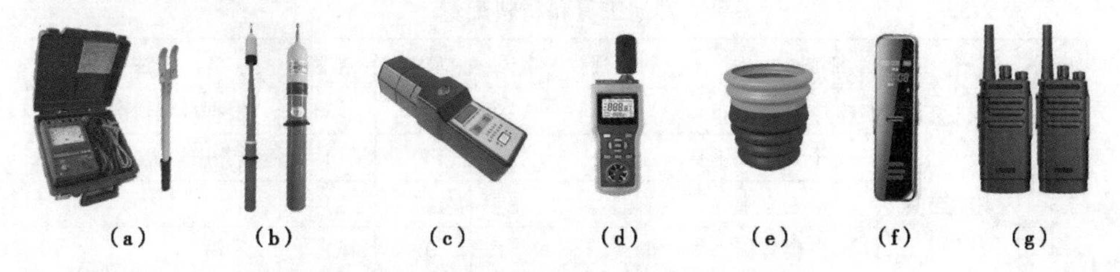

图 2-46　仪器仪表（根据实际工况选择）

（a）绝缘电阻测试仪+电极板；（b）高压验电器；（c）工频高压发生器；

（d）风速湿度仪；（e）绝缘手套充压气检测器；（f）录音笔；（g）对讲机

表 2-38　　仪器仪表配置

| 序号 | 名称 | | 规格、型号 | 单位 | 数量 | 备注 |
|---|---|---|---|---|---|---|
| 1 | 仪器仪表 | 绝缘电阻测试仪 | 2500V 及以上 | 套 | 1 | 含电极板 |
| 2 | | 高压验电器 | 10kV | 个 | 1 | |
| 3 | | 工频高压发生器 | 10kV | 个 | 1 | |
| 4 | | 风速湿度仪 | | 个 | 1 | |
| 5 | | 绝缘手套充压气检测器 | | 个 | 1 | |
| 6 | | 录音笔 | 便携高清降噪 | 个 | 1 | 记录作业对话用 |
| 7 | | 对讲机 | 户外无线手持 | 台 | 3 | 杆上杆下监护指挥用 |

## 2.6.7　其他工具和材料

其他工具如图 2-47 所示，材料如图 2-48 所示，配置详见表 2-39。

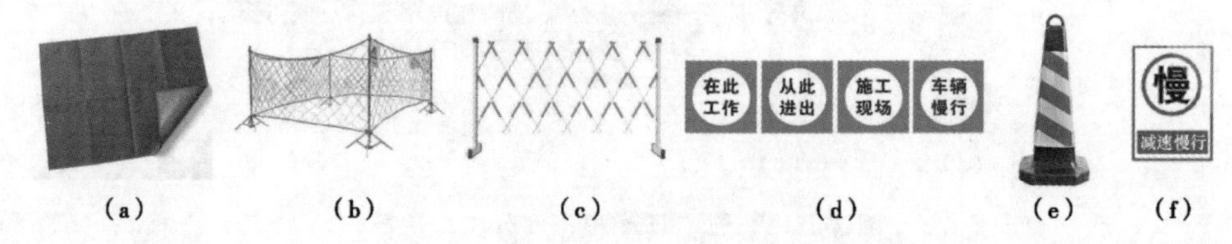


图 2-47　其他工具（根据实际工况选择）

（a）防潮苫布；（b）安全围栏 1；（c）安全围栏 2；（d）警告标志；（e）路障；（f）减速慢行标志

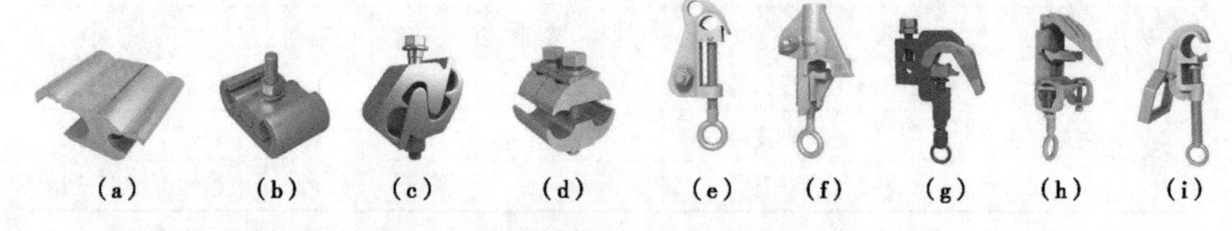


图 2-48　材料（根据实际工况选择）

（a）H 型线夹；（b）C 型线夹；（c）螺栓 J 型线夹；（d）并沟线夹；（e）猴头线夹型式 1；（f）猴头线夹型式 2；（g）猴头线夹型式 3；（h）猴头线夹型式 4；（i）马镫线夹型式

表 2-39　　其他工具和材料配置

| 序号 | 名称 | | 规格、型号 | 单位 | 数量 | 备注 |
|---|---|---|---|---|---|---|
| 1 | 其他工具 | 防潮苫布 | | 块 | 若干 | 根据现场情况选择 |
| 2 | | 个人手工工具 | | 套 | 1 | 推荐用绝缘手工工具 |
| 3 | | 安全围栏 | | 组 | 1 | |
| 4 | | 警告标志 | | 套 | 1 | |
| 5 | | 路障和减速慢行标志 | | 组 | 1 | |
| 6 | 材料 | 搭接线夹 | | 个 | 3 | 根据现场情况选择型号 |

## 2.7　绝缘手套作业法（绝缘斗臂车作业）带电断分支线路引线项目

本项目装备配置适用于如图2-49所示的直线分支杆（无熔断器，导线三角排列），采用绝缘手套作业法（绝缘斗臂车作业）带电断分支线路引线项目。生产中务必结合现场实际工况参照适用，推广绝缘手套作业法融合绝缘杆作业法在绝缘斗臂车的绝缘斗［见图2-49（c）］或其他绝缘平台，如绝缘脚手架［见图2-49（d）］上的应用。

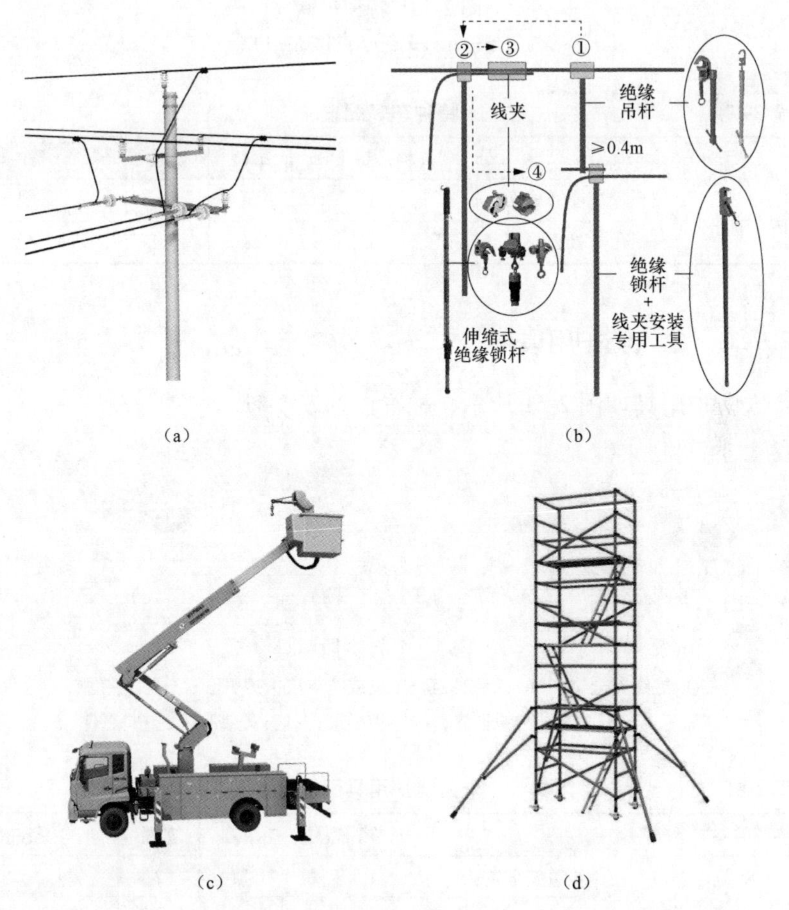


图2-49　绝缘手套作业法（绝缘斗臂车作业）带电断分支线路引线

（a）杆头外形图；（b）绝缘手套法融合绝缘杆作业法线夹拆除示意图（推荐）；（c）绝缘斗臂车的绝缘斗；（d）绝缘脚手架的绝缘平台

①—绝缘吊杆固定在主导线上；②—绝缘锁杆将待断引线固定；③—拆除线夹或剪断引线；④—绝缘锁杆（连同引线）固定在绝缘吊杆的横向支杆上，三相引线按相同方法完成断开操作

### 2.7.1 特种车辆

特种车辆如图 2-50 所示，配置详见表 2-40。

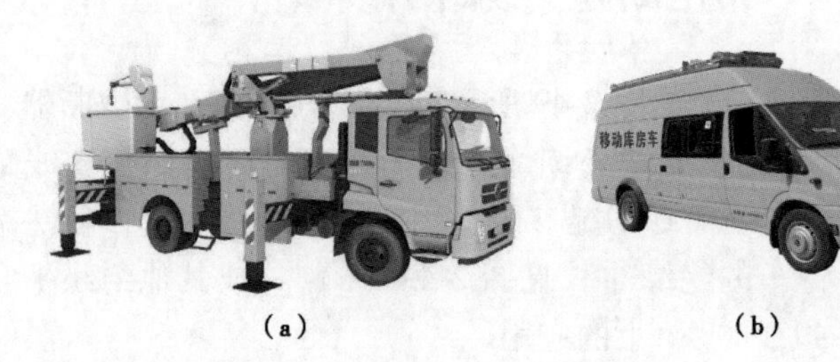


(a) (b)

图 2-50 特种车辆

(a) 绝缘斗臂车；(b) 移动库房车

表 2-40 特种车辆配置

| 序号 | 名称 | | 规格、型号 | 单位 | 数量 | 备注 |
|---|---|---|---|---|---|---|
| 1 | 特种车辆 | 绝缘斗臂车 | 10kV | 辆 | 1 | |
| 2 | | 移动库房车 | | 辆 | 1 | |

### 2.7.2 个人防护用具

个人防护用具如图 2-51 所示，配置详见表 2-41。

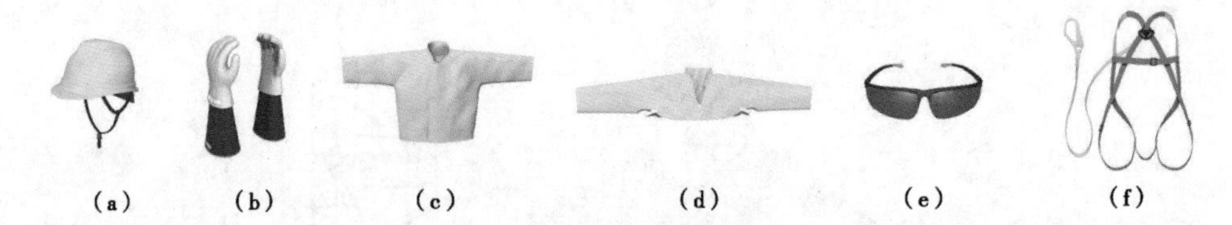

(a) (b) (c) (d) (e) (f)

图 2-51 个人防护用具

(a) 绝缘安全帽；(b) 绝缘手套+羊皮或仿羊皮保护手套；(c) 绝缘服；
(d) 绝缘披肩；(e) 护目镜；(f) 安全带

表 2-41 个人防护用具配置

| 序号 | 名称 | | 规格、型号 | 单位 | 数量 | 备注 |
|---|---|---|---|---|---|---|
| 1 | 个人防护用具 | 绝缘安全帽 | 10kV | 顶 | 2 | |
| 2 | | 绝缘手套 | 10kV | 双 | 2 | 带防刺穿手套 |
| 3 | | 绝缘披肩（绝缘服） | 10kV | 件 | 2 | 根据现场情况选择 |
| 4 | | 护目镜 | | 副 | 2 | |
| 5 | | 安全带 | | 副 | 2 | 有后备保护绳 |

## 2.7.3　绝缘遮蔽用具

绝缘遮蔽用具如图 2-52 所示，配置详见表 2-42。

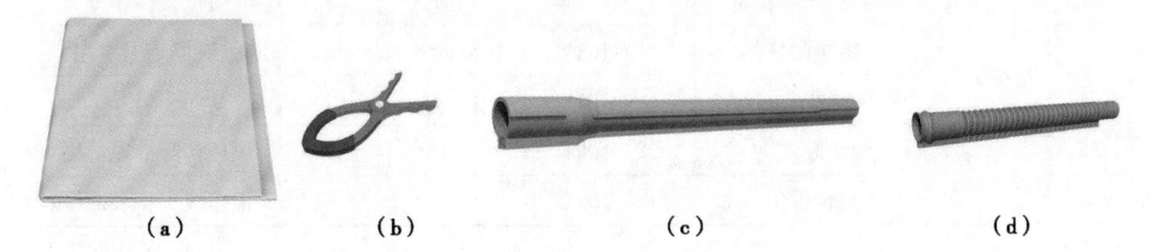

图 2-52　绝缘遮蔽用具（根据实际工况选择）

（a）绝缘毯；（b）绝缘毯夹；（c）导线遮蔽罩；（d）引线遮蔽罩（根据实际情况选用）

表 2-42　　绝缘遮蔽用具配置

| 序号 | 名称 | | 规格、型号 | 单位 | 数量 | 备注 |
| --- | --- | --- | --- | --- | --- | --- |
| 1 | 绝缘遮蔽用具 | 导线遮蔽罩 | 10kV | 根 | 6 | 不少于配备数量 |
| 2 | | 引线遮蔽罩 | 10kV | 根 | 6 | 根据实际情况选用 |
| 3 | | 绝缘毯 | 10kV | 块 | 6 | 不少于配备数量 |
| 4 | | 绝缘毯夹 | | 个 | 12 | 不少于配备数量 |

## 2.7.4　绝缘工具

绝缘工具如图 2-53 所示，配置详见表 2-43。

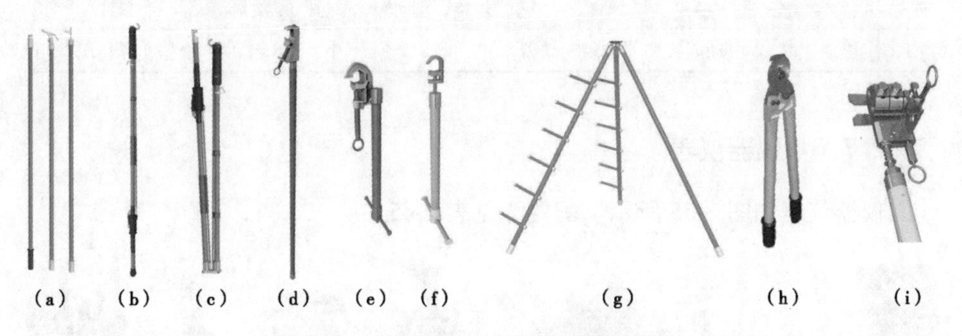

图 2-53　绝缘工具（根据实际工况选择）

（a）绝缘操作杆；（b）伸缩式绝缘锁杆（射枪式操作杆）；

（c）伸缩式折叠绝缘锁杆（射枪式操作杆）；（d）绝缘（双头）锁杆；

（e）绝缘吊杆 1；（f）绝缘吊杆 2；（g）绝缘工具支架；

（h）绝缘断线剪；（i）并沟线夹拆除专用工具（根据线夹选择）

表 2-43　　绝缘工具配置

| 序号 | 名称 | | 规格、型号 | 单位 | 数量 | 备注 |
|---|---|---|---|---|---|---|
| 1 | 绝缘工具 | 绝缘（双头）锁杆 | 10kV | 个 | 1 | 可同时锁定两根导线 |
| 2 | | 伸缩式绝缘锁杆 | 10kV | 个 | 1 | 射枪式操作杆 |
| 3 | | 绝缘吊杆 | 10kV | 个 | 3 | 临时固定引线用 |
| 4 | | 绝缘操作杆 | 10kV | 个 | 1 | |
| 5 | | 绝缘断线剪 | 10kV | 个 | 1 | 根据实际情况选用 |
| 6 | | 线夹装拆工具 | 10kV | 套 | 1 | 根据线夹类型选择 |

## 2.7.5 金属工具

金属工具如图 2-54 所示，配置详见表 2-44。

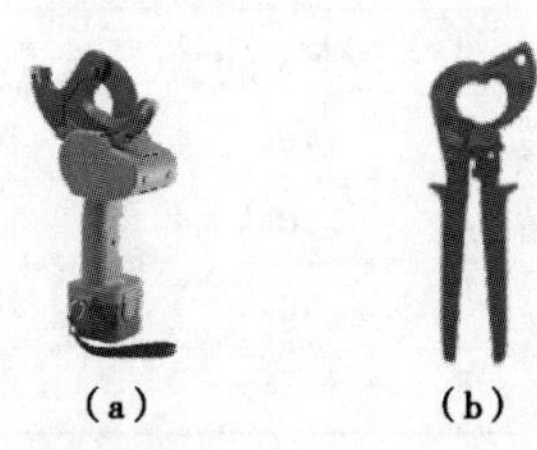

(a)　(b)

图 2-54　金属工具（根据实际工况选择）

（a）电动断线切刀；（b）棘轮切刀

表 2-44　　金属工具配置

| 序号 | 名称 | | 规格、型号 | 单位 | 数量 | 备注 |
|---|---|---|---|---|---|---|
| 1 | 金属工具 | 电动断线切刀或棘轮切刀 | | 个 | 1 | 根据实际情况选用 |

## 2.7.6 仪器仪表

仪器仪表如图 2-55 所示，配置详见表 2-45。

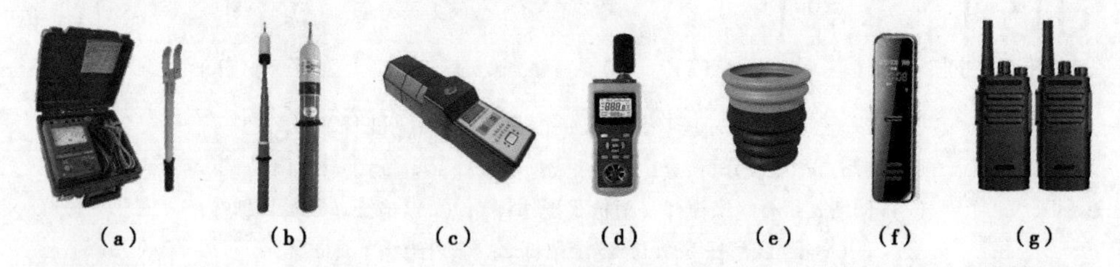

(a)　(b)　(c)　(d)　(e)　(f)　(g)

图 2-55　仪器仪表（根据实际工况选择）

（a）绝缘电阻测试仪+电极板；（b）高压验电器；（c）工频高压发生器；（d）风速湿度仪；（e）绝缘手套充压气检测器；（f）录音笔；（g）对讲机

表 2-45　　　　仪器仪表配置

| 序号 | 名称 | | 规格、型号 | 单位 | 数量 | 备注 |
|---|---|---|---|---|---|---|
| 1 | 仪器仪表 | 绝缘电阻测试仪 | 2500V 及以上 | 套 | 1 | 含电极板 |
| 2 | | 高压验电器 | 10kV | 个 | 1 | |
| 3 | | 工频高压发生器 | 10kV | 个 | 1 | |
| 4 | | 风速湿度仪 | | 个 | 1 | |
| 5 | | 绝缘手套充压气检测器 | | 个 | 1 | |
| 6 | | 录音笔 | 便携高清降噪 | 个 | 1 | 记录作业对话用 |
| 7 | | 对讲机 | 户外无线手持 | 台 | 3 | 杆上杆下监护指挥用 |

### 2.7.7　其他工具

其他工具如图 2-56 所示，配置详见表 2-46。

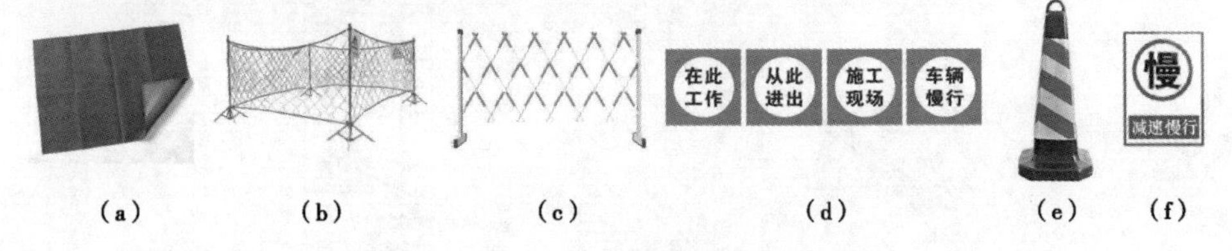


图 2-56　其他工具（根据实际工况选择）
(a) 防潮苫布；(b) 安全围栏 1；(c) 安全围栏 2；(d) 警告标志；
(e) 路障；(f) 减速慢行标志

表 2-46　　　　其他工具配置

| 序号 | 名称 | | 规格、型号 | 单位 | 数量 | 备注 |
|---|---|---|---|---|---|---|
| 1 | 其他工具 | 防潮苫布 | | 块 | 若干 | 根据现场情况选择 |
| 2 | | 个人手工工具 | | 套 | 1 | 推荐用绝缘手工工具 |
| 3 | | 安全围栏 | | 组 | 1 | |
| 4 | | 警告标志 | | 套 | 1 | |
| 5 | | 路障和减速慢行标志 | | 组 | 1 | |

## 2.8　绝缘手套作业法（绝缘斗臂车作业）带电接分支线路引线项目

本项目装备配置适用于如图 2-57 所示的变台杆（有熔断器，导线三角排列）、直线分支杆（无熔断器，导线三角排列），采用绝缘手套作业法（绝缘斗臂车作业）带电接分支线路引线。生产中务必结合现场实际工况参照适用，推广绝缘手套作业法融合绝缘杆作业法在绝缘斗臂车的绝缘斗［见图 2-57（c）］或其他绝缘平台，如绝缘脚手架［见图 2-57（d）］上的应用。

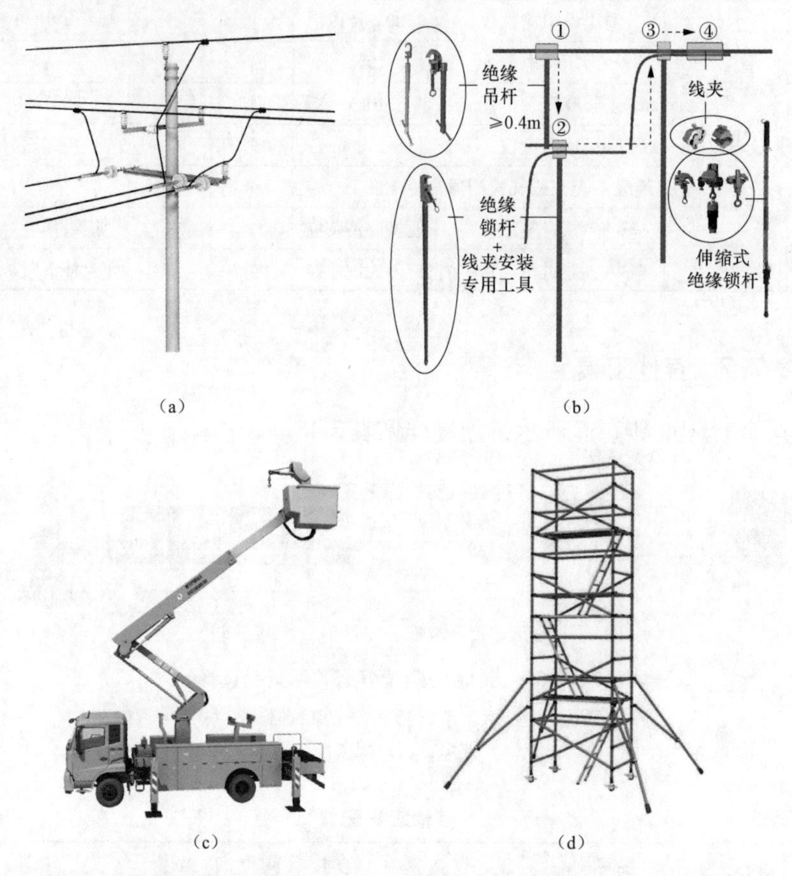


图 2-57　绝缘手套作业法（绝缘斗臂车作业）带电接分支线路引线项目

（a）杆头外形图；（b）绝缘手套法融合绝缘杆作业法线夹安装示意图（推荐）；（c）绝缘斗臂车的绝缘斗；（d）绝缘脚手架的绝缘平台

①—绝缘吊杆固定在主导线上；②—绝缘锁杆（连同引线）固定在绝缘吊杆的横向支杆上；③—绝缘锁杆将待接引线固定在导线上；④—安装线夹，三相引线按相同方法完成搭接操作

## 2.8.1　特种车辆

特种车辆如图 2-58 所示，配置详见表 2-47。

表 2-47　特种车辆配置

| 序号 | 名称 | | 规格、型号 | 单位 | 数量 | 备注 |
| --- | --- | --- | --- | --- | --- | --- |
| 1 | 特种车辆 | 绝缘斗臂车 | 10kV | 辆 | 1 | |
| 2 | | 移动库房车 | | 辆 | 1 | |

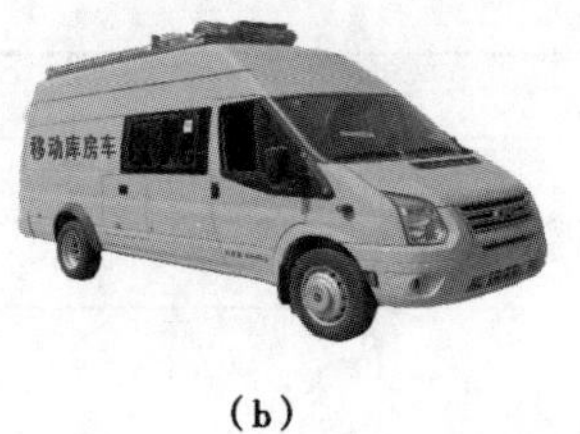


（a）　　　　（b）

图 2-58　特种车辆

（a）绝缘斗臂车；（b）移动库房车

## 2.8.2　个人防护用具

个人防护用具如图 2-59 所示，配置详见表 2-48。

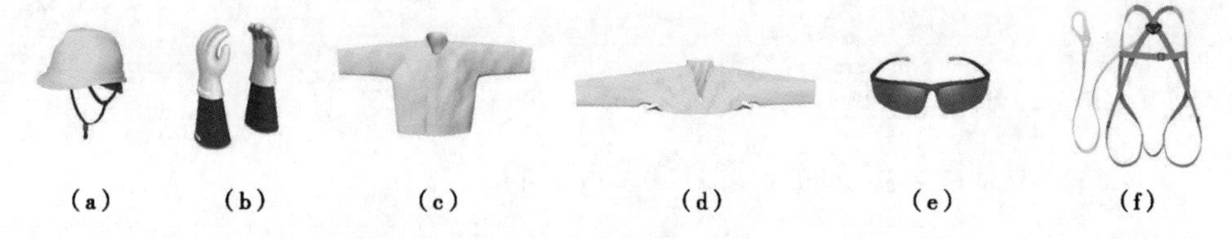

（a）　（b）　（c）　（d）　（e）　（f）

图 2-59　个人防护用具

（a）绝缘安全帽；（b）绝缘手套+羊皮或仿羊皮保护手套；（c）绝缘服；（d）绝缘披肩；（e）护目镜；（f）安全带

表 2-48　　个人防护用具配置

| 序号 | 名称 | | 规格、型号 | 单位 | 数量 | 备注 |
|---|---|---|---|---|---|---|
| 1 | 个人防护用具 | 绝缘安全帽 | 10kV | 顶 | 2 | |
| 2 | | 绝缘手套 | 10kV | 双 | 2 | 带防刺穿手套 |
| 3 | | 绝缘披肩（绝缘服） | 10kV | 件 | 2 | 根据现场情况选择 |
| 4 | | 护目镜 | | 副 | 2 | |
| 5 | | 安全带 | | 副 | 2 | 有后备保护绳 |

## 2.8.3　绝缘遮蔽用具

绝缘遮蔽用具如图 2-60 所示，配置详见表 2-49。

表 2-49　　绝缘遮蔽用具配置

| 序号 | 名称 | | 规格、型号 | 单位 | 数量 | 备注 |
|---|---|---|---|---|---|---|
| 1 | 绝缘遮蔽用具 | 导线遮蔽罩 | 10kV | 根 | 6 | 不少于配备数量 |
| 2 | | 引线遮蔽罩 | 10kV | 根 | 6 | 根据实际情况选用 |

续表

| 序号 | 名称 | | 规格、型号 | 单位 | 数量 | 备注 |
|---|---|---|---|---|---|---|
| 3 | 绝缘遮蔽用具 | 绝缘毯 | 10kV | 块 | 6 | 不少于配备数量 |
| 4 | | 绝缘毯夹 | | 个 | 12 | 不少于配备数量 |

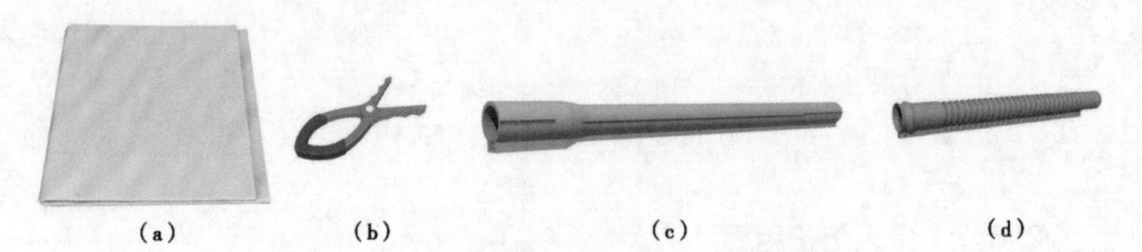

图 2-60　绝缘遮蔽用具（根据实际工况选择）

（a）绝缘毯；（b）绝缘毯夹；（c）导线遮蔽罩；（d）引线遮蔽罩（根据实际情况选用）

### 2.8.4　绝缘工具

绝缘工具如图 2-61 所示，配置详见表 2-50。

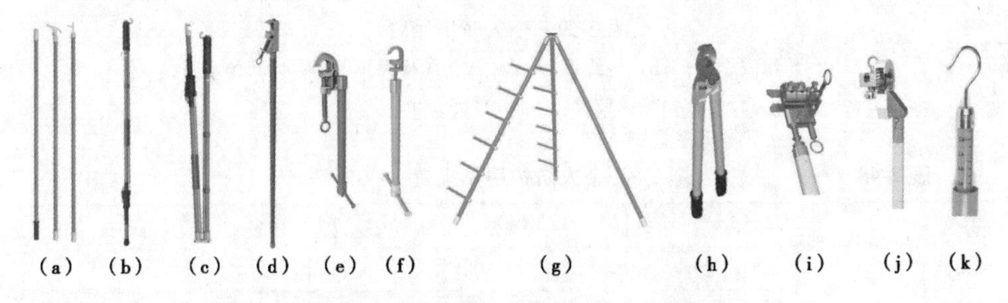

图 2-61　绝缘工具（根据实际工况选择）

（a）绝缘操作杆；（b）伸缩式绝缘锁杆（射枪式操作杆）；
（c）伸缩式折叠绝缘锁杆（射枪式操作杆）；（d）绝缘（双头）锁杆；
（e）绝缘吊杆 1；（f）绝缘吊杆 2；（g）绝缘工具支架；（h）绝缘断线剪；
（i）并沟线夹安装专用工具（根据线夹选择）；
（j）绝缘导线剥皮器（推荐使用电动式）；（k）绝缘测量杆

表 2-50　绝缘工具配置

| 序号 | 名称 | | 规格、型号 | 单位 | 数量 | 备注 |
|---|---|---|---|---|---|---|
| 1 | 绝缘工具 | 绝缘（双头）锁杆 | 10kV | 个 | 1 | 可同时锁定两根导线 |
| 2 | | 伸缩式绝缘锁杆 | 10kV | 个 | 1 | 射枪式操作杆 |
| 3 | | 绝缘吊杆 | 10kV | 个 | 3 | 临时固定引线用 |
| 4 | | 绝缘操作杆 | 10kV | 个 | 1 | |

续表

| 序号 | 名称 | | 规格、型号 | 单位 | 数量 | 备注 |
|---|---|---|---|---|---|---|
| 5 | 绝缘工具 | 绝缘测量杆 | 10kV | 个 | 1 | |
| 6 | | 绝缘断线剪 | 10kV | 个 | 1 | 根据实际情况选用 |
| 7 | | 绝缘导线剥皮器 | 10kV | 套 | 1 | 根据实际情况选用 |
| 8 | | 线夹装拆工具 | 10kV | 套 | 1 | 根据线夹类型选择 |

## 2.8.5　金属工具

金属工具如图 2-62 所示，配置详见表 2-51。

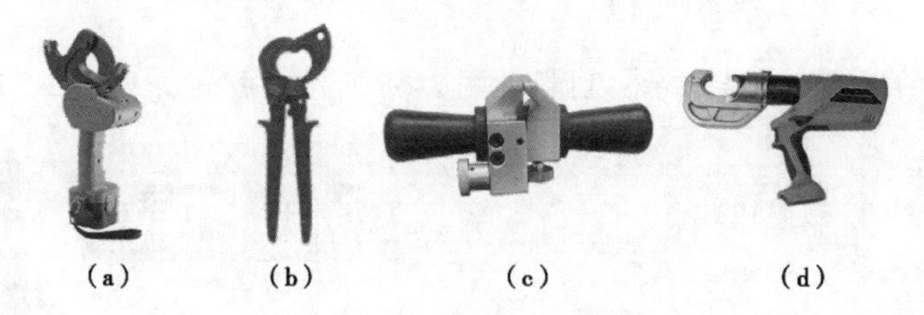

图 2-62　金属工具（根据实际工况选择）

（a）电动断线切刀；（b）棘轮切刀；

（c）绝缘导线剥皮器；（d）液压钳

表 2-51　　金属工具配置

| 序号 | 名称 | | 规格、型号 | 单位 | 数量 | 备注 |
|---|---|---|---|---|---|---|
| 1 | 金属工具 | 电动断线切刀或棘轮切刀 | | 个 | 1 | 根据实际情况选用 |
| 2 | | 绝缘导线剥皮器 | | 个 | 1 | |
| 3 | | 压接用液压钳 | | 个 | 1 | 根据实际情况选用 |

## 2.8.6　仪器仪表

仪器仪表如图 2-63 所示，配置详见表 2-52。

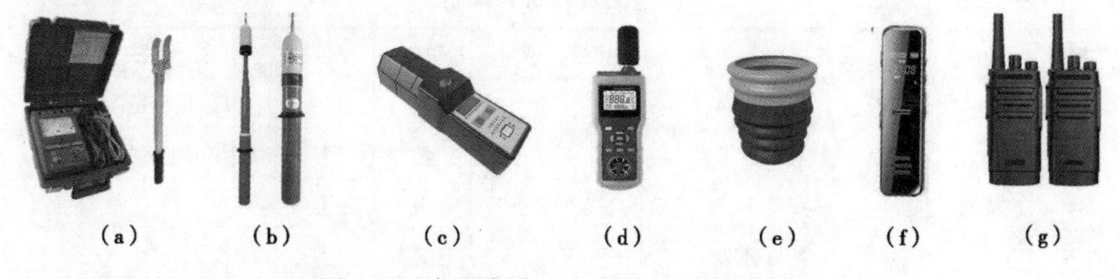

图 2-63　仪器仪表（根据实际工况选择）

（a）绝缘电阻测试仪+电极板；（b）高压验电器；（c）工频高压发生器；

（d）风速湿度仪；（e）绝缘手套充压气检测器；（f）录音笔；（g）对讲机

表 2-52　　仪器仪表配置

| 序号 | 名称 | | 规格、型号 | 单位 | 数量 | 备注 |
|---|---|---|---|---|---|---|
| 1 | 仪器仪表 | 绝缘电阻测试仪 | 2500V 及以上 | 套 | 1 | 含电极板 |
| 2 | | 高压验电器 | 10kV | 个 | 1 | |
| 3 | | 工频高压发生器 | 10kV | 个 | 1 | |
| 4 | | 风速湿度仪 | | 个 | 1 | |
| 5 | | 绝缘手套充压气检测器 | | 个 | 1 | |
| 6 | | 录音笔 | 便携高清降噪 | 个 | 1 | 记录作业对话用 |
| 7 | | 对讲机 | 户外无线手持 | 台 | 3 | 杆上杆下监护指挥用 |

## 2.8.7　其他工具和材料

其他工具如图 2-64 所示，材料如图 2-65 所示，配置详见表 2-53。

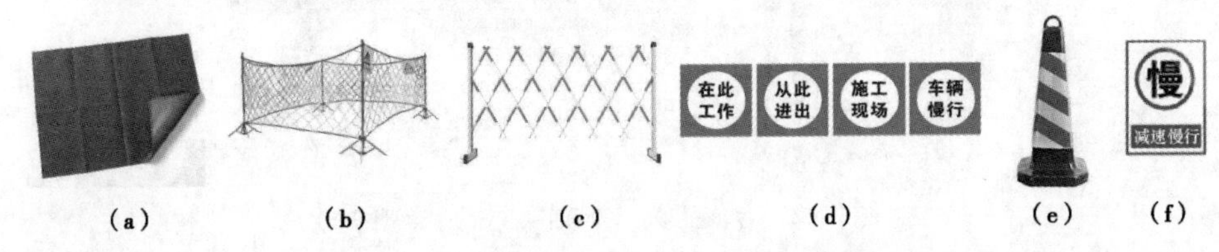


图 2-64　其他工具（根据实际工况选择）

（a）防潮苫布；（b）安全围栏 1；（c）安全围栏 2；（d）警告标志；（e）路障；（f）减速慢行标志

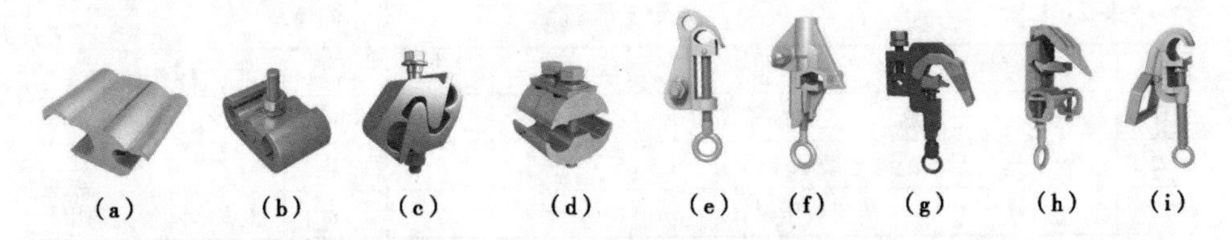


图 2-65　材料（根据实际工况选择）

（a）H 型线夹；（b）C 型线夹；（c）螺栓 J 型线夹；（d）并沟线夹；（e）猴头线夹型式 1；（f）猴头线夹型式 2；（g）猴头线夹型式 3；（h）猴头线夹型式 4；（i）马镫线夹型式

表 2-53　　其他工具和材料配置

| 序号 | 名称 | | 规格、型号 | 单位 | 数量 | 备注 |
|---|---|---|---|---|---|---|
| 1 | 其他工具 | 防潮苫布 | | 块 | 若干 | 根据现场情况选择 |
| 2 | | 个人手工工具 | | 套 | 1 | 推荐用绝缘手工工具 |
| 3 | | 安全围栏 | | 组 | 1 | |
| 4 | | 警告标志 | | 套 | 1 | |
| 5 | | 路障和减速慢行标志 | | 组 | 1 | |
| 6 | 材料 | 搭接线夹 | | 个 | 3 | 根据现场情况选择型号 |

# 2.9　绝缘手套作业法（绝缘斗臂车作业）带电断空载电缆线路引线项目

本项目装备配置适用于如图2-66所示的电缆引下杆（经支柱型避雷器，导线三角排列，主线引线在线夹处搭接），采用绝缘手套作业法（绝缘斗臂车作业）带电断空载电缆线路引线项目。生产中务必结合现场实际工况参照适用，推广绝缘手套作业法融合绝缘杆作业法在绝缘斗臂车的绝缘斗［见图2-66（d）］或其他绝缘平台，如绝缘脚手架［见图2-66（e）］上的应用。

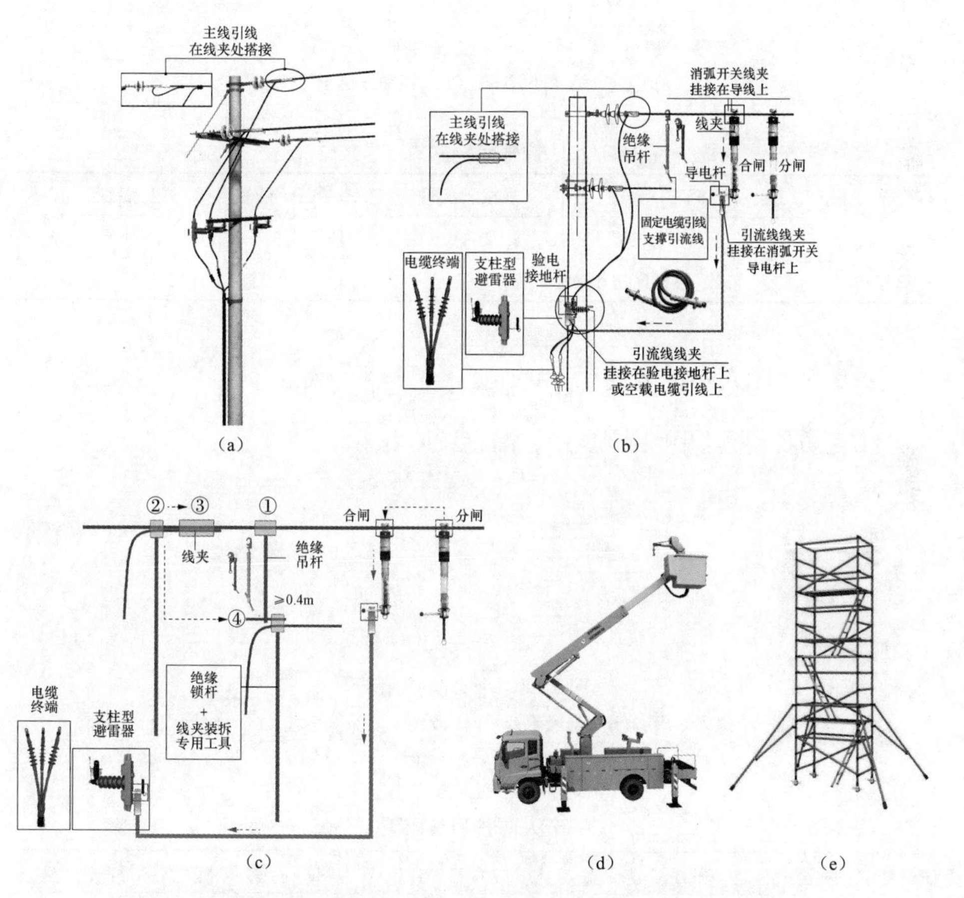


图2-66　绝缘手套作业法（绝缘斗臂车作业）带电断空载电缆线路引线

（a）杆头外形图；（b）“消弧开关+绝缘引流线引线”分流示意图；

（c）绝缘手套法融合绝缘杆作业法线夹拆除示意图（推荐）；

（d）绝缘斗臂车的绝缘斗；（e）绝缘脚手架的绝缘平台

①—绝缘吊杆固定在主导线上；②—绝缘锁杆将待断引线固定；③—拆除线夹或剪断引线；

④—绝缘锁杆（连同引线）固定在绝缘吊杆的横向支杆上，三相引线按相同方法完成断开操作

## 2.9.1 特种车辆

特种车辆如图 2-67 所示，配置详见表 2-54。

图 2-67 特种车辆

(a) 绝缘斗臂车；(b) 移动库房车

表 2-54 特种车辆配置

| 序号 | 名称 | | 规格、型号 | 单位 | 数量 | 备注 |
|---|---|---|---|---|---|---|
| 1 | 特种车辆 | 绝缘斗臂车 | 10kV | 辆 | 1 | |
| 2 | | 移动库房车 | | 辆 | 1 | |

## 2.9.2 个人防护用具

个人防护用具如图 2-68 所示，配置详见表 2-55。

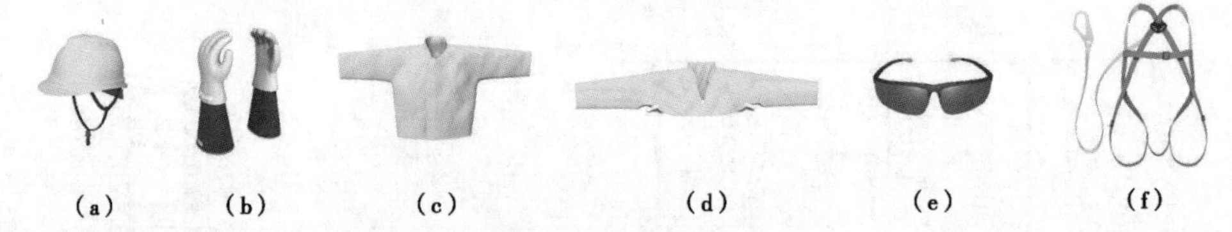


图 2-68 个人防护用具

(a) 绝缘安全帽；(b) 绝缘手套+羊皮或仿羊皮保护手套；(c) 绝缘服；

(d) 绝缘披肩；(e) 护目镜；(f) 安全带

表 2-55 个人防护用具配置

| 序号 | 名称 | | 规格、型号 | 单位 | 数量 | 备注 |
|---|---|---|---|---|---|---|
| 1 | 个人防护用具 | 绝缘安全帽 | 10kV | 顶 | 2 | |
| 2 | | 绝缘手套 | 10kV | 双 | 2 | 带防刺穿手套 |
| 3 | | 绝缘披肩（绝缘服） | 10kV | 件 | 2 | 根据现场情况选择 |
| 4 | | 护目镜 | | 副 | 2 | |
| 5 | | 安全带 | | 副 | 2 | 有后备保护绳 |

## 2.9.3　绝缘遮蔽用具

绝缘遮蔽用具如图 2-69 所示，配置详见表 2-56。

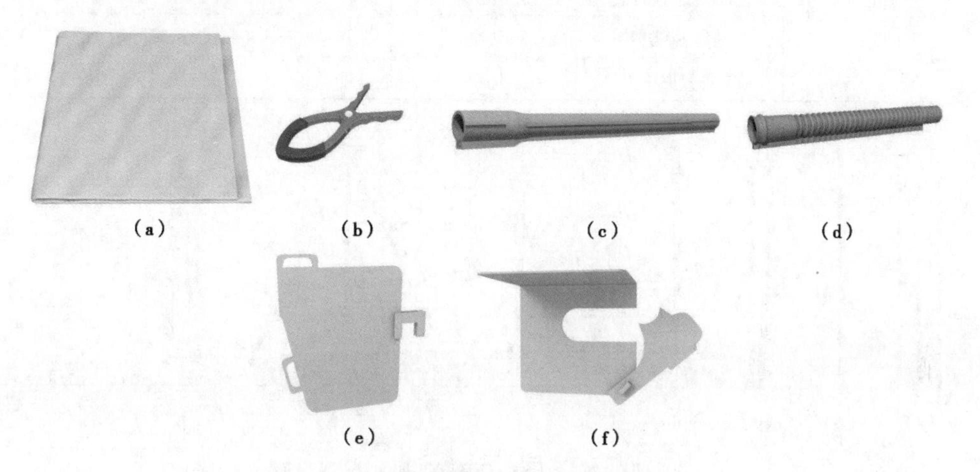

图 2-69　绝缘遮蔽用具（根据实际工况选择）
（a）绝缘毯；（b）绝缘毯夹；（c）导线遮蔽罩；（d）引线遮蔽罩（根据实际情况选用）；
（d）绝缘隔板 1（相间）；（e）绝缘隔板 2（相地）

**表 2-56　　　　　　　　　　　绝缘遮蔽用具配置**

| 序号 | 名称 | | 规格、型号 | 单位 | 数量 | 备注 |
|---|---|---|---|---|---|---|
| 1 | 绝缘遮蔽用具 | 导线遮蔽罩 | 10kV | 根 | 6 | 不少于配备数量 |
| 2 | | 引线遮蔽罩 | 10kV | 根 | 6 | 根据实际情况选用 |
| 3 | | 绝缘毯 | 10kV | 块 | 6 | 不少于配备数量 |
| 4 | | 绝缘毯夹 | | 个 | 12 | 不少于配备数量 |
| 5 | | 绝缘隔板 1（相间） | 10kV | 个 | 3 | 根据实际情况选用 |
| 6 | | 绝缘隔板 2（相地） | 10kV | 个 | 3 | 根据实际情况选用 |

## 2.9.4　绝缘工具

绝缘工具如图 2-70 所示，配置详见表 2-57。

**表 2-57　　　　　　　　　　　绝缘工具配置**

| 序号 | 名称 | | 规格、型号 | 单位 | 数量 | 备注 |
|---|---|---|---|---|---|---|
| 1 | 绝缘工具 | 绝缘（双头）锁杆 | 10kV | 个 | 1 | 可同时锁定两根导线 |
| 2 | | 伸缩式绝缘锁杆 | 10kV | 个 | 1 | 射枪式操作杆 |

续表

| 序号 | 名称 | | 规格、型号 | 单位 | 数量 | 备注 |
|---|---|---|---|---|---|---|
| 3 | 绝缘工具 | 绝缘吊杆 | 10kV | 个 | 3 | 临时固定引线用 |
| 4 | | 绝缘操作杆 | 10kV | 个 | 1 | |
| 5 | | 绝缘断线剪 | 10kV | 个 | 1 | 根据实际情况选用 |
| 6 | | 线夹装拆工具 | 10kV | 套 | 1 | 根据线夹类型选择 |

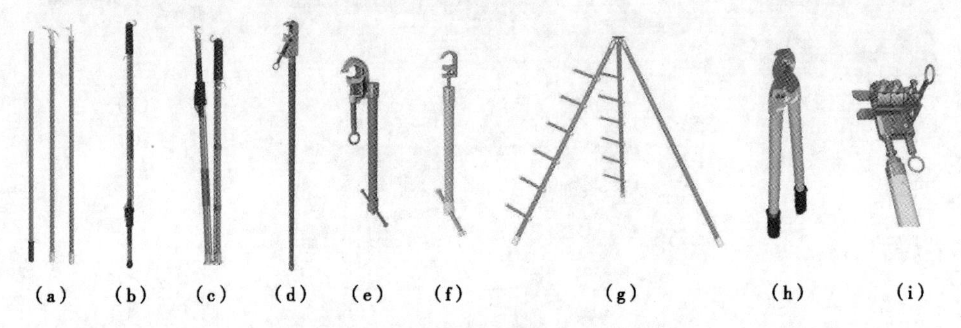

图 2-70　绝缘工具（根据实际工况选择）

（a）绝缘操作杆；（b）伸缩式绝缘锁杆（射枪式操作杆）；
（c）伸缩式折叠绝缘锁杆（射枪式操作杆）；
（d）绝缘（双头）锁杆；（e）绝缘吊杆 1；（f）绝缘吊杆 2；（g）绝缘工具支架；
（h）绝缘断线剪；（i）并沟线夹拆除专用工具（根据线夹选择）

## 2.9.5　旁路设备

旁路设备如图 2-71 所示，配置详见表 2-58。

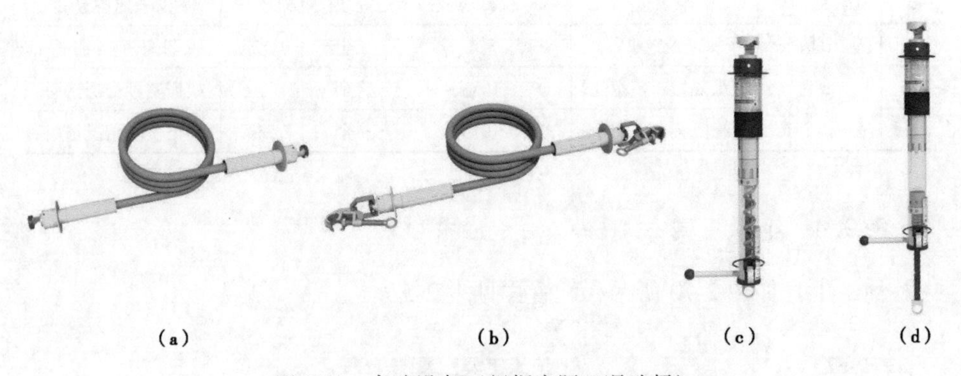

图 2-71　旁路设备（根据实际工况选择）

（a）绝缘引流线+旋转式紧固手柄；（b）绝缘引流线+马镫线夹；
（c）带电作业用消弧开关分闸位置；（d）带电作业用消弧开关合闸位置

表 2-58 旁路设备配置

| 序号 | 名称 | | 规格、型号 | 单位 | 数量 | 备注 |
| --- | --- | --- | --- | --- | --- | --- |
| 1 | 旁路设备 | 带电作业用消弧开关 | 10kV | 个 | 3 | 根据实际情况选择个数 |
| 2 | | 绝缘引流线 | 10kV | 根 | 3 | 根据实际情况选择根数 |

## 2.9.6 金属工具

金属工具如图 2-72 所示，配置详见表 2-59。

（a）

（b）

图 2-72 金属工具（根据实际工况选择）

（a）电动断线切刀；（b）棘轮切刀

表 2-59 金属工具配置

| 序号 | 名称 | | 规格、型号 | 单位 | 数量 | 备注 |
| --- | --- | --- | --- | --- | --- | --- |
| 1 | 金属工具 | 电动断线切刀或棘轮切刀 | | 个 | 1 | 根据实际情况选用 |

## 2.9.7 仪器仪表

仪器仪表如图 2-73 所示，配置详见表 2-60。

表 2-60 仪器仪表配置

| 序号 | 名称 | | 规格、型号 | 单位 | 数量 | 备注 |
| --- | --- | --- | --- | --- | --- | --- |
| 1 | 仪器仪表 | 电流检测仪或钳形电流表 | 10kV | 套 | 1 | 推荐绝缘杆电流检测仪 |
| 2 | | 绝缘电阻测试仪 | 2500V 及以上 | 套 | 1 | 含电极板 |
| 3 | | 高压验电器 | 10kV | 个 | 1 | |
| 4 | | 工频高压发生器 | 10kV | 个 | 1 | |
| 5 | | 风速湿度仪 | | 个 | 1 | |
| 6 | | 绝缘手套充压气检测器 | | 个 | 1 | |
| 7 | | 放电棒（带线） | | 套 | 1 | |
| 8 | | 录音笔 | 便携高清降噪 | 个 | 1 | 记录作业对话用 |
| 9 | | 对讲机 | 户外无线手持 | 台 | 3 | 杆上杆下监护指挥用 |

图 2-73　仪器仪表（根据实际工况选择）

（a）绝缘杆式电流检测仪；（b）钳形电流表；（c）绝缘电阻测试仪+电极板；（d）高压验电器；
（e）工频高压发生器；（f）风速湿度仪；（g）绝缘手套充压气检测器；
（h）放电棒（带线）；（i）录音笔；（j）对讲机

### 2.9.8　其他工具

其他工具如图 2-74 所示，配置详见表 2-61。

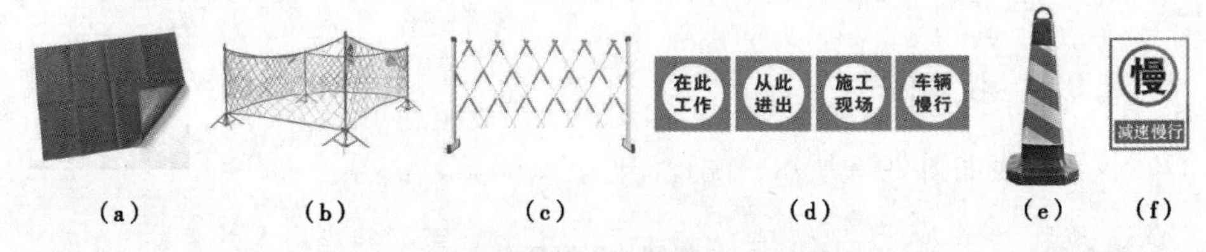


图 2-74　其他工具（根据实际工况选择）

（a）防潮苫布；（b）安全围栏 1；（c）安全围栏 2；
（d）警告标志；（e）路障；（f）减速慢行标志

**表 2-61　　其他工具配置**

| 序号 | 名称 | | 规格、型号 | 单位 | 数量 | 备注 |
| --- | --- | --- | --- | --- | --- | --- |
| 1 | 其他工具 | 防潮苫布 | | 块 | 若干 | 根据现场情况选择 |
| 2 | | 个人手工工具 | | 套 | 1 | 推荐用绝缘手工工具 |
| 3 | | 安全围栏 | | 组 | 1 | |
| 4 | | 警告标志 | | 套 | 1 | |
| 5 | | 路障和减速慢行标志 | | 组 | 1 | |

# 2.10　绝缘手套作业法（绝缘斗臂车作业）带电接空载电缆线路引线

本项目装备配置适用于如图 2-75 所示的电缆引下杆（经支柱型避雷器，导线三角排列，主线引线在线夹处搭接），采用绝缘手套作业法（绝缘斗臂车作业）带电接空载电缆线路引线项目。生产中务必结合现场实际工况参照适用，推广绝缘手套作业法融合绝缘杆作业法在绝缘斗臂车的绝缘斗［见图 2-75（d）］或其他绝缘平台，如绝缘脚手架［见图 2-75（e）］上的应用。

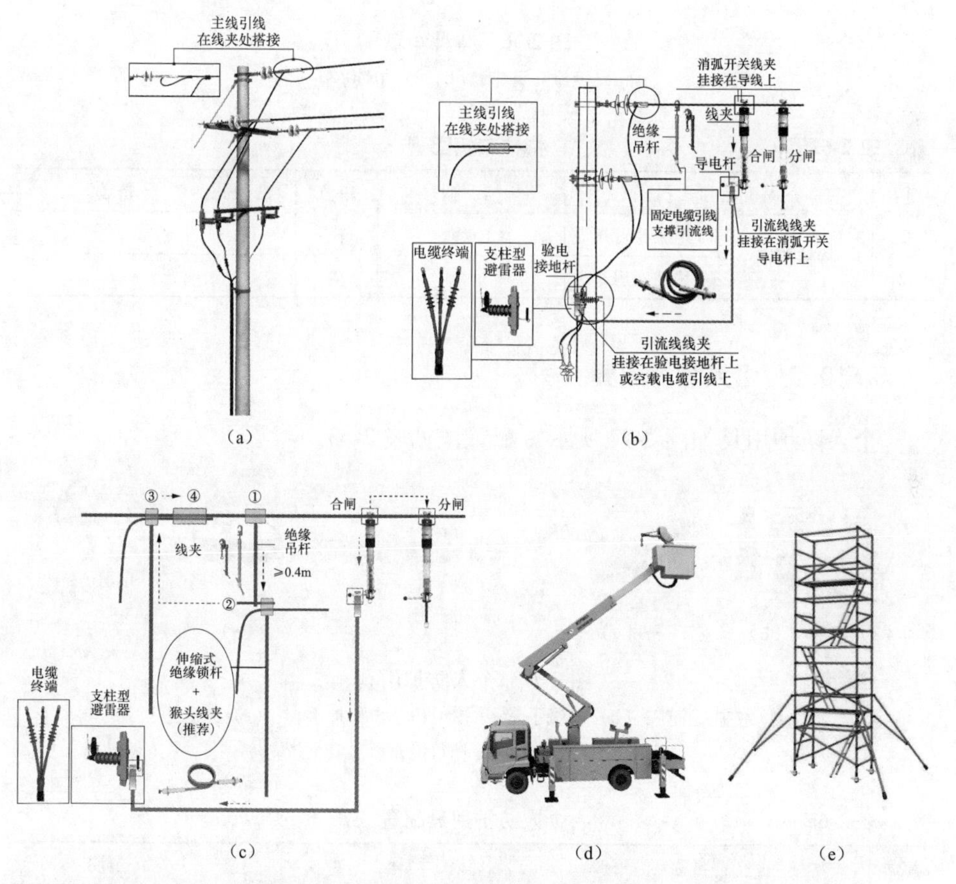


图 2-75　绝缘手套作业法（绝缘斗臂车作业）带电接空载电缆线路引线

（a）杆头外形图；（b）“消弧开关+绝缘引流线引线”分流示意图；

（c）绝缘手套法融合绝缘杆作业法线夹拆除示意图（推荐）；

（d）绝缘斗臂车的绝缘斗；（e）绝缘脚手架的绝缘平台

①—绝缘吊杆固定在主导线上；②—绝缘锁杆（连同引线）固定在绝缘吊杆的横向支杆上；

③—绝缘锁杆将待接引线固定在导线上；④—安装线夹，三相引线按相同方法完成搭接操作

## 2.10.1 特种车辆

特种车辆如图 2-76 所示，配置详见表 2-62。

（a） （b）

图 2-76 特种车辆

（a）绝缘斗臂车；（b）移动库房车

表 2-62 特种车辆配置

| 序号 | 名称 | | 规格、型号 | 单位 | 数量 | 备注 |
|---|---|---|---|---|---|---|
| 1 | 特种车辆 | 绝缘斗臂车 | 10kV | 辆 | 1 | |
| 2 | | 移动库房车 | | 辆 | 1 | |

## 2.10.2 个人防护用具

个人防护用具如图 2-77 所示，配置详见表 2-63。

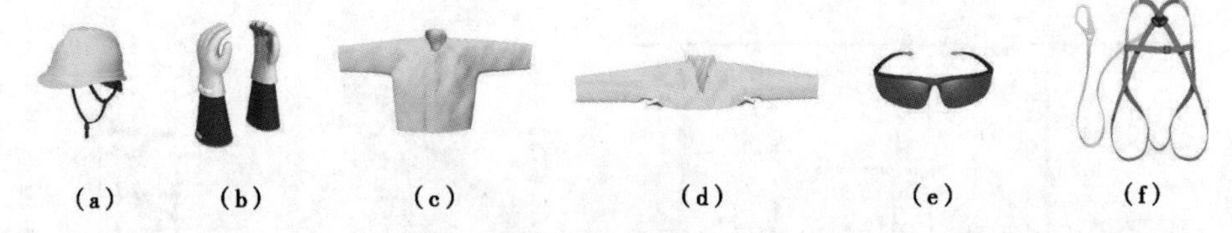

（a） （b） （c） （d） （e） （f）

图 2-77 个人防护用具

（a）绝缘安全帽；（b）绝缘手套+羊皮或仿羊皮保护手套；（c）绝缘服；（d）绝缘披肩；（e）护目镜；（f）安全带

表 2-63 个人防护用具配置

| 序号 | 名称 | | 规格、型号 | 单位 | 数量 | 备注 |
|---|---|---|---|---|---|---|
| 1 | 个人防护用具 | 绝缘安全帽 | 10kV | 顶 | 2 | |
| 2 | | 绝缘手套 | 10kV | 双 | 2 | 带防刺穿手套 |
| 3 | | 绝缘披肩（绝缘服） | 10kV | 件 | 2 | 根据现场情况选择 |
| 4 | | 护目镜 | | 副 | 2 | |
| 5 | | 安全带 | | 副 | 2 | 有后备保护绳 |

## 2. 10. 3　绝缘遮蔽用具

绝缘遮蔽用具如图 2-78 所示，配置详见表 2-64。

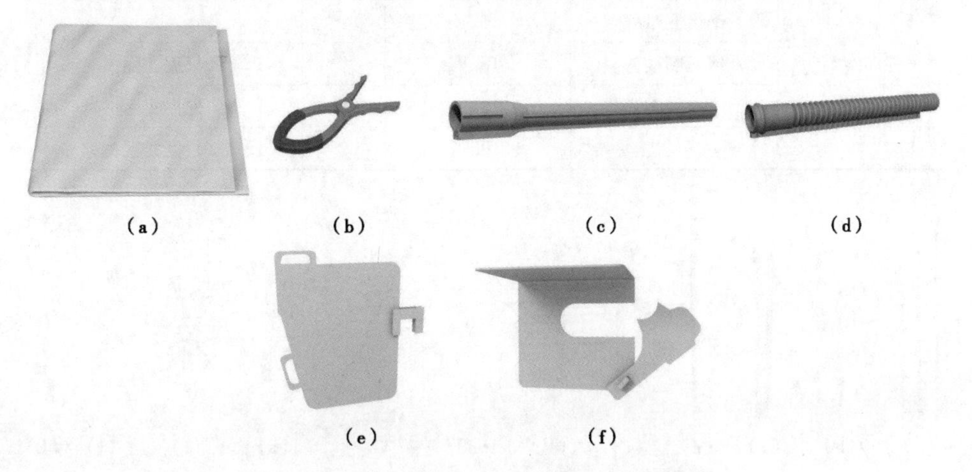

图 2-78　绝缘遮蔽用具（根据实际工况选择）

（a）绝缘毯；（b）绝缘毯夹；（c）导线遮蔽罩；（d）引线遮蔽罩（根据实际情况选用）；（d）绝缘隔板 1（相间）；（e）绝缘隔板 2（相地）

表 2-64　　绝缘遮蔽用具配置

| 序号 | 名称 | | 规格、型号 | 单位 | 数量 | 备注 |
|---|---|---|---|---|---|---|
| 1 | 绝缘遮蔽用具 | 导线遮蔽罩 | 10kV | 根 | 6 | 不少于配备数量 |
| 2 | | 引线遮蔽罩 | 10kV | 根 | 6 | 根据实际情况选用 |
| 3 | | 绝缘毯 | 10kV | 块 | 6 | 不少于配备数量 |
| 4 | | 绝缘毯夹 | | 个 | 12 | 不少于配备数量 |
| 5 | | 绝缘隔板 1（相间） | 10kV | 个 | 3 | 根据实际情况选用 |
| 6 | | 绝缘隔板 2（相地） | 10kV | 个 | 3 | 根据实际情况选用 |

## 2. 10. 4　绝缘工具

绝缘工具如图 2-79 所示，配置详见表 2-65。

表 2-65　　绝缘工具配置

| 序号 | 名称 | | 规格、型号 | 单位 | 数量 | 备注 |
|---|---|---|---|---|---|---|
| 1 | 绝缘工具 | 绝缘（双头）锁杆 | 10kV | 个 | 1 | 可同时锁定两根导线 |
| 2 | | 伸缩式绝缘锁杆 | 10kV | 个 | 1 | 射枪式操作杆 |
| 3 | | 绝缘吊杆 | 10kV | 个 | 3 | 临时固定引线用 |

续表

| 序号 | 名称 | | 规格、型号 | 单位 | 数量 | 备注 |
|---|---|---|---|---|---|---|
| 4 | 绝缘工具 | 绝缘操作杆 | 10kV | 个 | 1 | |
| 5 | | 绝缘测量杆 | 10kV | 个 | 1 | |
| 6 | | 绝缘断线剪 | 10kV | 个 | 1 | 根据实际情况选用 |
| 7 | | 绝缘导线剥皮器 | 10kV | 套 | 1 | 根据实际情况选用 |
| 8 | | 线夹装拆工具 | 10kV | 套 | 1 | 根据线夹类型选择 |

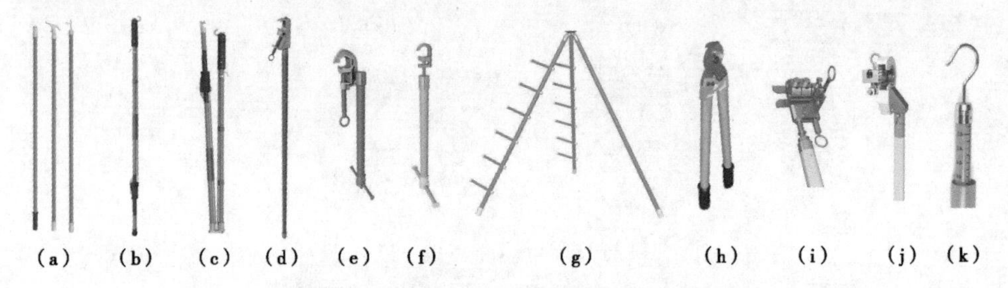

图 2-79　绝缘工具（根据实际工况选择）

（a）绝缘操作杆；（b）伸缩式绝缘锁杆（射枪式操作杆）；
（c）伸缩式折叠绝缘锁杆（射枪式操作杆）；（d）绝缘（双头）锁杆；
（e）绝缘吊杆 1；（f）绝缘吊杆 2；（g）绝缘工具支架；（h）绝缘断线剪；
（i）并沟线夹安装专用工具（根据线夹选择）；
（j）绝缘导线剥皮器（推荐使用电动式）；（k）绝缘测量杆

## 2.10.5　旁路设备

旁路设备如图 2-80 所示，配置详见表 2-66。

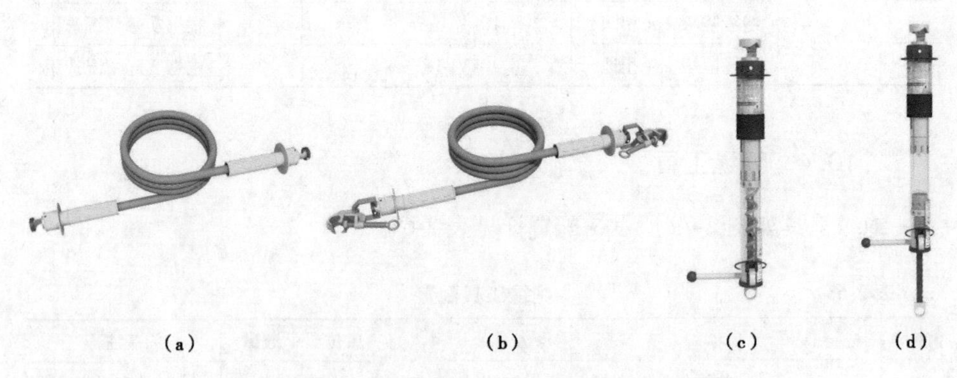

图 2-80　旁路设备（根据实际工况选择）

（a）绝缘引流线+旋转式紧固手柄；（b）绝缘引流线+马镫线夹；
（c）带电作业用消弧开关分闸位置；（d）带电作业用消弧开关合闸位置

表 2-66　旁路设备配置

| 序号 | 名称 | | 规格、型号 | 单位 | 数量 | 备注 |
|---|---|---|---|---|---|---|
| 1 | 旁路设备 | 带电作业用消弧开关 | 10kV | 个 | 3 | 根据实际情况选择个数 |
| 2 | | 绝缘引流线 | 10kV | 根 | 3 | 根据实际情况选择根数 |

## 2.10.6　金属工具

金属工具如图 2-81 所示，配置详见表 2-67。

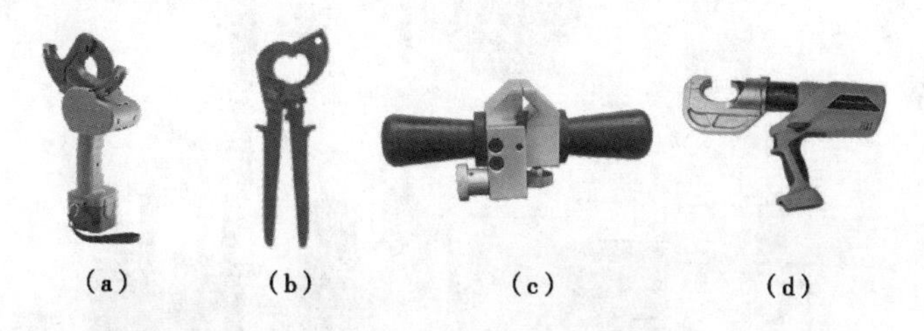

图 2-81　金属工具（根据实际工况选择）

（a）电动断线切刀；（b）棘轮切刀；（c）绝缘导线剥皮器；（d）液压钳

表 2-67　金属工具配置

| 序号 | 名称 | | 规格、型号 | 单位 | 数量 | 备注 |
|---|---|---|---|---|---|---|
| 1 | 金属工具 | 电动断线切刀或棘轮切刀 | | 个 | 1 | 根据实际情况选用 |
| 2 | | 绝缘导线剥皮器 | | 个 | 1 | |
| 3 | | 压接用液压钳 | | 个 | 1 | 根据实际情况选用 |

## 2.10.7　仪器仪表

仪器仪表如图 2-82 所示，配置详见表 2-68。

表 2-68　仪器仪表配置

| 序号 | 名称 | | 规格、型号 | 单位 | 数量 | 备注 |
|---|---|---|---|---|---|---|
| 1 | 仪器仪表 | 电流检测仪或钳形电流表 | 10kV | 套 | 1 | 推荐绝缘杆电流检测仪 |
| 2 | | 绝缘电阻测试仪 | 2500V 及以上 | 套 | 1 | 含电极板 |
| 3 | | 高压验电器 | 10kV | 个 | 1 | |
| 4 | | 工频高压发生器 | 10kV | 个 | 1 | |
| 5 | | 风速湿度仪 | | 个 | 1 | |
| 6 | | 绝缘手套充压气检测器 | | 个 | 1 | |
| 7 | | 放电棒（带线） | | 套 | 1 | |

续表

| 序号 | 名称 | | 规格、型号 | 单位 | 数量 | 备注 |
|---|---|---|---|---|---|---|
| 8 | 仪器仪表 | 录音笔 | 便携高清降噪 | 个 | 1 | 记录作业对话用 |
| 9 | | 对讲机 | 户外无线手持 | 台 | 3 | 杆上杆下监护指挥用 |

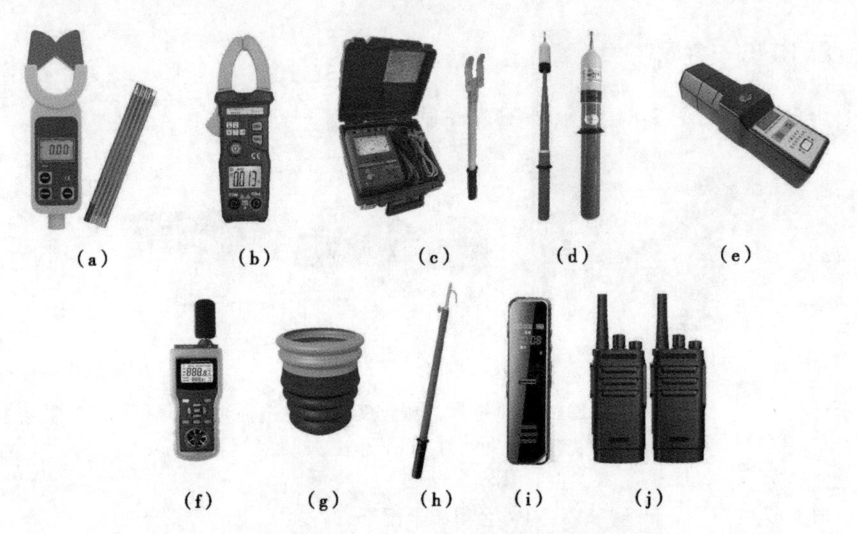

图 2-82 仪器仪表（根据实际工况选择）

（a）绝缘杆式电流检测仪；（b）钳形电流表；（c）绝缘电阻测试仪+电极板；（d）高压验电器；（e）工频高压发生器；（f）风速湿度仪；（g）绝缘手套充压气检测器；（h）放电棒（带线）；（i）录音笔；（j）对讲机

## 2.10.8 其他工具和材料

其他工具如图 2-83 所示，材料如图 2-84 所示，配置详见表 2-69。

表 2-69 其他工具和材料配置

| 序号 | 名称 | | 规格、型号 | 单位 | 数量 | 备注 |
|---|---|---|---|---|---|---|
| 1 | 其他工具 | 防潮苫布 | | 块 | 若干 | 根据现场情况选择 |
| 2 | | 个人手工工具 | | 套 | 1 | 推荐用绝缘手工工具 |
| 3 | | 安全围栏 | | 组 | 1 | |
| 4 | | 警告标志 | | 套 | 1 | |
| 5 | | 路障和减速慢行标志 | | 组 | 1 | |
| 6 | 材料 | 搭接线夹 | | 个 | 3 | 根据现场情况选择型号 |

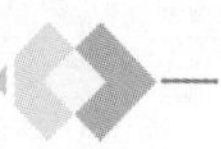


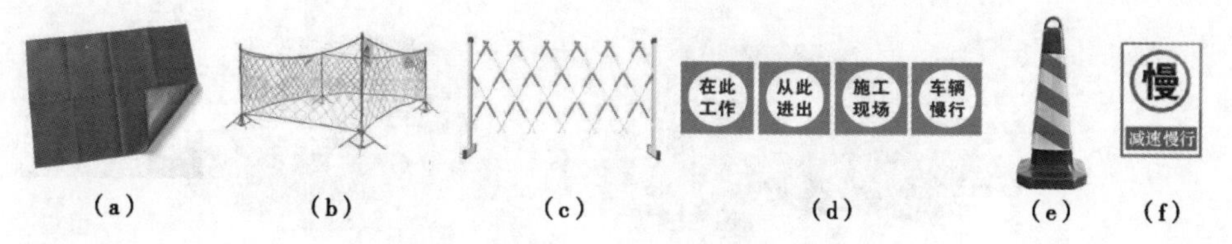


(a)　(b)　(c)　(d)　(e)　(f)

图 2-83　其他工具（根据实际工况选择）

(a) 防潮苫布；(b) 安全围栏 1；(c) 安全围栏 2；(d) 警告标志；(e) 路障；(f) 减速慢行标志

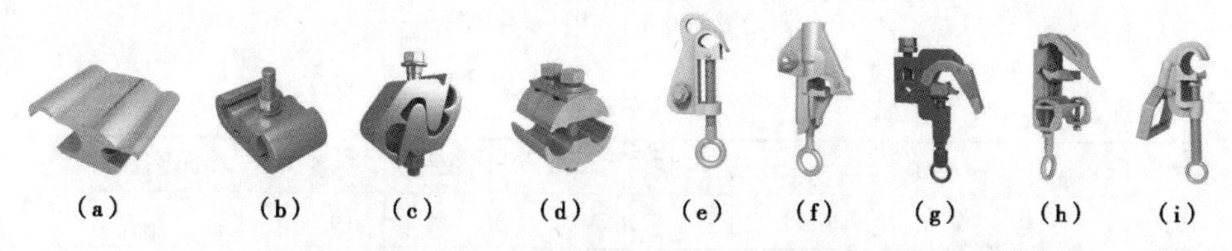

(a)　(b)　(c)　(d)　(e)　(f)　(g)　(h)　(i)

图 2-84　材料（搭接线夹根据实际工况选择）

(a) H 型线夹；(b) C 型线夹；(c) 螺栓 J 型线夹；(d) 并沟线夹；(e) 猴头线夹型式 1；(f) 猴头线夹型式 2；(g) 猴头线夹型式 3；(h) 猴头线夹型式 4；(i) 马镫线夹型式

## 2.11　绝缘手套作业法（绝缘斗臂车作业）带电断耐张杆引线项目

本项目装备配置适用于如图 2-85 所示的直线耐张杆（导线三角排列），采用绝缘手套作业法（绝缘斗臂车作业）带电断耐张杆引线项目。生产中务必结合现场实际工况参照适用。

图 2-85　绝缘手套作业法（绝缘斗臂车作业）带电断耐张杆引线项目

### 2.11.1　特种车辆

特种车辆如图 2-86 所示，配置详见表 2-70。

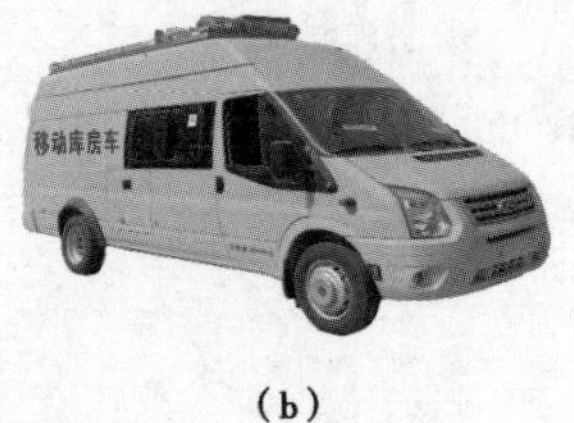


(a) (b)

图 2-86 特种车辆

(a) 绝缘斗臂车；(b) 移动库房车

表 2-70 特种车辆配置

| 序号 | 名称 | | 规格、型号 | 单位 | 数量 | 备注 |
| --- | --- | --- | --- | --- | --- | --- |
| 1 | 特种车辆 | 绝缘斗臂车 | 10kV | 辆 | 1 | |
| 2 | | 移动库房车 | | 辆 | 1 | |

## 2.11.2 个人防护用具

个人防护用具如图 2-87 所示，配置详见表 2-71。

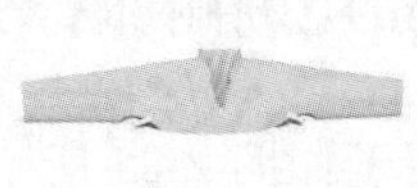

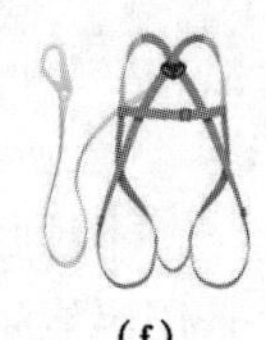

(a) (b) (c) (d) (e) (f)

图 2-87 个人防护用具

(a) 绝缘安全帽；(b) 绝缘手套+羊皮或仿羊皮保护手套；(c) 绝缘服；

(d) 绝缘披肩；(e) 护目镜；(f) 安全带

表 2-71 个人防护用具配置

| 序号 | 名称 | | 规格、型号 | 单位 | 数量 | 备注 |
| --- | --- | --- | --- | --- | --- | --- |
| 1 | 个人防护用具 | 绝缘安全帽 | 10kV | 顶 | 2 | |
| 2 | | 绝缘手套 | 10kV | 双 | 2 | 带防刺穿手套 |
| 3 | | 绝缘披肩（绝缘服） | 10kV | 件 | 2 | 根据现场情况选择 |
| 4 | | 护目镜 | | 副 | 2 | |
| 5 | | 安全带 | | 副 | 2 | 有后备保护绳 |

## 2.11.3 绝缘遮蔽用具

绝缘遮蔽用具如图 2-88 所示，配置详见表 2-72。

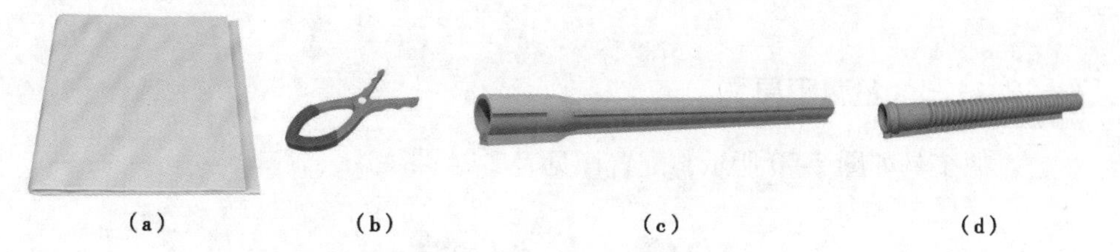


图2-88　绝缘遮蔽用具（根据实际工况选择）

(a) 绝缘毯；(b) 绝缘毯夹；(c) 导线遮蔽罩；(d) 引线遮蔽罩（根据实际情况选用）

表2-72　　绝缘遮蔽用具配置

| 序号 | 名称 | | 规格、型号 | 单位 | 数量 | 备注 |
|---|---|---|---|---|---|---|
| 1 | 绝缘遮蔽用具 | 导线遮蔽罩 | 10kV | 根 | 6 | 不少于配备数量 |
| 2 | | 引线遮蔽罩 | 10kV | 根 | 6 | 根据实际情况选用 |
| 3 | | 绝缘毯 | 10kV | 块 | 6 | 不少于配备数量 |
| 4 | | 绝缘毯夹 | | 个 | 12 | 不少于配备数量 |
| 5 | | 遮蔽隔板（相间） | 10kV | 个 | 2 | 根据实际情况选用 |

## 2.11.4　绝缘工具

绝缘工具如图2-89所示，配置详见表2-73。

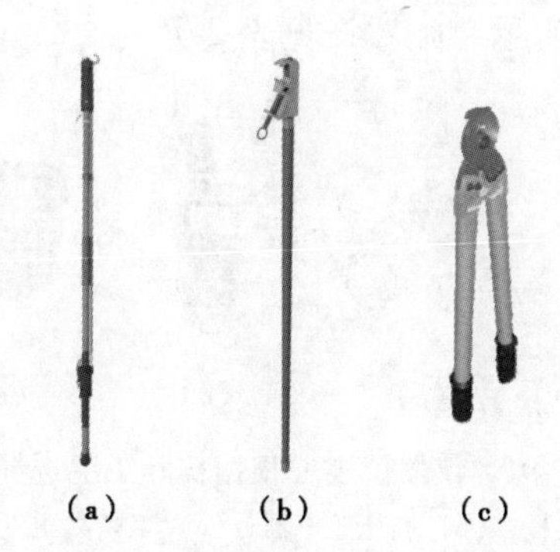


图2-89　绝缘工具（根据实际工况选择）

(a) 伸缩式绝缘锁杆（射枪式操作杆）；(b) 绝缘（双头）锁杆；(c) 绝缘断线剪

表2-73　　绝缘工具配置

| 序号 | 名称 | | 规格、型号 | 单位 | 数量 | 备注 |
|---|---|---|---|---|---|---|
| 1 | 绝缘工具 | 绝缘（双头）锁杆 | 10kV | 个 | 1 | 可同时锁定两根导线 |
| 2 | | 伸缩式绝缘锁杆 | 10kV | 个 | 1 | 射枪式操作杆 |
| 3 | | 绝缘断线剪 | 10kV | 个 | 1 | 根据实际情况选用 |
| 4 | | 线夹装拆工具 | 10kV | 套 | 1 | 根据线夹类型选择 |

### 2.11.5 金属工具

金属工具如图 2-90 所示，配置详见表 2-74。

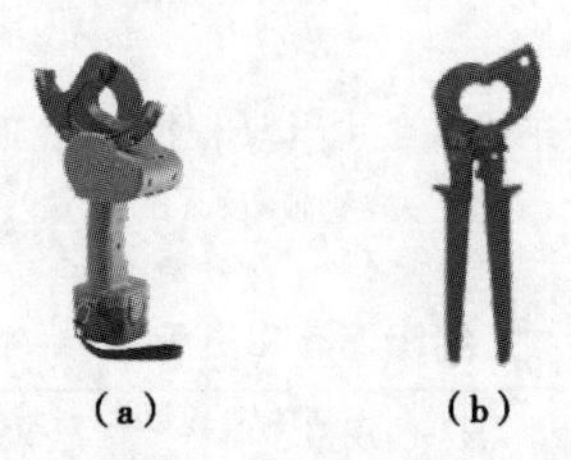

(a) (b)

图 2-90 金属工具（根据实际工况选择）
（a）电动断线切刀；（b）棘轮切刀

表 2-74 金属工具配置

| 序号 | 名称 | | 规格、型号 | 单位 | 数量 | 备注 |
|---|---|---|---|---|---|---|
| 1 | 金属工具 | 电动断线切刀或棘轮切刀 | | 个 | 1 | 根据实际情况选用 |

### 2.11.6 仪器仪表

仪器仪表如图 2-91 所示，配置详见表 2-75。

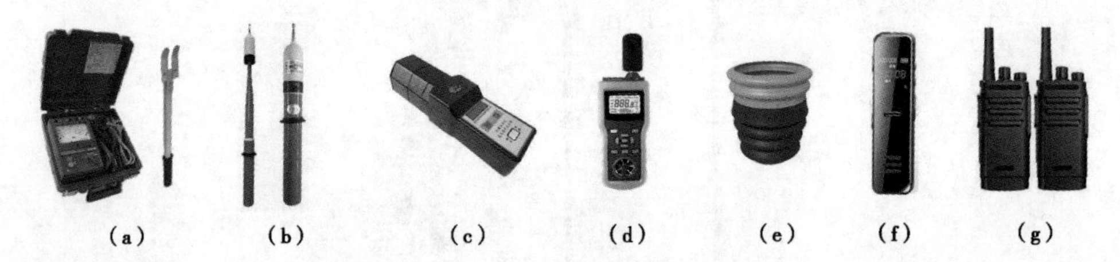

(a) (b) (c) (d) (e) (f) (g)

图 2-91 仪器仪表（根据实际工况选择）
（a）绝缘电阻测试仪+电极板；（b）高压验电器；（c）工频高压发生器；（d）风速湿度仪；
（e）绝缘手套充压气检测器；（f）录音笔；（g）对讲机

表 2-75 仪器仪表配置

| 序号 | 名称 | | 规格、型号 | 单位 | 数量 | 备注 |
|---|---|---|---|---|---|---|
| 1 | 仪器仪表 | 绝缘电阻测试仪 | 2500V 及以上 | 套 | 1 | 含电极板 |
| 2 | | 高压验电器 | 10kV | 个 | 1 | |
| 3 | | 工频高压发生器 | 10kV | 个 | 1 | |
| 4 | | 风速湿度仪 | | 个 | 1 | |
| 5 | | 绝缘手套充压气检测器 | | 个 | 1 | |

续表

| 序号 | 名称 | | 规格、型号 | 单位 | 数量 | 备注 |
|---|---|---|---|---|---|---|
| 6 | 仪器仪表 | 录音笔 | 便携高清降噪 | 个 | 1 | 记录作业对话用 |
| 7 | | 对讲机 | 户外无线手持 | 台 | 3 | 杆上杆下监护指挥用 |

### 2.11.7　其他工具

其他工具如图 2-92 所示，配置详见表 2-76。

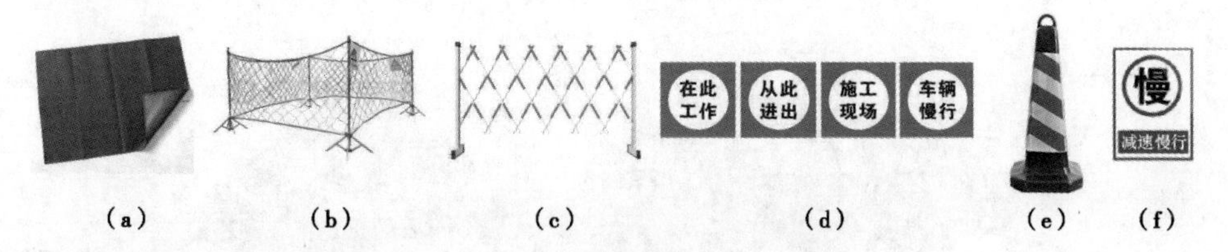


(a)　(b)　(c)　(d)　(e)　(f)

图 2-92　其他工具（根据实际工况选择）
(a) 防潮苫布；(b) 安全围栏 1；(c) 安全围栏 2；
(d) 警告标志；(e) 路障；(f) 减速慢行标志

表 2-76　其他工具配置

| 序号 | 名称 | | 规格、型号 | 单位 | 数量 | 备注 |
|---|---|---|---|---|---|---|
| 1 | 其他工具 | 防潮苫布 | | 块 | 若干 | 根据现场情况选择 |
| 2 | | 个人手工工具 | | 套 | 1 | 推荐用绝缘手工工具 |
| 3 | | 安全围栏 | | 组 | 1 | |
| 4 | | 警告标志 | | 套 | 1 | |
| 5 | | 路障和减速慢行标志 | | 组 | 1 | |

## 2.12　绝缘手套作业法（绝缘斗臂车作业）带电接耐张杆引线项目

本项目装备配置适用于如图 2-93 所示的直线耐张杆（导线三角排列），采用绝缘手套作业法（绝缘斗臂车作业）带电接耐张杆引线项目。生产中务必结合现场实际工况参照适用。

### 2.12.1　特种车辆

特种车辆如图 2-94 所示，配置详见表 2-77。

图 2-93　绝缘手套作业法（绝缘斗臂车作业）带电接耐张杆引线项目

（a）　（b）

图 2-94　特种车辆

（a）绝缘斗臂车；（b）移动库房车

表 2-77　特种车辆配置

| 序号 | 名称 | | 规格、型号 | 单位 | 数量 | 备注 |
|---|---|---|---|---|---|---|
| 1 | 特种车辆 | 绝缘斗臂车 | 10kV | 辆 | 1 | |
| 2 | | 移动库房车 | | 辆 | 1 | |

## 2.12.2　个人防护用具

个人防护用具如图 2-95 所示，配置详见表 2-78。

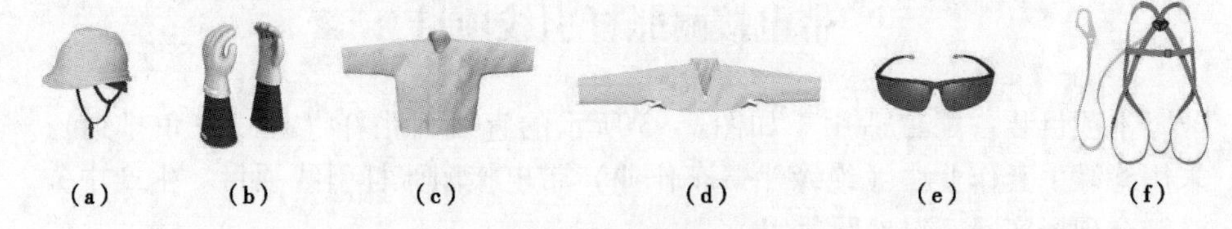

（a）　（b）　（c）　（d）　（e）　（f）

图 2-95　个人防护用具

（a）绝缘安全帽；（b）绝缘手套+羊皮或仿羊皮保护手套；（c）绝缘服；

（d）绝缘披肩；（e）护目镜；（f）安全带

表 2-78　　个人防护用具配置

| 序号 | 名称 | | 规格、型号 | 单位 | 数量 | 备注 |
|---|---|---|---|---|---|---|
| 1 | 个人防护用具 | 绝缘安全帽 | 10kV | 顶 | 2 | |
| 2 | | 绝缘手套 | 10kV | 双 | 2 | 带防刺穿手套 |
| 3 | | 绝缘披肩（绝缘服） | 10kV | 件 | 2 | 根据现场情况选择 |
| 4 | | 护目镜 | | 副 | 2 | |
| 5 | | 安全带 | | 副 | 2 | 有后备保护绳 |

## 2.12.3　绝缘遮蔽用具

绝缘遮蔽用具如图 2-96 所示，配置详见表 2-79。

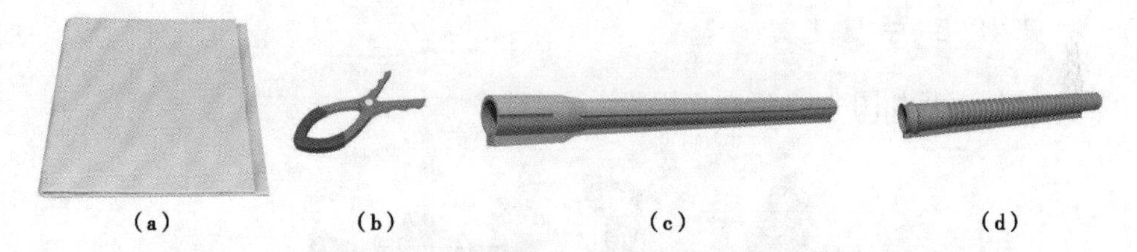

(a)　(b)　(c)　(d)

图 2-96　绝缘遮蔽用具（根据实际工况选择）

(a) 绝缘毯；(b) 绝缘毯夹；(c) 导线遮蔽罩；(d) 引线遮蔽罩（根据实际情况选用）

表 2-79　　绝缘遮蔽用具配置

| 序号 | 名称 | | 规格、型号 | 单位 | 数量 | 备注 |
|---|---|---|---|---|---|---|
| 1 | 绝缘遮蔽用具 | 导线遮蔽罩 | 10kV | 根 | 6 | 不少于配备数量 |
| 2 | | 引线遮蔽罩 | 10kV | 根 | 6 | 根据实际情况选用 |
| 3 | | 绝缘毯 | 10kV | 块 | 6 | 不少于配备数量 |
| 4 | | 绝缘毯夹 | | 个 | 12 | 不少于配备数量 |
| 5 | | 遮蔽隔板（相间） | 10kV | 个 | 2 | 根据实际情况选用 |

## 2.12.4　绝缘工具

绝缘工具如图 2-97 所示，配置详见表 2-80。

表 2-80　　绝缘工具配置

| 序号 | 名称 | | 规格、型号 | 单位 | 数量 | 备注 |
|---|---|---|---|---|---|---|
| 1 | 绝缘工具 | 绝缘（双头）锁杆 | 10kV | 个 | 1 | 可同时锁定两根导线 |
| 2 | | 伸缩式绝缘锁杆 | 10kV | 个 | 1 | 射枪式操作杆 |
| 3 | | 绝缘断线剪 | 10kV | 个 | 1 | 根据实际情况选用 |
| 4 | | 线夹装拆工具 | 10kV | 套 | 1 | 根据线夹类型选择 |

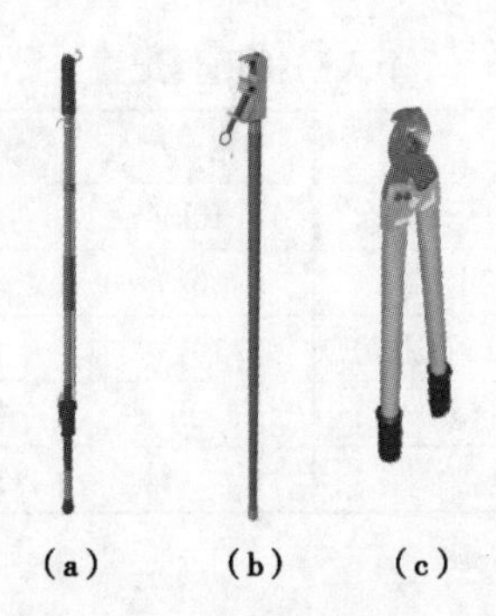

图 2-97 绝缘工具（根据实际工况选择）

（a）伸缩式绝缘锁杆（射枪式操作杆）；（b）绝缘（双头）锁杆；（c）绝缘断线剪

## 2.12.5 金属工具

金属工具如图 2-98 所示，配置详见表 2-81。

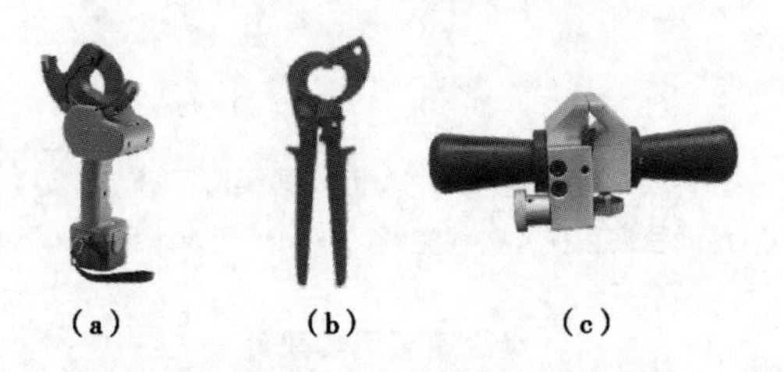

图 2-98 金属工具（根据实际工况选择）

（a）电动断线切刀；（b）棘轮切刀；（c）绝缘导线剥皮器

表 2-81 金属工具配置

| 序号 | 名称 | | 规格、型号 | 单位 | 数量 | 备注 |
|---|---|---|---|---|---|---|
| 1 | 金属工具 | 电动断线切刀或棘轮切刀 | | 个 | 1 | 根据实际情况选用 |
| 2 | | 绝缘导线剥皮器 | | 个 | 1 | |

## 2.12.6 仪器仪表

仪器仪表如图 2-99 所示，配置详见表 2-82。

表 2-82 仪器仪表配置

| 序号 | 名称 | | 规格、型号 | 单位 | 数量 | 备注 |
|---|---|---|---|---|---|---|
| 1 | 仪器仪表 | 绝缘电阻测试仪 | 2500V 及以上 | 套 | 1 | 含电极板 |
| 2 | | 高压验电器 | 10kV | 个 | 1 | |

续表

| 序号 | 名称 | | 规格、型号 | 单位 | 数量 | 备注 |
|---|---|---|---|---|---|---|
| 3 | | 工频高压发生器 | 10kV | 个 | 1 | |
| 4 | | 风速湿度仪 | | 个 | 1 | |
| 5 | 仪器仪表 | 绝缘手套充压气检测器 | | 个 | 1 | |
| 6 | | 录音笔 | 便携高清降噪 | 个 | 1 | 记录作业对话用 |
| 7 | | 对讲机 | 户外无线手持 | 台 | 3 | 杆上杆下监护指挥用 |

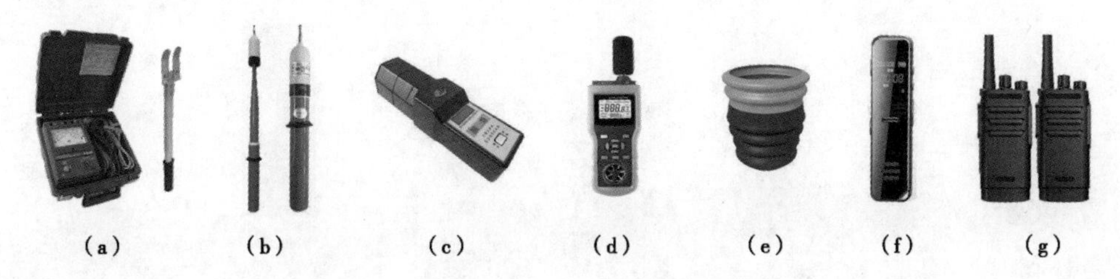

图 2-99 仪器仪表（根据实际工况选择）

（a）绝缘电阻测试仪+电极板；（b）高压验电器；（c）工频高压发生器；（d）风速湿度仪；（e）绝缘手套充压气检测器；（f）录音笔；（g）对讲机

## 2.12.7 其他工具和材料

其他工具如图 2-100 所示，材料如图 2-101 所示，配置详见表 2-83。

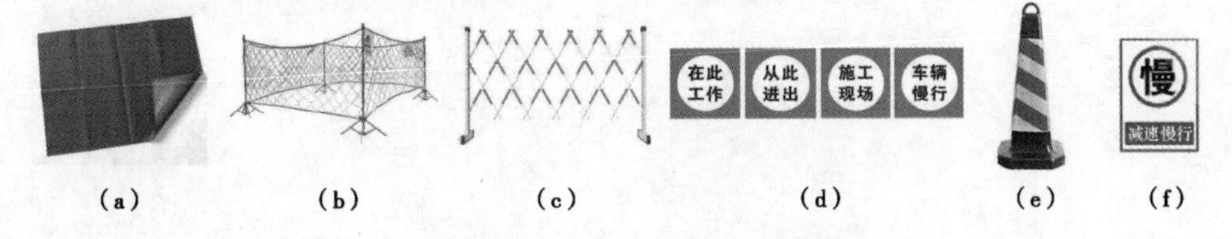


图 2-100 其他工具（根据实际工况选择）

（a）防潮苫布；（b）安全围栏 1；（c）安全围栏 2；（d）警告标志；（e）路障；（f）减速慢行标志

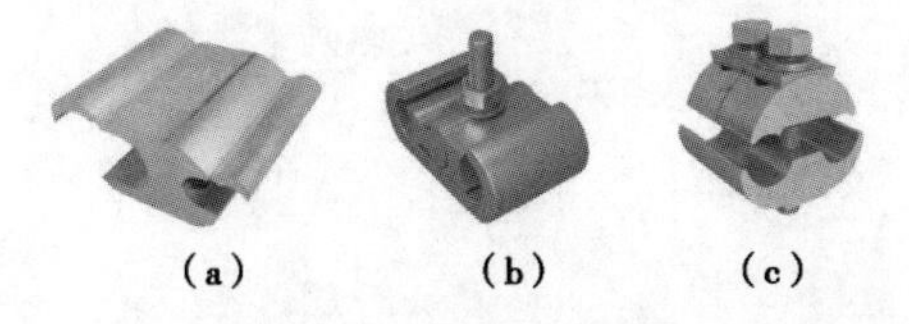

图 2-101 材料（搭接线夹根据实际工况选择）

（a）H 型线夹；（b）C 型线夹；（c）螺栓 J 型线夹

表 2-83　　其他工具和材料配置

<table>
<tr><th>序号</th><th colspan="2">名称</th><th>规格、型号</th><th>单位</th><th>数量</th><th>备注</th></tr>
<tr><td>1</td><td rowspan="5">其他工具</td><td>防潮苫布</td><td></td><td>块</td><td>若干</td><td>根据现场情况选择</td></tr>
<tr><td>2</td><td>个人手工工具</td><td></td><td>套</td><td>1</td><td>推荐用绝缘手工工具</td></tr>
<tr><td>3</td><td>安全围栏</td><td></td><td>组</td><td>1</td><td></td></tr>
<tr><td>4</td><td>警告标志</td><td></td><td>套</td><td>1</td><td></td></tr>
<tr><td>5</td><td>路障和减速慢行标志</td><td></td><td>组</td><td>1</td><td></td></tr>
<tr><td>6</td><td>材料</td><td>搭接线夹</td><td></td><td>个</td><td>3</td><td>根据现场情况选择型号</td></tr>
</table>

# 第3章　元件类项目装备配置

## 3.1　绝缘手套作业法（绝缘斗臂车作业）带电更换直线杆绝缘子项目

本项目装备配置适用于如图3-1所示的直线杆（导线三角排列），采用绝缘手套作业法（绝缘斗臂车作业）更换直线杆绝缘子项目。生产中务必结合现场实际工况参照适用。

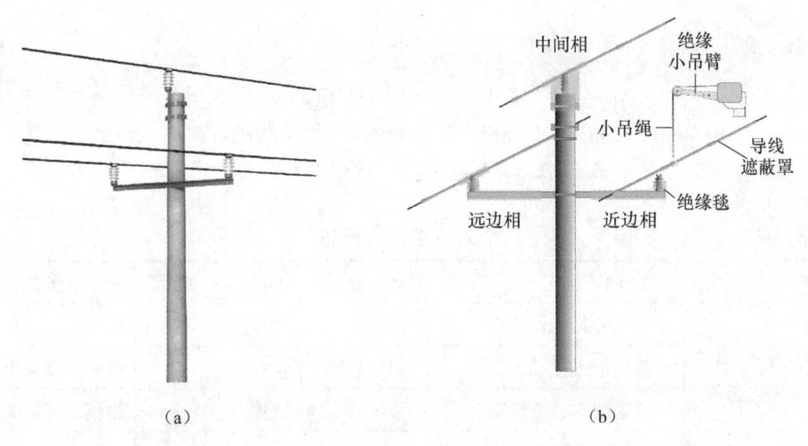


图3-1　绝缘手套作业法（绝缘斗臂车作业）更换直线杆绝缘子项目
（a）杆头外形图；（b）绝缘小吊臂法提升近边相导线示意图

### 3.1.1　特种车辆

特种车辆如图3-2所示，配置详见表3-1。

图3-2　特种车辆
（a）绝缘斗臂车；（b）移动库房车

表 3-1　　特种车辆配置

| 序号 | 名称 | | 规格、型号 | 单位 | 数量 | 备注 |
|---|---|---|---|---|---|---|
| 1 | 特种车辆 | 绝缘斗臂车 | 10kV | 辆 | 1 | |
| 2 | | 移动库房车 | | 辆 | 1 | |

### 3.1.2　个人防护用具

个人防护用具如图 3-3 所示，配置详见表 3-2。

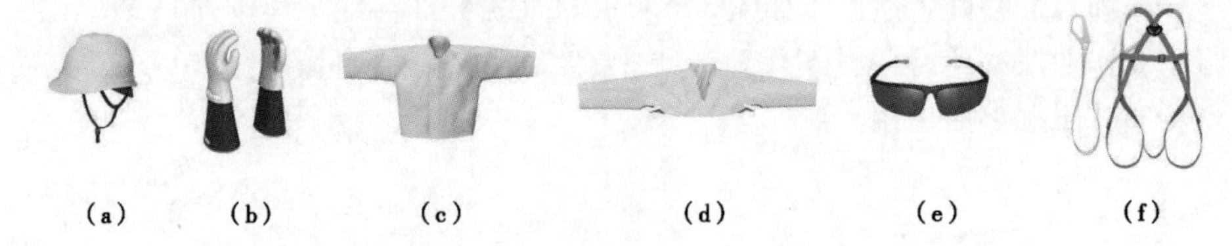

(a)　(b)　(c)　(d)　(e)　(f)

图 3-3　个人防护用具

（a）绝缘安全帽；（b）绝缘手套+羊皮或仿羊皮保护手套；（c）绝缘服；
（d）绝缘披肩；（e）护目镜；（f）安全带

表 3-2　　个人防护用具配置

| 序号 | 名称 | | 规格、型号 | 单位 | 数量 | 备注 |
|---|---|---|---|---|---|---|
| 1 | 个人防护用具 | 绝缘安全帽 | 10kV | 顶 | 2 | |
| 2 | | 绝缘手套 | 10kV | 双 | 2 | 带防刺穿手套 |
| 3 | | 绝缘披肩（绝缘服） | 10kV | 件 | 2 | 根据现场情况选择 |
| 4 | | 护目镜 | | 副 | 2 | |
| 5 | | 安全带 | | 副 | 2 | 有后备保护绳 |

### 3.1.3　绝缘遮蔽用具

绝缘遮蔽用具如图 3-4 所示，配置详见表 3-3。

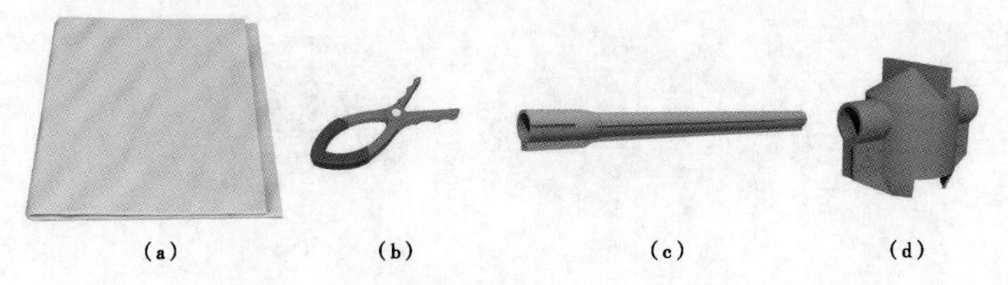

(a)　(b)　(c)　(d)

图 3-4　绝缘遮蔽用具（根据实际工况选择）

（a）绝缘毯；（b）绝缘毯夹；（c）导线遮蔽罩；（d）绝缘子遮蔽罩

表 3-3　　绝缘遮蔽用具配置

| 序号 | 名称 | | 规格、型号 | 单位 | 数量 | 备注 |
|---|---|---|---|---|---|---|
| 1 | 绝缘遮蔽用具 | 导线遮蔽罩 | 10kV | 根 | 9 | 不少于配备数量 |
| 2 | | 绝缘毯 | 10kV | 块 | 6 | 不少于配备数量 |
| 3 | | 绝缘毯夹 | | | 12 | 不少于配备数量 |
| 4 | | 绝缘子遮蔽罩 | 10kV | 个 | 1 | 根据实际情况选用 |

### 3.1.4　绝缘工具

绝缘工具如图 3-5 所示，配置详见表 3-4。

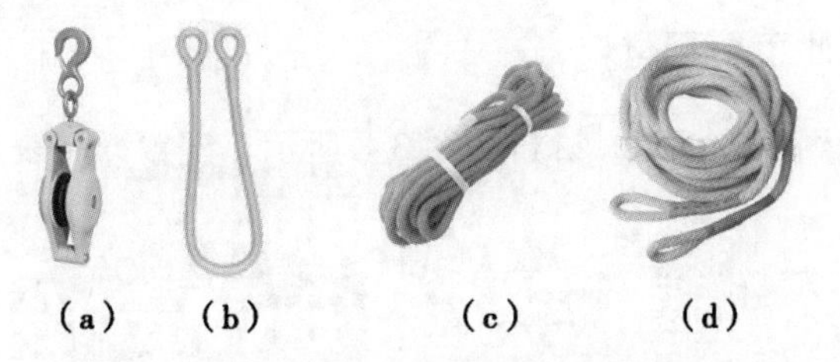

图 3-5　绝缘工具（根据实际工况选择）

（a）绝缘滑车；（b）绝缘绳套；（c）绝缘传递绳 1（防潮型）；（d）绝缘传递绳 2（普通型）

表 3-4　　绝缘工具配置

| 序号 | 名称 | | 规格、型号 | 单位 | 数量 | 备注 |
|---|---|---|---|---|---|---|
| 1 | 绝缘工具 | 绝缘滑车 | 10kV | 个 | 1 | 根据实际情况选用 |
| 2 | | 绝缘绳套 | 10kV | 个 | 2 | 起吊导线和挂滑车用 |
| 3 | | 绝缘传递绳 | 10kV | 根 | 1 | 根据实际情况选用 |

### 3.1.5　仪器仪表

仪器仪表如图 3-6 所示，配置详见表 3-5。

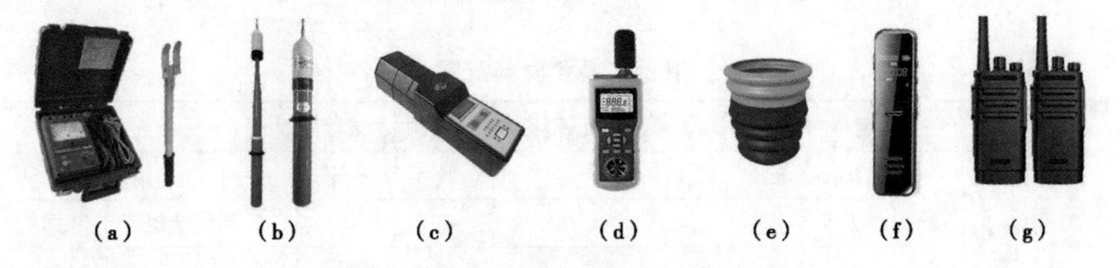

图 3-6　仪器仪表（根据实际工况选择）

（a）绝缘电阻测试仪+电极板；（b）高压验电器；（c）工频高压发生器；（d）风速湿度仪；（e）绝缘手套充压气检测器；（f）录音笔；（g）对讲机

表 3-5 仪器仪表配置

| 序号 | 名称 | | 规格、型号 | 单位 | 数量 | 备注 |
|---|---|---|---|---|---|---|
| 1 | 仪器仪表 | 绝缘电阻测试仪 | 2500V 及以上 | 套 | 1 | 含电极板 |
| 2 | | 高压验电器 | 10kV | 个 | 1 | |
| 3 | | 工频高压发生器 | 10kV | 个 | 1 | |
| 4 | | 风速湿度仪 | | 个 | 1 | |
| 5 | | 绝缘手套充压气检测器 | | 个 | 1 | |
| 6 | | 录音笔 | 便携高清降噪 | 个 | 1 | 记录作业对话用 |
| 7 | | 对讲机 | 户外无线手持 | 台 | 3 | 杆上杆下监护指挥用 |

### 3.1.6 其他工具和材料

其他工具如图 3-7 所示，材料如图 3-8 所示，配置详见表 3-6。

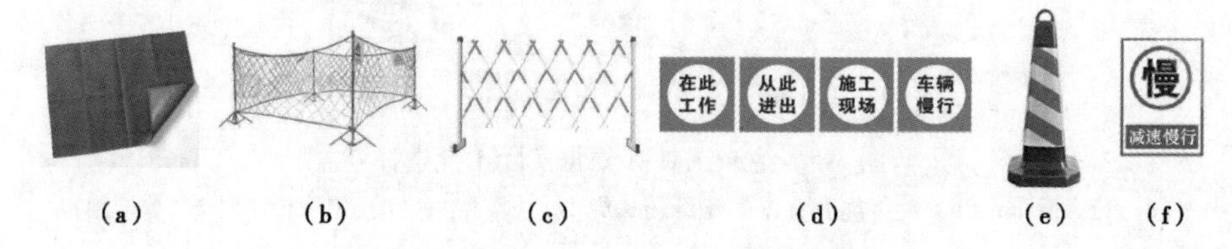


(a) (b) (c) (d) (e) (f)

图 3-7 其他工具（根据实际工况选择）

（a）防潮苫布；（b）安全围栏 1；（c）安全围栏 2；（d）警告标志；（e）路障；（f）减速慢行标志

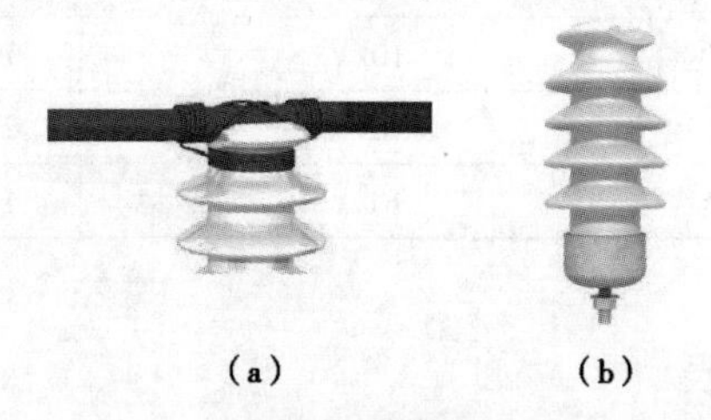

(a) (b)

图 3-8 材料

（a）绑扎线（前三后四双十字）；（b）直线杆（柱式）绝缘子

表 3-6 其他工具和材料配置

| 序号 | 名称 | | 规格、型号 | 单位 | 数量 | 备注 |
|---|---|---|---|---|---|---|
| 1 | 其他工具 | 防潮苫布 | | 块 | 若干 | 根据现场情况选择 |
| 2 | | 个人手工工具 | | 套 | 1 | 推荐用绝缘手工工具 |
| 3 | | 安全围栏 | | 组 | 1 | |
| 4 | | 警告标志 | | 套 | 1 | |
| 5 | | 路障和减速慢行标志 | | 组 | 1 | |

续表

| 序号 | 名称 | | 规格、型号 | 单位 | 数量 | 备注 |
|---|---|---|---|---|---|---|
| 6 | 材料 | 绑扎线 | 4 平方单芯铜线 | 盘 | 3 | 根据现场情况确定长度 |
| 7 | | 直线杆（柱式）绝缘子 | | 个 | 3 | 根据现场情况确定规格 |

## 3.2　绝缘手套作业法（绝缘斗臂车作业）带电更换直线杆绝缘子及横担项目

本项目装备配置适用于如图 3-9 所示的直线杆（导线三角排列），采用绝缘手套作业法（绝缘斗臂车作业）更换直线杆绝缘子及横担项目。生产中务必结合现场实际工况参照适用。

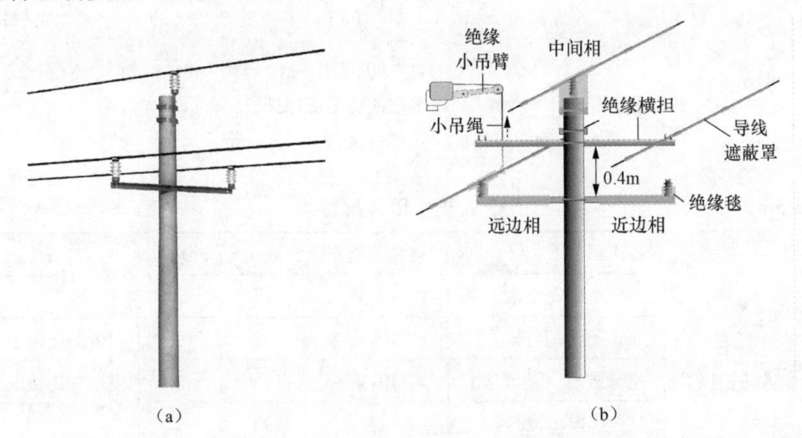


图 3-9　绝缘手套作业法（绝缘斗臂车作业）更换直线杆绝缘子及横担项目
（a）杆头外形图；（b）绝缘横担+小吊臂法提升远边相导线示意图

### 3.2.1　特种车辆

特种车辆如图 3-10 所示，配置详见表 3-7。

图 3-10　特种车辆
（a）绝缘斗臂车；（b）移动库房车

表 3-7 特种车辆配置

| 序号 | 名称 | | 规格、型号 | 单位 | 数量 | 备注 |
| --- | --- | --- | --- | --- | --- | --- |
| 1 | 特种车辆 | 绝缘斗臂车 | 10kV | 辆 | 1 | |
| 2 | | 移动库房车 | | 辆 | 1 | |

## 3.2.2 个人防护用具

个人防护用具如图 3-11 所示，配置详见表 3-8。

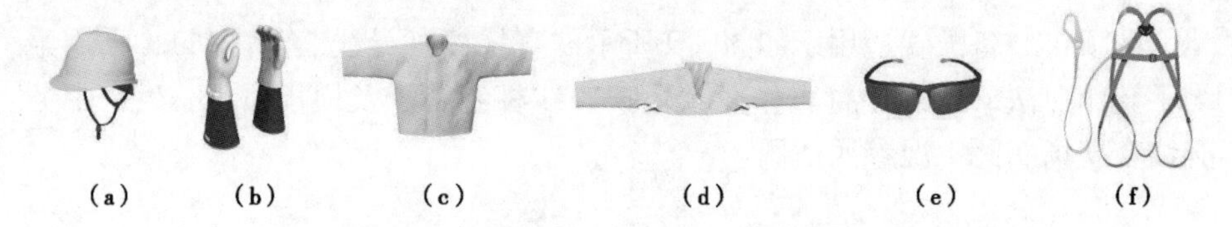

图 3-11 个人防护用具

（a）绝缘安全帽；（b）绝缘手套+羊皮或仿羊皮保护手套；（c）绝缘服；（d）绝缘披肩；（e）护目镜；（f）安全带

表 3-8 个人防护用具配置

| 序号 | 名称 | | 规格、型号 | 单位 | 数量 | 备注 |
| --- | --- | --- | --- | --- | --- | --- |
| 1 | 个人防护用具 | 绝缘安全帽 | 10kV | 顶 | 2 | |
| 2 | | 绝缘手套 | 10kV | 双 | 2 | 带防刺穿手套 |
| 3 | | 绝缘披肩（绝缘服） | 10kV | 件 | 2 | 根据现场情况选择 |
| 4 | | 护目镜 | | 副 | 2 | |
| 5 | | 安全带 | | 副 | 2 | 有后备保护绳 |

## 3.2.3 绝缘遮蔽用具

绝缘遮蔽用具如图 3-12 所示，配置详见表 3-9。

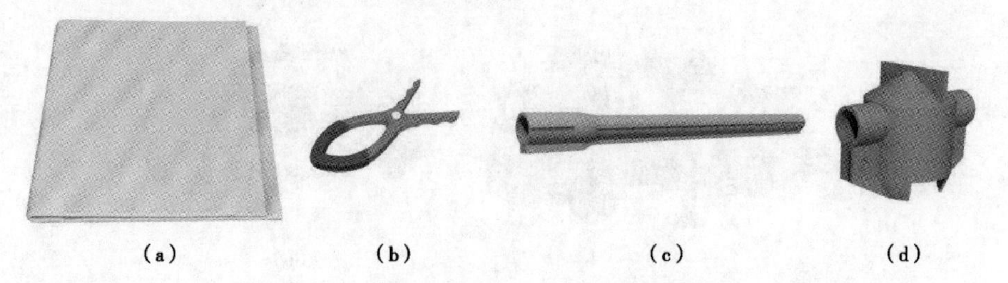

图 3-12 绝缘遮蔽用具（根据实际工况选择）

（a）绝缘毯；（b）绝缘毯夹；（c）导线遮蔽罩；（d）绝缘子遮蔽罩

表 3-9　　　　　　　　　　**绝缘遮蔽用具配置**

| 序号 | 名称 | | 规格、型号 | 单位 | 数量 | 备注 |
|---|---|---|---|---|---|---|
| 1 | 绝缘遮蔽用具 | 导线遮蔽罩 | 10kV | 根 | 9 | 不少于配备数量 |
| 2 | | 绝缘毯 | 10kV | 块 | 6 | 不少于配备数量 |
| 3 | | 绝缘毯夹 | | | 12 | 不少于配备数量 |
| 4 | | 绝缘子遮蔽罩 | 10kV | 个 | 1 | 根据实际情况选用 |

## 3.2.4　绝缘工具

绝缘工具如图 3-13 所示，配置详见表 3-10。

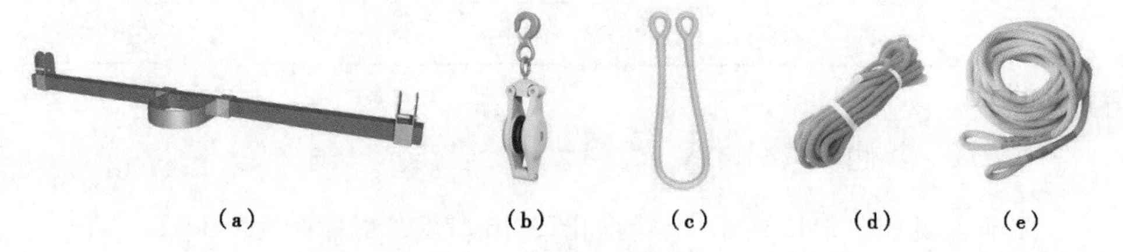

(a)　(b)　(c)　(d)　(e)

图 3-13　绝缘工具（根据实际工况选择）
（a）绝缘横担；（b）绝缘滑车；（c）绝缘绳套；
（d）绝缘传递绳（防潮型）；（e）绝缘传递绳（普通型）

表 3-10　　　　　　　　　　**绝缘工具配置**

| 序号 | 名称 | | 规格、型号 | 单位 | 数量 | 备注 |
|---|---|---|---|---|---|---|
| 1 | 绝缘工具 | 绝缘横担 | 10kV | 个 | 1 | 电杆用 |
| 2 | | 绝缘滑车 | 10kV | 个 | 1 | 根据实际情况选用 |
| 3 | | 绝缘绳套 | 10kV | 个 | 2 | 起吊导线和挂滑车用 |
| 4 | | 绝缘传递绳 | 10kV | 根 | 1 | 根据实际情况选用 |

## 3.2.5　仪器仪表

仪器仪表如图 3-14 所示，配置详见表 3-11。

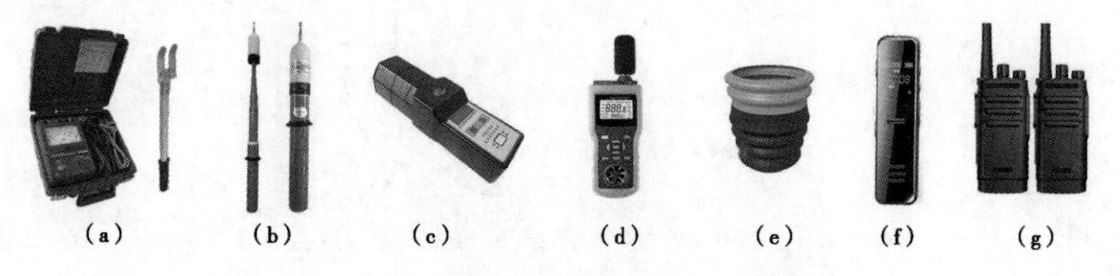

(a)　(b)　(c)　(d)　(e)　(f)　(g)

图 3-14　仪器仪表（根据实际工况选择）
（a）绝缘电阻测试仪；（b）高压验电器；（c）工频高压发生器；（d）风速湿度仪；
（e）绝缘手套充压气检测器；（f）录音笔；（g）对讲机

表 3-11　　仪器仪表配置

| 序号 | 名称 | | 规格、型号 | 单位 | 数量 | 备注 |
|---|---|---|---|---|---|---|
| 1 | 仪器仪表 | 绝缘电阻测试仪 | 2500V 及以上 | 套 | 1 | 含电极板 |
| 2 | | 高压验电器 | 10kV | 个 | 1 | |
| 3 | | 工频高压发生器 | 10kV | 个 | 1 | |
| 4 | | 风速湿度仪 | | 个 | 1 | |
| 5 | | 绝缘手套充压气检测器 | | 个 | 1 | |
| 6 | | 录音笔 | 便携高清降噪 | 个 | 1 | 记录作业对话用 |
| 7 | | 对讲机 | 户外无线手持 | 台 | 3 | 杆上杆下监护指挥用 |

## 3.2.6　其他工具和材料

其他工具如图 3-15 所示，材料如图 3-16 所示，配置详见表 3-12。

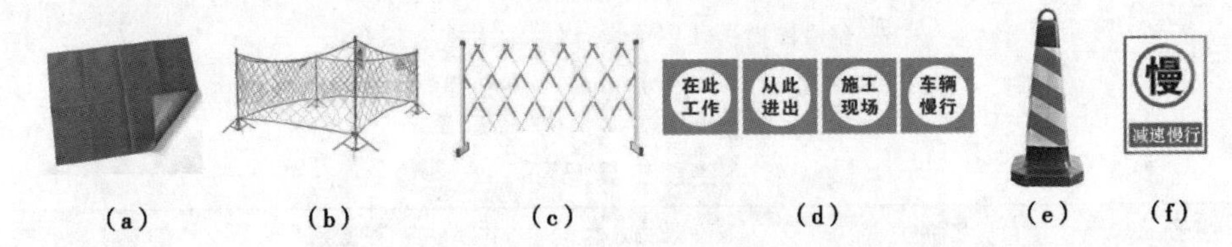


图 3-15　其他工具（根据实际工况选择）

（a）防潮苫布；（b）安全围栏 1；（c）安全围栏 2；
（d）警告标志；（e）路障；（f）减速慢行标志

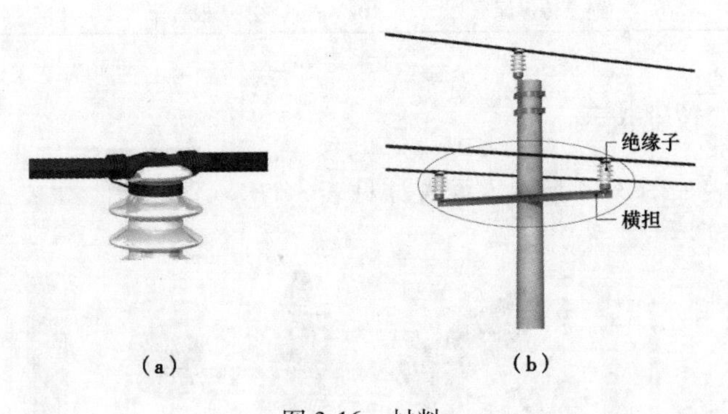


图 3-16　材料

（a）绑扎线（前三后四双十字）；（b）直线杆单横担+绝缘子

表 3-12　其他工具和材料配置

| 序号 | 名称 | | 规格、型号 | 单位 | 数量 | 备注 |
|---|---|---|---|---|---|---|
| 1 | 其他工具 | 防潮苫布 | | 块 | 若干 | 根据现场情况选择 |
| 2 | | 个人手工工具 | | 套 | 1 | 推荐用绝缘手工工具 |
| 3 | | 安全围栏 | | 组 | 1 | |
| 4 | | 警告标志 | | 套 | 1 | |
| 5 | | 路障和减速慢行标志 | | 组 | 1 | |
| 6 | 材料 | 绑扎线 | 4 平方单芯铜线 | 盘 | 3 | 根据现场情况确定长度 |
| 7 | | 直线杆单横担及附件 | | 套 | 1 | 根据现场情况确定规格 |
| 8 | | 直线杆绝缘子 | | 个 | 2 | 根据现场情况确定规格 |

## 3.3　绝缘手套作业法（绝缘斗臂车作业）带电更换耐张杆绝缘子串项目

本项目装备配置适用于如图 3-17 所示的直线耐张杆（导线三角排列），采用绝缘手套作业法（绝缘斗臂车作业）更换耐张杆绝缘子串项目。生产中务必结合现场实际工况参照适用。

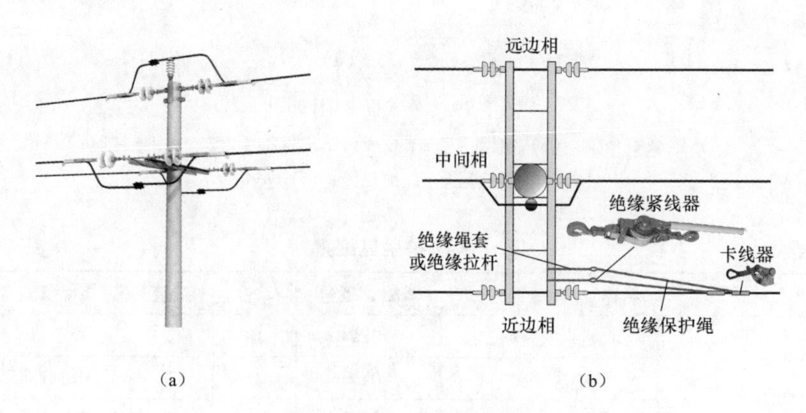


图 3-17　绝缘手套作业法（绝缘斗臂车作业）更换耐张杆绝缘子串项目
（a）杆头外形图；（b）绝缘紧线器法示意图

### 3.3.1　特种车辆

特种车辆如图 3-18 所示，配置详见表 3-13。

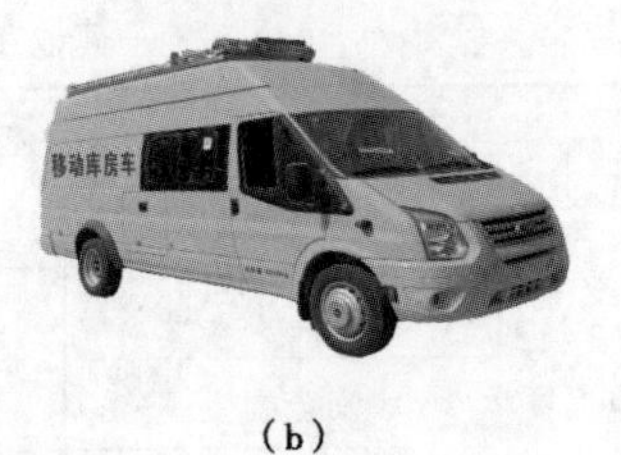


(a)　　(b)

图 3-18　特种车辆

(a) 绝缘斗臂车；(b) 移动库房车

表 3-13　特种车辆配置

| 序号 | 名称 | | 规格、型号 | 单位 | 数量 | 备注 |
|---|---|---|---|---|---|---|
| 1 | 特种车辆 | 绝缘斗臂车 | 10kV | 辆 | 1 | |
| 2 | | 移动库房车 | | 辆 | 1 | |

## 3.3.2 个人防护用具

个人防护用具如图 3-19 所示，配置详见表 3-14。

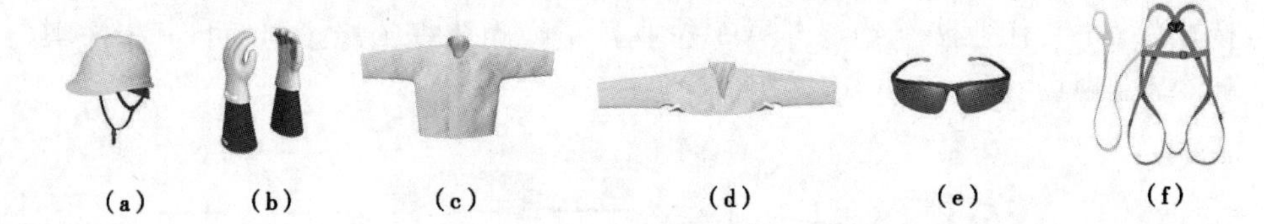

(a)　(b)　(c)　(d)　(e)　(f)

图 3-19　个人防护用具

(a) 绝缘安全帽；(b) 绝缘手套+羊皮或仿羊皮保护手套；(c) 绝缘服；
(d) 绝缘披肩；(e) 护目镜；(f) 安全带

表 3-14　个人防护用具配置

| 序号 | 名称 | | 规格、型号 | 单位 | 数量 | 备注 |
|---|---|---|---|---|---|---|
| 1 | 个人防护用具 | 绝缘安全帽 | 10kV | 顶 | 2 | |
| 2 | | 绝缘手套 | 10kV | 双 | 2 | 带防刺穿手套 |
| 3 | | 绝缘披肩（绝缘服） | 10kV | 件 | 2 | 根据现场情况选择 |
| 4 | | 护目镜 | | 副 | 2 | |
| 5 | | 安全带 | | 副 | 2 | 有后备保护绳 |

## 3.3.3 绝缘遮蔽用具

绝缘遮蔽用具如图 3-20 所示，配置详见表 3-15。

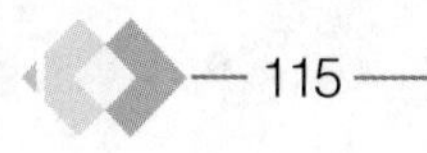

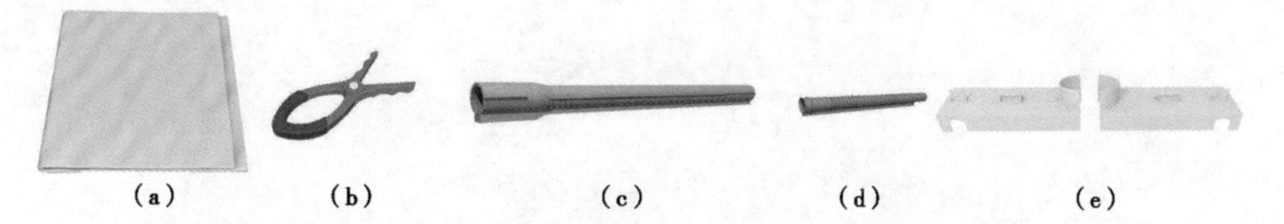

图 3-20 绝缘遮蔽用具（根据实际工况选择）

（a）绝缘毯；（b）绝缘毯夹；（c）导线遮蔽罩；（d）引流线遮蔽罩；（e）横担遮蔽罩

表 3-15 绝缘遮蔽用具配置

| 序号 | 名称 | | 规格、型号 | 单位 | 数量 | 备注 |
|---|---|---|---|---|---|---|
| 1 | 绝缘遮蔽用具 | 导线遮蔽罩 | 10kV | 根 | 6 | 不少于配备数量 |
| 2 | | 引线遮蔽罩 | 10kV | 根 | 6 | 根据实际情况选用 |
| 3 | | 绝缘毯 | 10kV | 块 | 12 | 不少于配备数量 |
| 4 | | 绝缘毯夹 | | | 24 | 不少于配备数量 |
| 5 | | 横担遮蔽罩 | 10kV | 个 | 1 | 根据实际情况选用 |

## 3.3.4 绝缘工具和金属工具

绝缘工具如图 3-21 所示，金属工具（卡线器）如图 3-22 所示，配置见表 3-16。

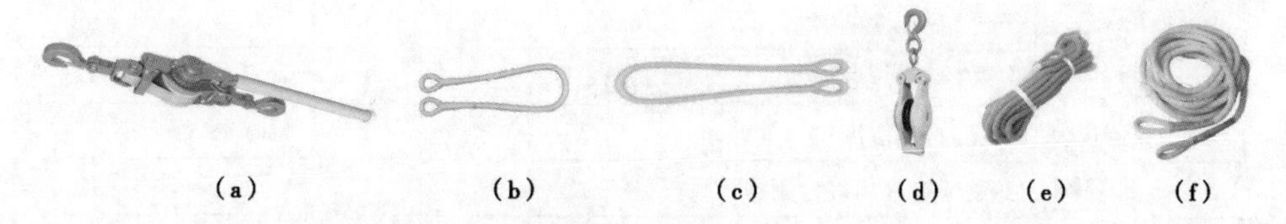

图 3-21 绝缘工具

（a）软质绝缘紧线器；（b）绝缘绳套（短）；（c）绝缘保护绳（长）；
（d）绝缘滑车；（e）绝缘传递绳（防潮型）；（f）绝缘传递绳（普通型）

表 3-16 绝缘工具配置

| 序号 | 名称 | | 规格、型号 | 单位 | 数量 | 备注 |
|---|---|---|---|---|---|---|
| 1 | 绝缘工具 | 绝缘紧线器 | 10kV | 个 | 1 | 含配套卡线器 1 个 |
| 2 | | 绝缘绳套 | 10kV | 个 | 3 | 紧线器、保护绳等用 |
| 3 | | 绝缘保护绳 | 10kV | 根 | 1 | 含配套卡线器 1 个 |
| 4 | | 绝缘滑车 | 10kV | 个 | 1 | 根据实际情况选用 |
| 5 | | 绝缘传递绳 | 10kV | 根 | 1 | 根据实际情况选用 |
| 6 | 金属工具 | 卡线器 | | 个 | 2 | |

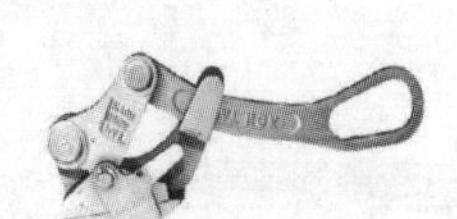

图 3-22　金属工具（卡线器）

## 3.3.5　仪器仪表

仪器仪表如图 3-23 所示，配置详见表 3-17。

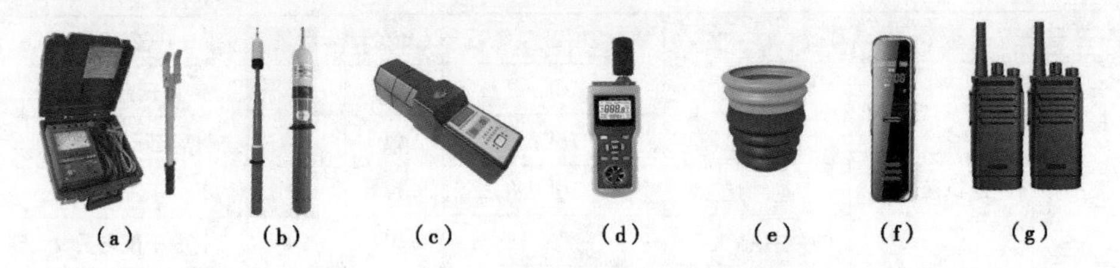

图 3-23　仪器仪表（根据实际工况选择）

（a）绝缘电阻测试仪；（b）高压验电器；（c）工频高压发生器；（d）风速湿度仪；（e）绝缘手套充压气检测器；（f）录音笔；（g）对讲机

表 3-17　　仪器仪表配置

| 序号 | 名称 | | 规格、型号 | 单位 | 数量 | 备注 |
|---|---|---|---|---|---|---|
| 1 | 仪器仪表 | 绝缘电阻测试仪 | 2500V 及以上 | 套 | 1 | 含电极板 |
| 2 | | 高压验电器 | 10kV | 个 | 1 | |
| 3 | | 工频高压发生器 | 10kV | 个 | 1 | |
| 4 | | 风速湿度仪 | | 个 | 1 | |
| 5 | | 绝缘手套充压气检测器 | | 个 | 1 | |
| 6 | | 录音笔 | 便携高清降噪 | 个 | 1 | 记录作业对话用 |
| 7 | | 对讲机 | 户外无线手持 | 台 | 3 | 杆上杆下监护指挥用 |

## 3.3.6　其他工具和材料

其他工具如图 3-24 所示，材料如图 3-25 所示，配置详见表 3-18。

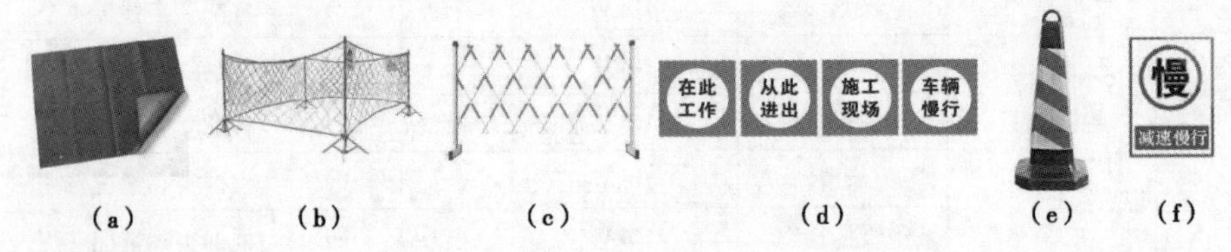


图 3-24　其他工具（根据实际工况选择）

（a）防潮苫布；（b）安全围栏 1；（c）安全围栏 2；（d）警告标志；（e）路障；（f）减速慢行标志

图 3-25　材料（悬式瓷绝缘子）

**表 3-18**　　**其他工具和材料配置**

| 序号 | 名称 | | 规格、型号 | 单位 | 数量 | 备注 |
|---|---|---|---|---|---|---|
| 1 | 其他工具 | 防潮苫布 | | 块 | 若干 | 根据现场情况选择 |
| 2 | | 个人手工工具 | | 套 | 1 | 推荐用绝缘手工工具 |
| 3 | | 安全围栏 | | 组 | 1 | |
| 4 | | 警告标志 | | 套 | 1 | |
| 5 | | 路障和减速慢行标志 | | 组 | 1 | |
| 6 | 材料 | 悬式瓷绝缘子串 | | 组 | 3 | 根据现场情况确定规格 |

## 3.4　绝缘手套作业法（绝缘斗臂车作业）带负荷更换导线非承力线夹项目

本项目装备配置适用于如图 3-26 所示的直线耐张杆（导线三角排列），采用绝缘手套作业法（绝缘斗臂车作业）带负荷更换导线非承力线夹项目。生产中务必结合现场实际工况参照适用。

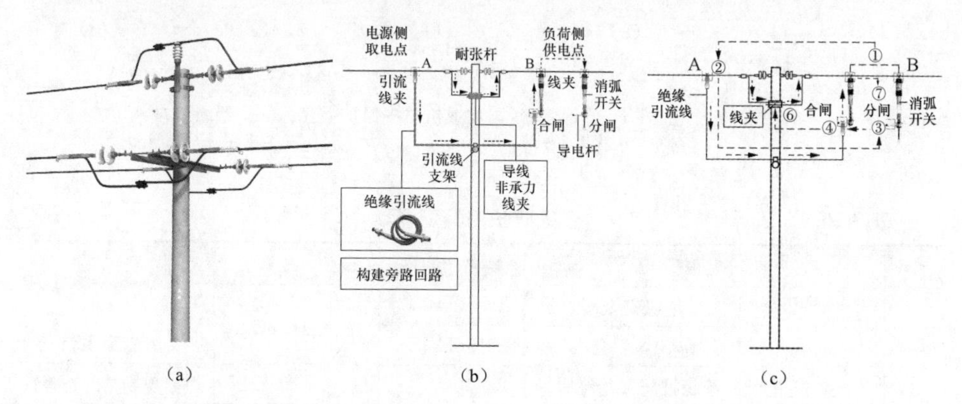


图 3-26　绝缘手套作业法（绝缘斗臂车作业）带负荷更换导线非承力线夹项目

（a）杆头外形图；（b）绝缘引流线法组成示意图；（c）绝缘引流线法更换示意图

### 3.4.1 特种车辆

特种车辆如图 3-27 所示，配置详见表 3-19。

(a)　　(b)

图 3-27　特种车辆

(a) 绝缘斗臂车；(b) 移动库房车

表 3-19　特种车辆配置

| 序号 | 名称 | | 规格、型号 | 单位 | 数量 | 备注 |
|---|---|---|---|---|---|---|
| 1 | 特种车辆 | 绝缘斗臂车 | 10kV | 辆 | 1 | |
| 2 | | 移动库房车 | | 辆 | 1 | |

### 3.4.2 个人防护用具

个人防护用具如图 3-28 所示，配置详见表 3-20。

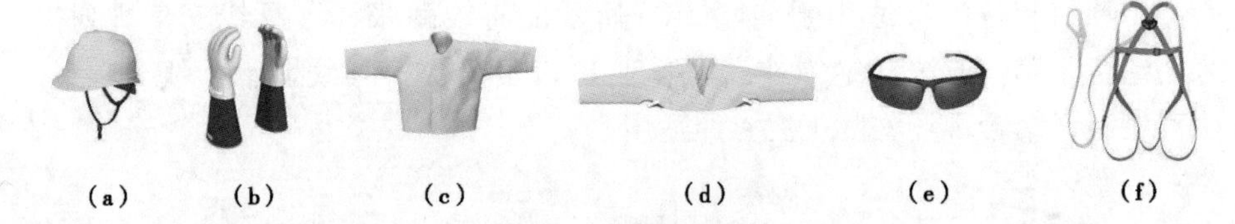

(a)　(b)　(c)　(d)　(e)　(f)

图 3-28　个人防护用具

(a) 绝缘安全帽；(b) 绝缘手套+羊皮或仿羊皮保护手套；(c) 绝缘服；
(d) 绝缘披肩；(e) 护目镜；(f) 安全带

表 3-20　个人防护用具配置

| 序号 | 名称 | | 规格、型号 | 单位 | 数量 | 备注 |
|---|---|---|---|---|---|---|
| 1 | 个人防护用具 | 绝缘安全帽 | 10kV | 顶 | 2 | |
| 2 | | 绝缘手套 | 10kV | 双 | 2 | 带防刺穿手套 |
| 3 | | 绝缘披肩（绝缘服） | 10kV | 件 | 2 | 根据现场情况选择 |
| 4 | | 护目镜 | | 副 | 2 | |
| 5 | | 安全带 | | 副 | 2 | 有后备保护绳 |

### 3.4.3 绝缘遮蔽用具

绝缘遮蔽用具如图3-29所示，配置详见表3-21。

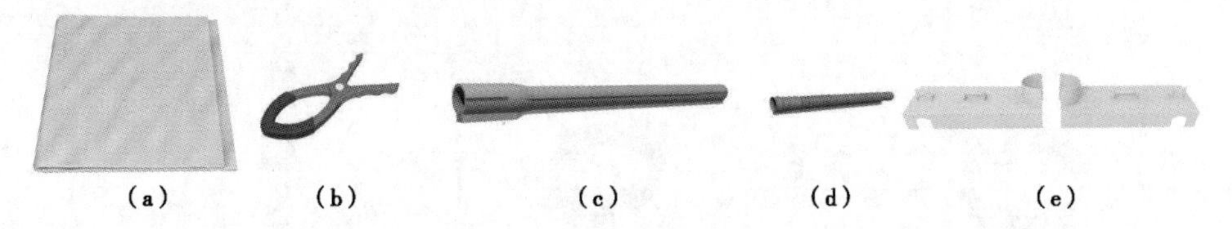

(a) (b) (c) (d) (e)

图3-29 绝缘遮蔽用具（根据实际工况选择）
(a) 绝缘毯；(b) 绝缘毯夹；(c) 导线遮蔽罩；(d) 引流线遮蔽罩；(e) 横担遮蔽罩

表3-21 绝缘遮蔽用具配置

| 序号 | 名称 | | 规格、型号 | 单位 | 数量 | 备注 |
|---|---|---|---|---|---|---|
| 1 | 绝缘遮蔽用具 | 导线遮蔽罩 | 10kV | 根 | 6 | 不少于配备数量 |
| 2 | | 引线遮蔽罩 | 10kV | 根 | 6 | 根据实际情况选用 |
| 3 | | 绝缘毯 | 10kV | 块 | 12 | 不少于配备数量 |
| 4 | | 绝缘毯夹 | | | 24 | 不少于配备数量 |
| 5 | | 横担遮蔽罩 | 10kV | 个 | 1 | 根据实际情况选用 |

### 3.4.4 绝缘工具

绝缘工具如图3-30所示，配置详见表3-22。

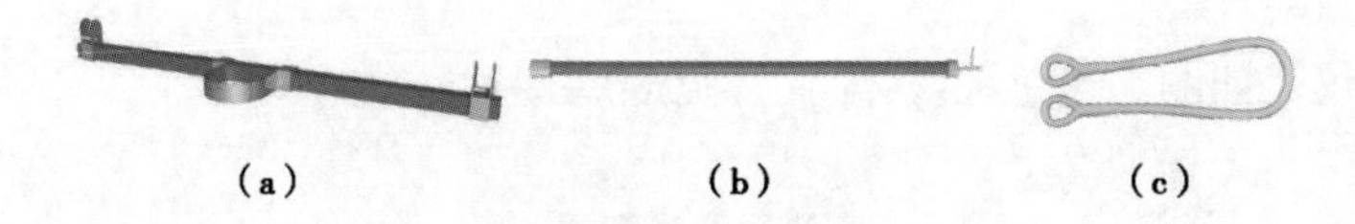

(a) (b) (c)

图3-30 绝缘工具
(a) 绝缘横担（用作引流线支架）；(b) 绝缘操作杆（拉合消弧开关用）；
(c) 绝缘绳套（临时固定引流线用）

表3-22 绝缘工具配置

| 序号 | 名称 | | 规格、型号 | 单位 | 数量 | 备注 |
|---|---|---|---|---|---|---|
| 1 | 绝缘工具 | 绝缘横担 | 10kV | 个 | 1 | 用作引流线支架 |
| 2 | | 绝缘操作杆 | 10kV | 个 | 3 | 拉合消弧开关用 |
| 3 | | 绝缘绳套 | 10kV | 根 | 1 | 临时固定引流线用 |

### 3.4.5 旁路设备

旁路设备如图3-31所示，配置详见表3-23。

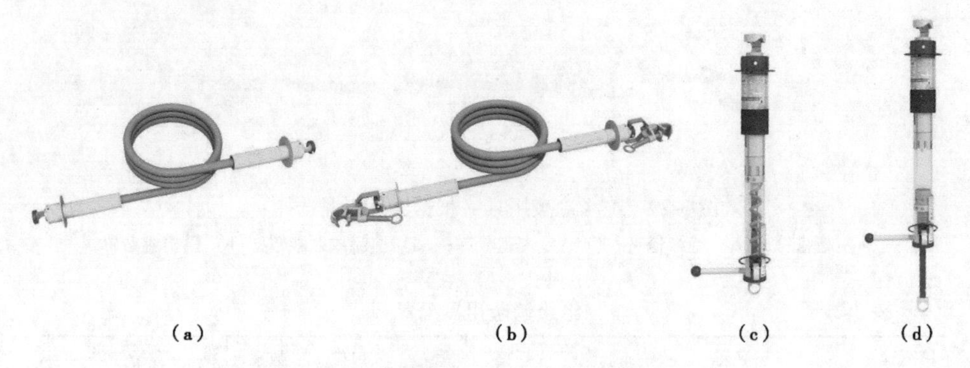

图3-31 旁路设备（根据实际工况选择）

（a）绝缘引流线+旋转式紧固手柄；（b）绝缘引流线+马镫线夹；

（c）带电作业用消弧开关分闸位置；（d）带电作业用消弧开关合闸位置

表3-23 旁路设备配置

| 序号 | 名称 | | 规格、型号 | 单位 | 数量 | 备注 |
|---|---|---|---|---|---|---|
| 1 | 旁路设备 | 带电作业用消弧开关 | 10kV | 个 | 3 | 根据实际情况选择个数 |
| 2 | | 绝缘引流线 | 10kV | 根 | 3 | 根据实际情况选择根数 |

### 3.4.6 仪器仪表

仪器仪表如图3-32所示，配置详见表3-24。

表3-24 仪器仪表配置

| 序号 | 名称 | | 规格、型号 | 单位 | 数量 | 备注 |
|---|---|---|---|---|---|---|
| 1 | 仪器仪表 | 绝缘电阻测试仪 | 2500V及以上 | 套 | 1 | 含电极板 |
| 2 | | 高压验电器 | 10kV | 个 | 1 | |
| 3 | | 工频高压发生器 | 10kV | 个 | 1 | |
| 4 | | 风速湿度仪 | | 个 | 1 | |
| 5 | | 绝缘手套充压气检测器 | | 个 | 1 | |
| 6 | | 录音笔 | 便携高清降噪 | 个 | 1 | 记录作业对话用 |
| 7 | | 对讲机 | 户外无线手持 | 台 | 3 | 杆上杆下监护指挥用 |

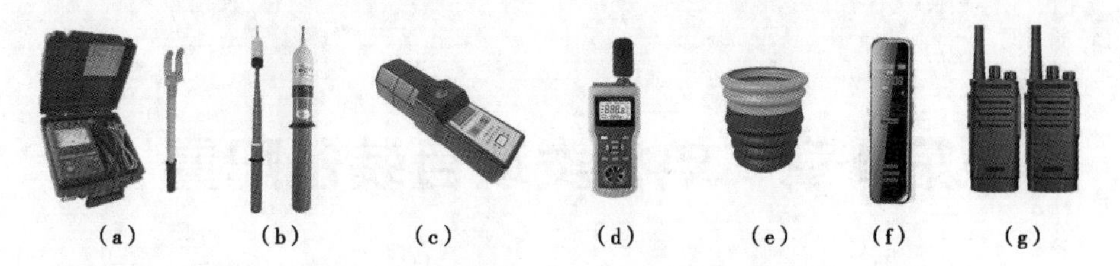

(a)　(b)　(c)　(d)　(e)　(f)　(g)

图 3-32　仪器仪表（根据实际工况选择）

(a) 绝缘电阻测试仪；(b) 高压验电器；(c) 工频高压发生器；(d) 风速湿度仪；(e) 绝缘手套充压气检测器；(f) 录音笔；(g) 对讲机

## 3.4.7　其他工具和材料

其他工具如图 3-33 所示，材料如图 3-34 所示，配置详见表 3-25。

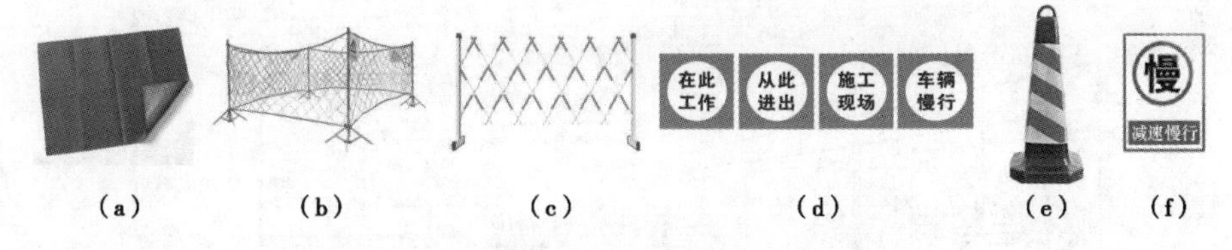


(a)　(b)　(c)　(d)　(e)　(f)

图 3-33　其他工具（根据实际工况选择）

(a) 防潮苫布；(b) 安全围栏 1；(c) 安全围栏 2；(d) 警告标志；(e) 路障；(f) 减速慢行标志

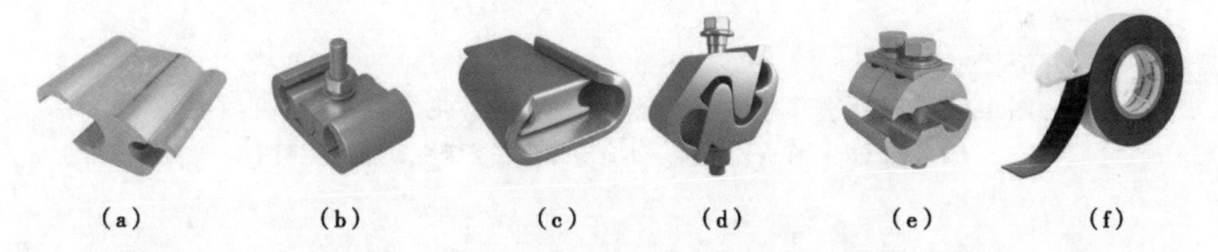

(a)　(b)　(c)　(d)　(e)　(f)

图 3-34　材料（搭接线夹根据实际工况选择）

(a) H 型线夹；(b) C 型线夹 1；(c) C 型线夹 2；(d) 螺栓 J 型线夹；(e) 并沟线夹；(f) 绝缘自粘带

表 3-25　其他工具和材料配置

| 序号 | 名称 | | 规格、型号 | 单位 | 数量 | 备注 |
|---|---|---|---|---|---|---|
| 1 | 其他工具 | 防潮苫布 | | 块 | 若干 | 根据现场情况选择 |
| 2 | | 个人手工工具 | | 套 | 1 | 推荐用绝缘手工工具 |
| 3 | | 安全围栏 | | 组 | 1 | |
| 4 | | 警告标志 | | 套 | 1 | |
| 5 | | 路障和减速慢行标志 | | 组 | 1 | |
| 6 | 材料 | 搭接线夹 | | 个 | 3 | 根据现场情况选择型号 |
| 7 | | 绝缘自粘带 | | 卷 | 若干 | 恢复绝缘用 |

# 第 4 章　电杆类项目装备配置

## 4.1　绝缘手套作业法（绝缘斗臂车作业）带电组立直线杆项目

本项目装备配置适用于如图 4-1 所示的直线杆（导线三角排列），采用绝缘手套作业法（绝缘斗臂车作业）带电组立直线杆项目。生产中务必结合现场实际工况参照适用。

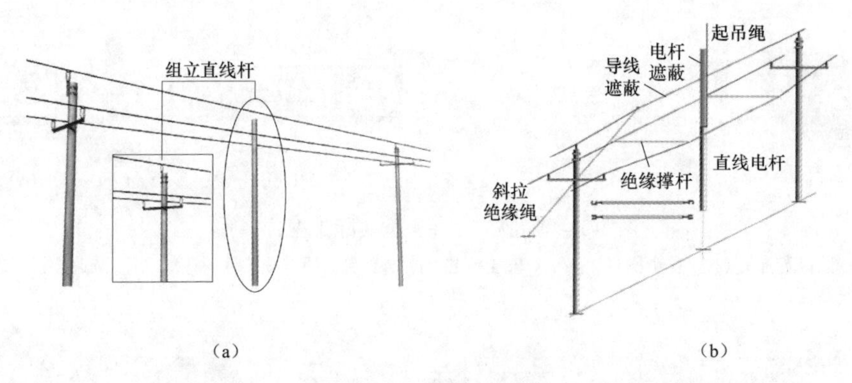


图 4-1　绝缘手套作业法（绝缘斗臂车作业）带电组立直线杆项目

（a）直线电杆杆头外形图；（b）专用撑杆法组立直线杆示意图

### 4.1.1　特种车辆

特种车辆如图 4-2 所示，配置详见表 4-1。

图 4-2　特种车辆

（a）绝缘斗臂车；（b）吊车；（c）移动库房车

表 4-1　特种车辆配置

| 序号 | 名称 | | 规格、型号 | 单位 | 数量 | 备注 |
|---|---|---|---|---|---|---|
| 1 | 特种车辆 | 绝缘斗臂车 | 10kV | 辆 | 2 | |
| 2 | | 吊车 | 8t | 辆 | 1 | 不小于 8t |
| 3 | | 移动库房车 | | 辆 | 1 | |

## 4.1.2　个人防护用具

个人防护用具如图 4-3 所示，配置详见表 4-2。

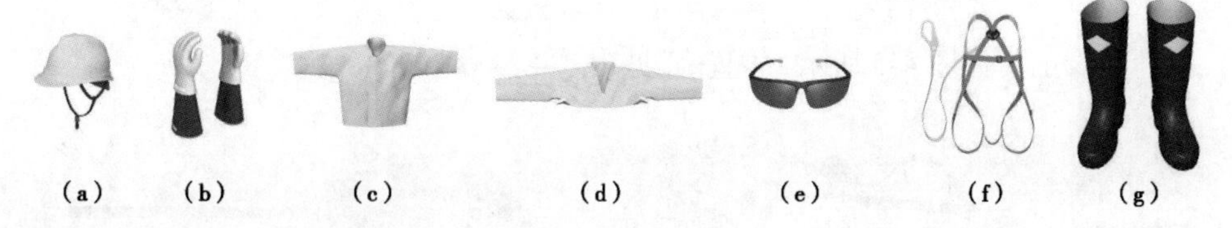

图 4-3　个人防护用具

（a）绝缘安全帽；（b）绝缘手套+羊皮或仿羊皮保护手套；（c）绝缘服；（d）绝缘披肩；（e）护目镜；（f）安全带；（g）绝缘靴

表 4-2　个人防护用具配置

| 序号 | 名称 | | 规格、型号 | 单位 | 数量 | 备注 |
|---|---|---|---|---|---|---|
| 1 | 个人防护用具 | 绝缘安全帽 | 10kV | 顶 | 4 | |
| 2 | | 绝缘手套 | 10kV | 双 | 7 | 带防刺穿手套 |
| 3 | | 绝缘披肩（绝缘服） | 10kV | 件 | 4 | 根据现场情况选择 |
| 4 | | 护目镜 | | 副 | 4 | |
| 5 | | 安全带 | | 副 | 4 | 有后备保护绳 |
| 6 | | 绝缘靴 | 10kV | 双 | 3 | 地面电工用 |

## 4.1.3　绝缘遮蔽用具

绝缘遮蔽用具如图 4-4 所示，配置详见表 4-3。

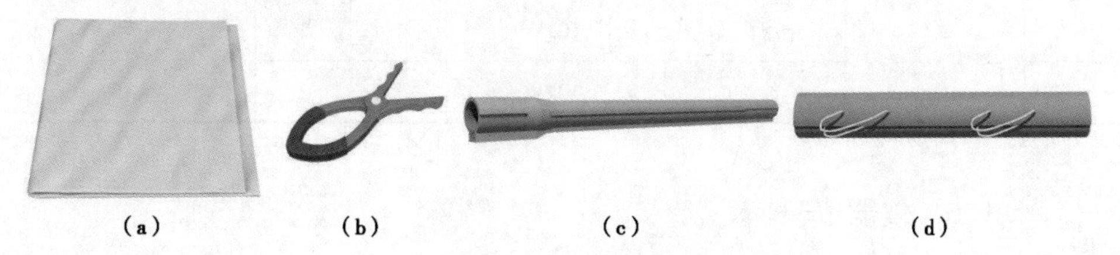

图 4-4　绝缘遮蔽用具（根据实际工况选择）

（a）绝缘毯；（b）绝缘毯夹；（c）导线遮蔽罩；（d）电杆遮蔽罩

表 4-3　　绝缘遮蔽用具配置

| 序号 | 名称 | | 规格、型号 | 单位 | 数量 | 备注 |
|---|---|---|---|---|---|---|
| 1 | 绝缘遮蔽用具 | 导线遮蔽罩 | 10kV | 根 | 12 | 不少于配备数量 |
| 2 | | 电杆遮蔽罩 | 10kV | 根 | 4 | 不少于配备数量 |
| 3 | | 绝缘毯 | 10kV | 块 | 12 | 不少于配备数量 |
| 4 | | 绝缘毯夹 | | | 24 | 不少于配备数量 |

### 4.1.4　绝缘工具

绝缘工具如图 4-5 所示，配置详见表 4-4。

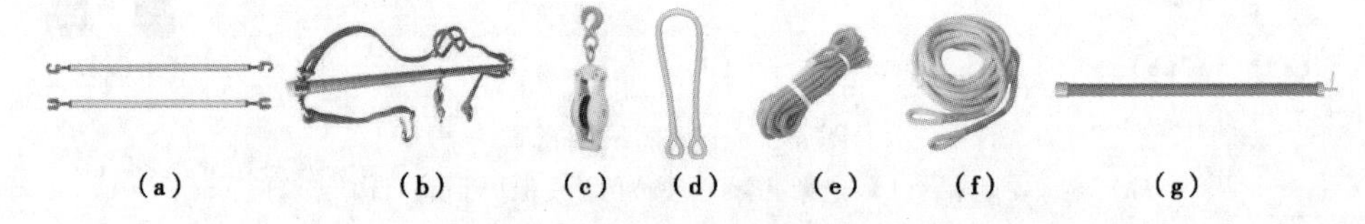


图 4-5　绝缘工具

(a) 绝缘撑杆；(b) 三相导线绝缘吊杆；(c) 绝缘滑车；
(d) 绝缘绳套；(e) 绝缘传递和控制绳 1（防潮型）；
(f) 绝缘传递和控制绳 2（普通型）；(g) 绝缘操作杆

表 4-4　　绝缘工具配置

| 序号 | 名称 | | 规格、型号 | 单位 | 数量 | 备注 |
|---|---|---|---|---|---|---|
| 1 | 绝缘工具 | 绝缘传递绳 | 10kV | 根 | 1 | 根据实际情况选用 |
| 2 | | 绝缘控制绳 | 10kV | 根 | 3 | 控制导线和电杆用 |
| 3 | | 绝缘撑杆 | 10kV | 根 | 3 | 支撑两相导线专用 |
| 4 | | 绝缘吊杆 | 10kV | 根 | 1 | 备用 |
| 5 | | 绝缘操作杆 | 10kV | 个 | 1 | 备用 |
| 6 | | 绝缘滑车 | 10kV | 个 | 1 | 备用 |
| 7 | | 绝缘绳套 | 10kV | 个 | 3 | 备用 |

### 4.1.5　仪器仪表

仪器仪表如图 4-6 所示，配置详见表 4-5。

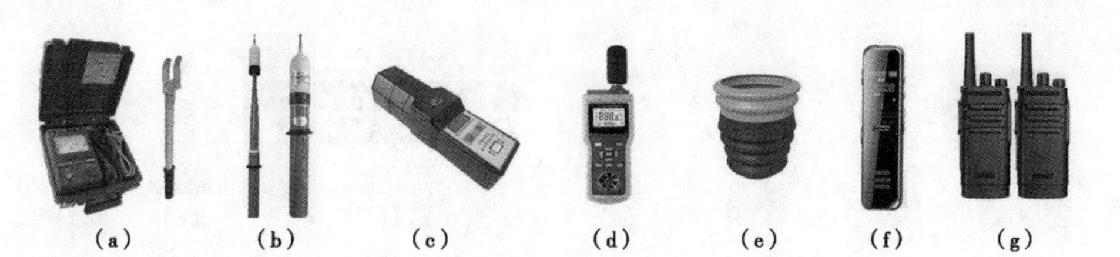


图 4-6　仪器仪表（根据实际工况选择）

（a）绝缘电阻测试仪+电极板；（b）高压验电器；（c）工频高压发生器；
（d）风速湿度仪；（e）绝缘手套充压气检测器；（f）录音笔；（g）对讲机

**表 4-5　　仪器仪表配置**

| 序号 | 名称 | | 规格、型号 | 单位 | 数量 | 备注 |
|---|---|---|---|---|---|---|
| 1 | 仪器仪表 | 绝缘电阻测试仪 | 2500V 及以上 | 套 | 1 | 含电极板 |
| 2 | | 高压验电器 | 10kV | 个 | 1 | |
| 3 | | 工频高压发生器 | 10kV | 个 | 1 | |
| 4 | | 风速湿度仪 | | 个 | 1 | |
| 5 | | 绝缘手套充压气检测器 | | 个 | 1 | |
| 6 | | 录音笔 | 便携高清降噪 | 个 | 1 | 记录作业对话用 |
| 7 | | 对讲机 | 户外无线手持 | 台 | 3 | 杆上杆下监护指挥用 |

## 4.1.6　其他工具和材料

其他工具如图 4-7 所示，材料如图 4-8 所示，配置详见表 4-6。

**表 4-6　　其他工具和材料配置**

| 序号 | 名称 | | 规格、型号 | 单位 | 数量 | 备注 |
|---|---|---|---|---|---|---|
| 1 | 其他工具 | 防潮苫布 | | 块 | 若干 | 根据现场情况选择 |
| 2 | | 个人手工工具 | | 套 | 1 | 推荐用绝缘手工工具 |
| 3 | | 安全围栏 | | 组 | 1 | |
| 4 | | 警告标志 | | 套 | 1 | |
| 5 | | 路障和减速慢行标志 | | 组 | 1 | |
| 6 | 材料 | 绑扎线 | $4mm^2$ 单芯铜线 | 盘 | 3 | 根据现场情况确定长度 |
| 7 | | 直线电杆 | | 根 | 1 | 根据现场情况确定规格 |
| 8 | | 横担及附件 | | 套 | 1 | 根据现场情况确定规格 |
| 9 | | 绝缘子 | | 个 | 3 | 根据现场情况确定规格 |
| 10 | | 中相双顶抱箍 | | 套 | 1 | 根据现场情况确定规格 |

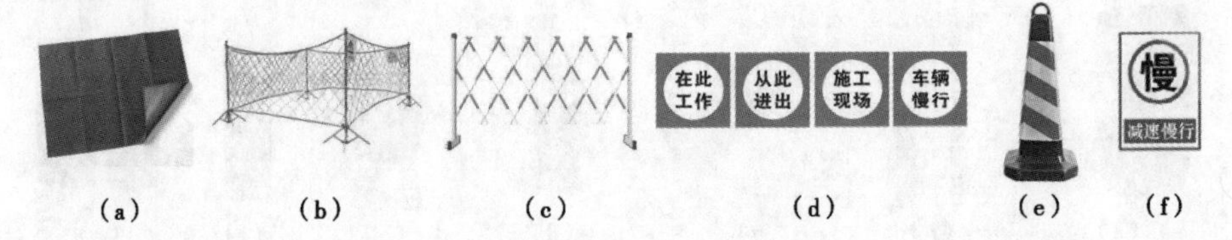


图 4-7　其他工具（根据实际工况选择）

（a）防潮苫布；（b）安全围栏 1；（c）安全围栏 2；（d）警告标志；（e）路障；（f）减速慢行标志

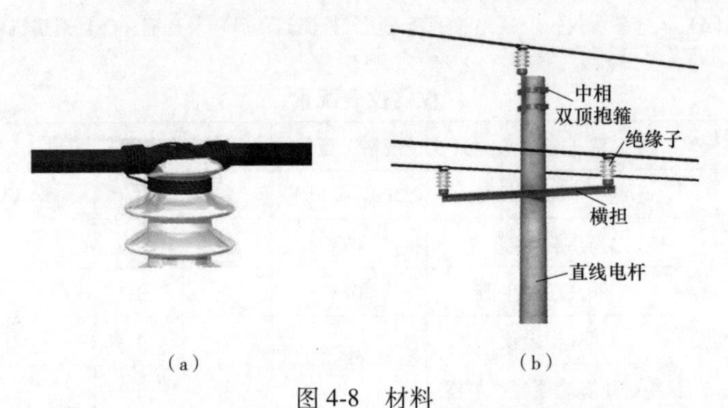


图 4-8　材料

（a）绑扎线（前三后四双十字）；（b）直线电杆+横担+绝缘子+双顶抱箍

## 4.2　绝缘手套作业法（绝缘斗臂车作业）带电更换直线杆项目

本项目装备配置适用于如图 4-9 所示的直线杆（导线三角排列），采用绝缘手套作业法（绝缘斗臂车作业）带电更换直线杆项目。生产中务必结合现场实际工况参照适用。

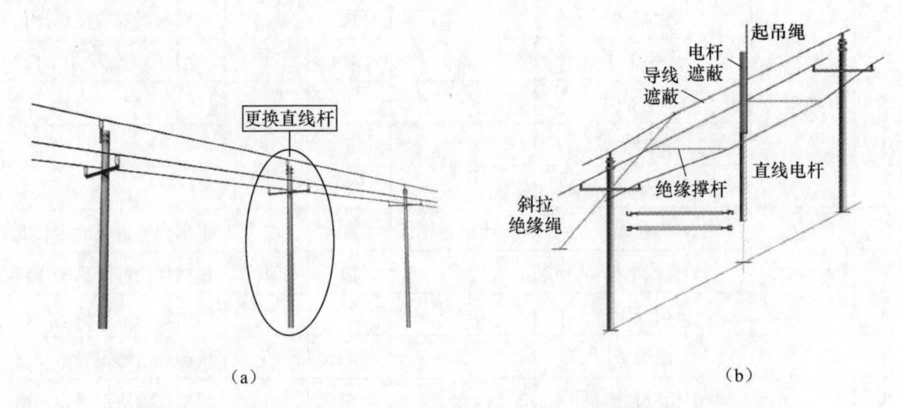


图 4-9　绝缘手套作业法（绝缘斗臂车作业）带电更换直线杆项目

（a）直线电杆杆头外形图；（b）专用撑杆法更换直线杆示意图

## 4.2.1　特种车辆

特种车辆如图4-10所示，配置详见表4-7。

图4-10　特种车辆
(a) 绝缘斗臂车；(b) 吊车；(c) 移动库房车

表4-7　　特种车辆配置

| 序号 | 名称 | | 规格、型号 | 单位 | 数量 | 备注 |
| --- | --- | --- | --- | --- | --- | --- |
| 1 | | 绝缘斗臂车 | 10kV | 辆 | 2 | |
| 2 | 特种车辆 | 吊车 | 8t | 辆 | 1 | 不小于8t |
| 3 | | 移动库房车 | | 辆 | 1 | |

## 4.2.2　个人防护用具

个人防护用具如图4-11所示，配置详见表4-8。

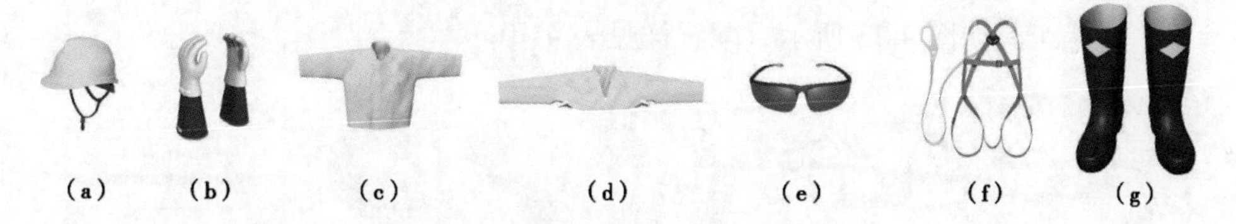


图4-11　个人防护用具
(a) 绝缘安全帽；(b) 绝缘手套+羊皮或仿羊皮保护手套；(c) 绝缘服；
(d) 绝缘披肩；(e) 护目镜；(f) 安全带；(g) 绝缘靴

表4-8　　个人防护用具配置

| 序号 | 名称 | | 规格、型号 | 单位 | 数量 | 备注 |
| --- | --- | --- | --- | --- | --- | --- |
| 1 | | 绝缘安全帽 | 10kV | 顶 | 4 | |
| 2 | | 绝缘手套 | 10kV | 双 | 7 | 带防刺穿手套 |
| 3 | 个人防护用具 | 绝缘披肩（绝缘服） | 10kV | 件 | 4 | 根据现场情况选择 |
| 4 | | 护目镜 | | 副 | 4 | |
| 5 | | 安全带 | | 副 | 4 | 有后备保护绳 |
| 6 | | 绝缘靴 | 10kV | 双 | 3 | 地面电工用 |

### 4.2.3 绝缘遮蔽用具

绝缘遮蔽用具如图 4-12 所示，配置详见表 4-9。

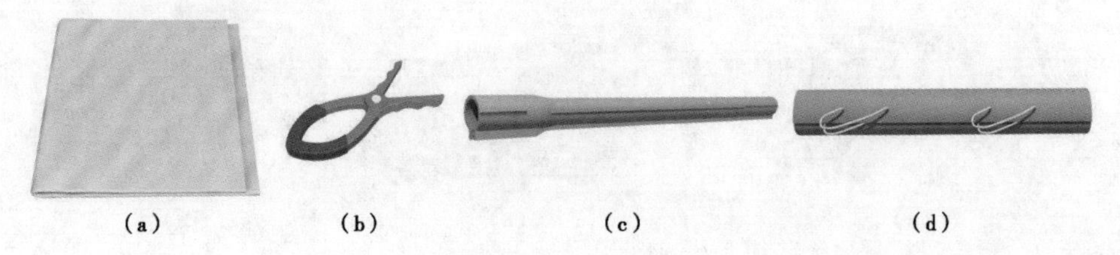

（a） （b） （c） （d）

图 4-12 绝缘遮蔽用具（根据实际工况选择）
（a）绝缘毯；（b）绝缘毯夹；（c）导线遮蔽罩；（d）电杆遮蔽罩

表 4-9 绝缘遮蔽用具配置

| 序号 | 名称 | | 规格、型号 | 单位 | 数量 | 备注 |
|---|---|---|---|---|---|---|
| 1 | 绝缘遮蔽用具 | 导线遮蔽罩 | 10kV | 根 | 12 | 不少于配备数量 |
| 2 | | 电杆遮蔽罩 | 10kV | 根 | 4 | 不少于配备数量 |
| 3 | | 绝缘毯 | 10kV | 块 | 12 | 不少于配备数量 |
| 4 | | 绝缘毯夹 | | | 24 | 不少于配备数量 |

### 4.2.4 绝缘工具

绝缘工具如图 4-13 所示，配置详见表 4-10。

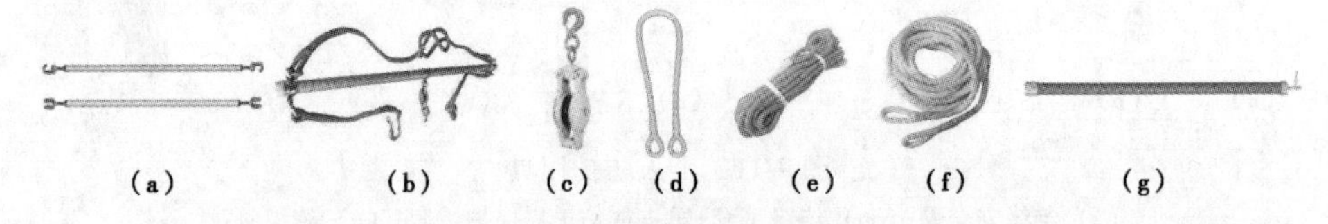

（a） （b） （c） （d） （e） （f） （g）

图 4-13 绝缘工具
（a）绝缘撑杆；（b）三相导线绝缘吊杆；（c）绝缘滑车；（d）绝缘绳套；
（e）绝缘传递和控制绳 1（防潮型）；（f）绝缘传递和控制绳 2（普通型）；（g）绝缘操作杆

表 4-10 绝缘工具配置

| 序号 | 名称 | | 规格、型号 | 单位 | 数量 | 备注 |
|---|---|---|---|---|---|---|
| 1 | 绝缘工具 | 绝缘传递绳 | 10kV | 根 | 1 | 根据实际情况选用 |
| 2 | | 绝缘控制绳 | 10kV | 根 | 3 | 控制导线和电杆用 |
| 3 | | 绝缘撑杆 | 10kV | 根 | 3 | 支撑两相导线专用 |
| 4 | | 绝缘吊杆 | 10kV | 根 | 1 | 备用 |

续表

| 序号 | 名称 | | 规格、型号 | 单位 | 数量 | 备注 |
|---|---|---|---|---|---|---|
| 5 | 绝缘工具 | 绝缘操作杆 | 10kV | 个 | 1 | 备用 |
| 6 | | 绝缘滑车 | 10kV | 个 | 1 | 备用 |
| 7 | | 绝缘绳套 | 10kV | 个 | 3 | 备用 |

## 4.2.5　仪器仪表

仪器仪表如图 4-14 所示，配置详见表 4-11。

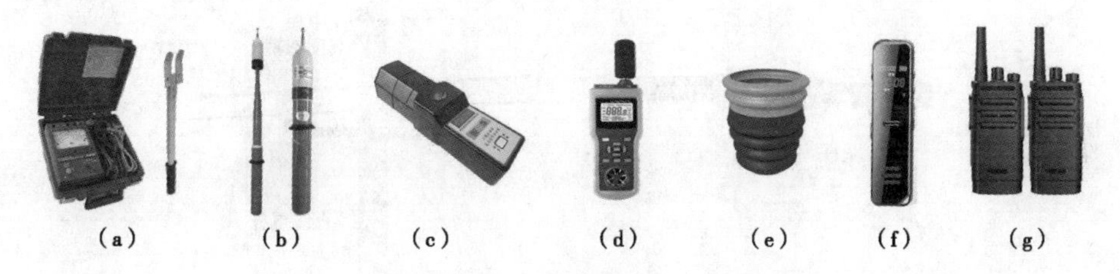

图 4-14　仪器仪表（根据实际工况选择）

（a）绝缘电阻测试仪+电极板；（b）高压验电器；（c）工频高压发生器；
（d）风速湿度仪；（e）绝缘手套充压气检测器；
（f）录音笔；（g）对讲机

表 4-11　　仪器仪表配置

| 序号 | 名称 | | 规格、型号 | 单位 | 数量 | 备注 |
|---|---|---|---|---|---|---|
| 1 | 仪器仪表 | 绝缘电阻测试仪 | 2500V 及以上 | 套 | 1 | 含电极板 |
| 2 | | 高压验电器 | 10kV | 个 | 1 | |
| 3 | | 工频高压发生器 | 10kV | 个 | 1 | |
| 4 | | 风速湿度仪 | | 个 | 1 | |
| 5 | | 绝缘手套充压气检测器 | | 个 | 1 | |
| 6 | | 录音笔 | 便携高清降噪 | 个 | 1 | 记录作业对话用 |
| 7 | | 对讲机 | 户外无线手持 | 台 | 3 | 杆上杆下监护指挥用 |

## 4.2.6　其他工具和材料

其他工具如图 4-15 所示，材料如图 4-16 所示，配置详见表 4-12。

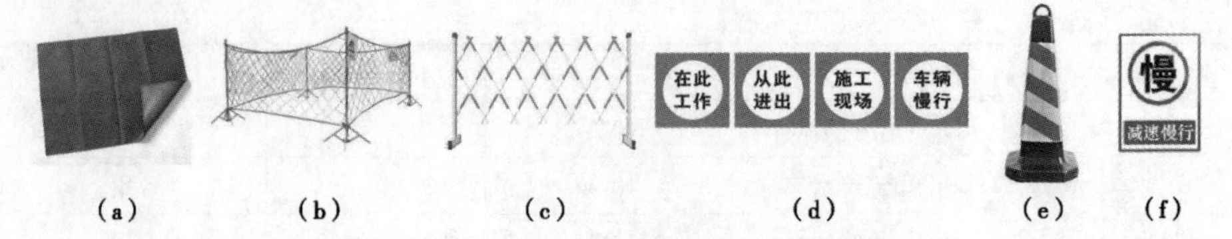


（a）　（b）　（c）　（d）　（e）　（f）

图 4-15　其他工具（根据实际工况选择）

（a）防潮苫布；（b）安全围栏 1；（c）安全围栏 2；

（d）警告标志；（e）路障；（f）减速慢行标志

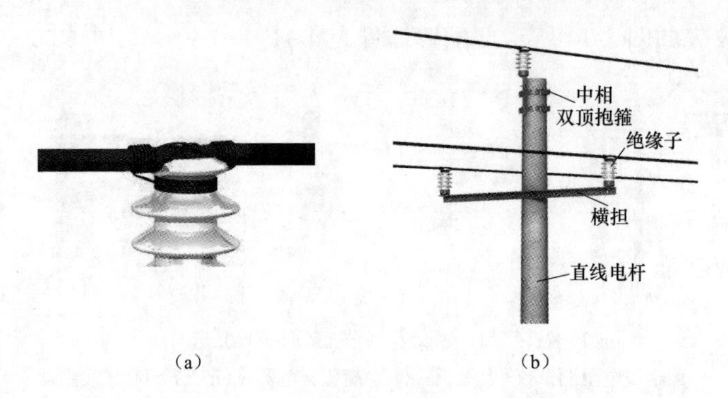


（a）　（b）

图 4-16　材料

（a）绑扎线（前三后四双十字）；（b）直线电杆+横担+绝缘子+双顶抱箍

**表 4-12　其他工具和材料配置**

| 序号 | 名称 | | 规格、型号 | 单位 | 数量 | 备注 |
|---|---|---|---|---|---|---|
| 1 | 其他工具 | 防潮苫布 | | 块 | 若干 | 根据现场情况选择 |
| 2 | | 个人手工工具 | | 套 | 1 | 推荐用绝缘手工工具 |
| 3 | | 安全围栏 | | 组 | 1 | |
| 4 | | 警告标志 | | 套 | 1 | |
| 5 | | 路障和减速慢行标志 | | 组 | 1 | |
| 6 | 材料 | 绑扎线 | $4mm^2$ 单芯铜线 | 盘 | 3 | 根据现场情况确定长度 |
| 7 | | 直线电杆 | | 根 | 1 | 根据现场情况确定规格 |
| 8 | | 横担及附件 | | 套 | 1 | 根据现场情况确定规格 |
| 9 | | 绝缘子 | | 个 | 3 | 根据现场情况确定规格 |
| 10 | | 中相双顶抱箍 | | 套 | 1 | 根据现场情况确定规格 |

## 4.3　绝缘手套作业法（绝缘斗臂车作业）带负荷直线杆改耐张杆

本项目装备配置适用于如图 4-17 所示的直线杆（导线三角排列），采用

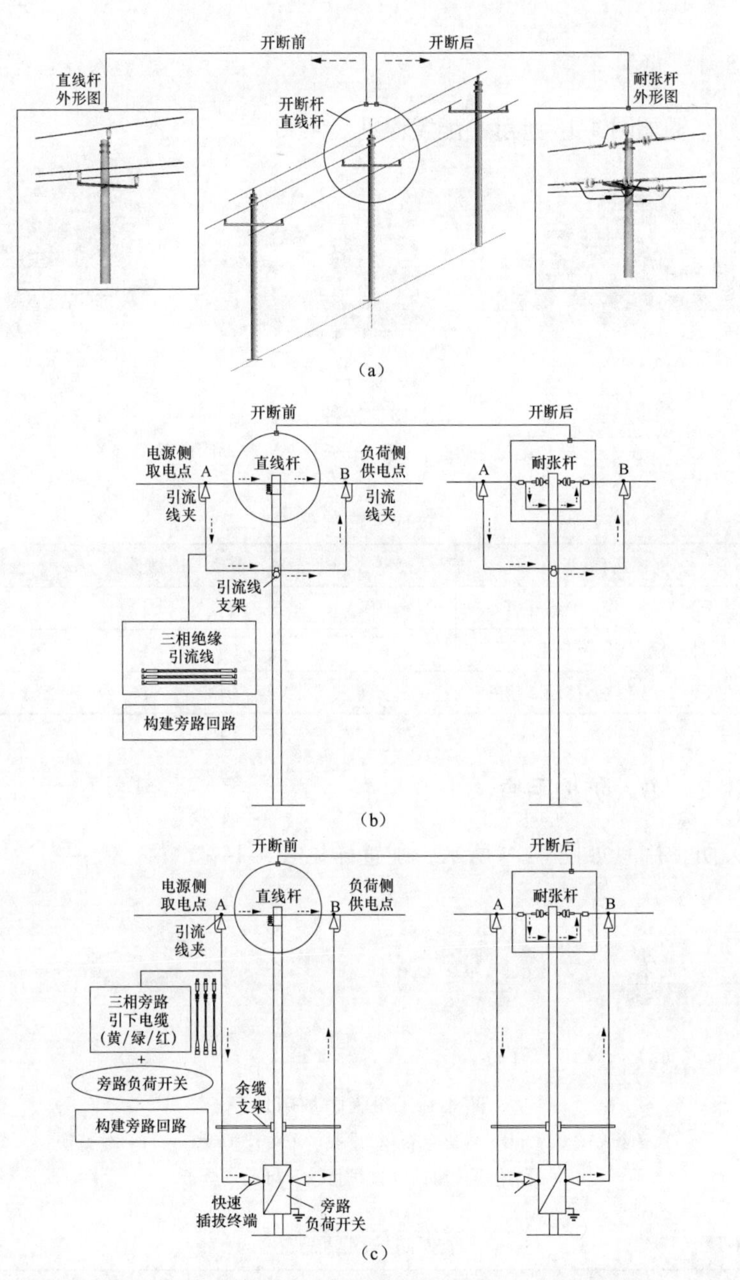


图4-17 绝缘手套作业法+绝缘引流法（绝缘斗臂车作业）带负荷直线杆改耐张杆项目

（a）直线杆改耐张杆杆头外形图；（b）绝缘引流法示意图；（c）旁路作业法示意图

绝缘手套作业法+绝缘引流法（绝缘斗臂车作业）带负荷直线杆改耐张杆项目。生产中务必结合现场实际工况参照适用，推广采用旁路作业法带负荷直线杆改耐张杆的应用［见图4-17（c）］。

### 4.3.1 特种车辆

特种车辆如图 4-18 所示，配置详见表 4-13。

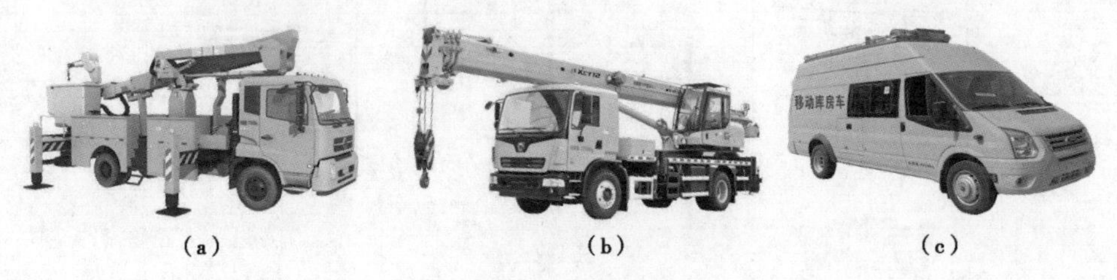


(a)　　(b)　　(c)

图 4-18　特种车辆

(a) 绝缘斗臂车；(b) 吊车；(c) 移动库房车

表 4-13　　特种车辆配置

| 序号 | 名称 | | 规格、型号 | 单位 | 数量 | 备注 |
|---|---|---|---|---|---|---|
| 1 | | 绝缘斗臂车 | 10kV | 辆 | 2 | |
| 2 | 特种车辆 | 吊车 | 8t | 辆 | 1 | 不小于 8t |
| 3 | | 移动库房车 | | 辆 | 1 | |

### 4.3.2 个人防护用具

个人防护用具如图 4-19 所示，配置详见表 4-14。

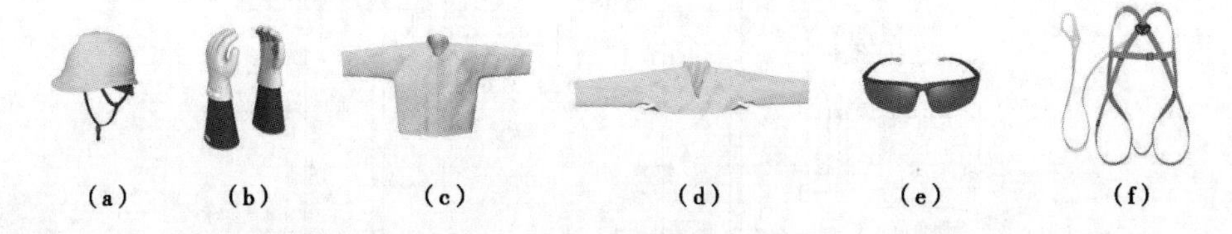

(a)　(b)　(c)　(d)　(e)　(f)

图 4-19　个人防护用具

(a) 绝缘安全帽；(b) 绝缘手套+羊皮或仿羊皮保护手套；(c) 绝缘服；(d) 绝缘披肩；(e) 护目镜；(f) 安全带

表 4-14　　个人防护用具配置

| 序号 | 名称 | | 规格、型号 | 单位 | 数量 | 备注 |
|---|---|---|---|---|---|---|
| 1 | | 绝缘安全帽 | 10kV | 顶 | 4 | |
| 2 | | 绝缘手套 | 10kV | 双 | 7 | 带防刺穿手套 |
| 3 | 个人防护用具 | 绝缘披肩（绝缘服） | 10kV | 件 | 4 | 根据现场情况选择 |
| 4 | | 护目镜 | | 副 | 4 | |
| 5 | | 安全带 | | 副 | 4 | 有后备保护绳 |

## 4.3.3 绝缘遮蔽用具

绝缘遮蔽用具如图4-20所示，配置详见表4-15。

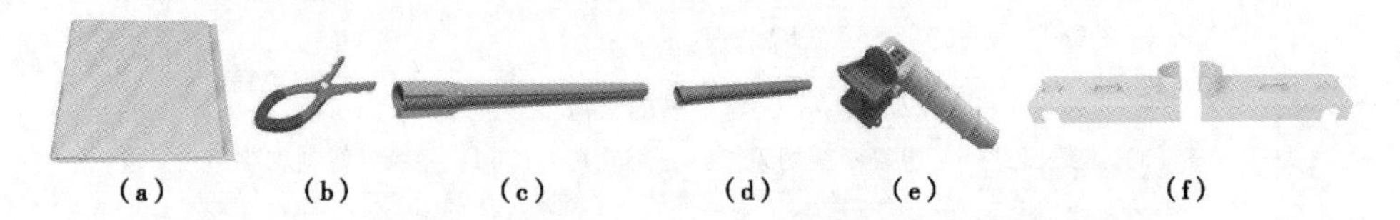

(a)　(b)　(c)　(d)　(e)　(f)

图4-20　绝缘遮蔽用具（根据实际工况选择）

(a) 绝缘毯；(b) 绝缘毯夹；(c) 导线遮蔽罩；(d) 引流线遮蔽罩；(e) 导线端头遮蔽罩；(f) 耐张横担遮蔽罩

表4-15　绝缘遮蔽用具配置

| 序号 | 名称 | | 规格、型号 | 单位 | 数量 | 备注 |
|---|---|---|---|---|---|---|
| 1 | 绝缘遮蔽用具 | 导线遮蔽罩 | 10kV | 根 | 18 | 不少于配备数量 |
| 2 | | 引线遮蔽罩 | 10kV | 根 | 6 | 不少于配备数量 |
| 3 | | 导线端头遮蔽罩 | 10kV | 根 | 6 | 备用 |
| 4 | | 耐张横担遮蔽罩（对称） | 10kV | 副 | 1 | 不少于配备数量 |
| 5 | | 绝缘毯 | 10kV | 块 | 22 | 不少于配备数量 |
| 6 | | 绝缘毯夹 | | | 44 | 不少于配备数量 |

## 4.3.4 绝缘工具和金属工具

绝缘工具如图4-21所示，金属工具如图4-22所示，配置详见表4-16。

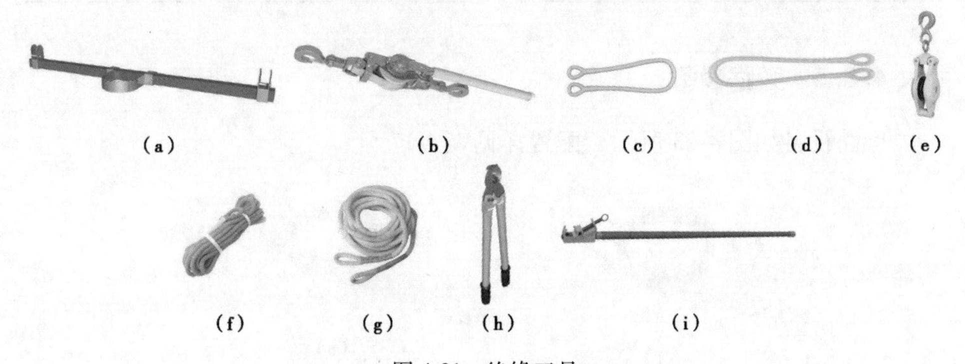

(a)　(b)　(c)　(d)　(e)

(f)　(g)　(h)　(i)

图4-21　绝缘工具

(a) 绝缘横担；(b) 软质绝缘紧线器；(c) 绝缘绳套（短）；(d) 绝缘保护绳（长）；(e) 绝缘滑车；(f) 绝缘传递绳1（防潮型）；(g) 绝缘传递绳2（普通型）；(h) 绝缘断线剪；(i) 绝缘锁杆

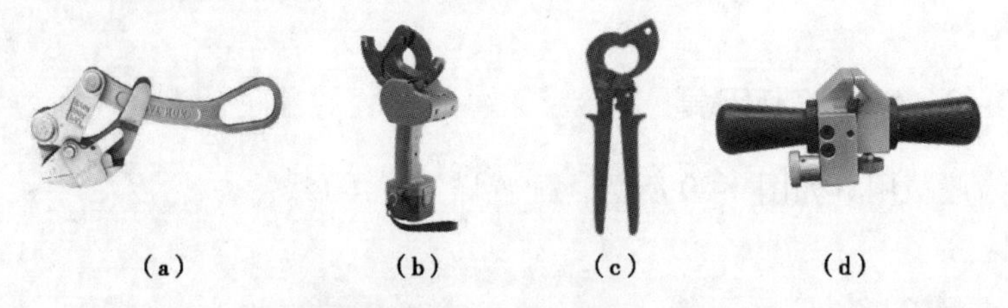


图 4-22　金属工具（根据实际工况选择）
（a）卡线器；（b）电动断线切刀；（c）棘轮切刀；（d）绝缘导线剥皮器

**表 4-16　　绝缘工具和金属工具配置**

| 序号 | 名称 | | 规格、型号 | 单位 | 数量 | 备注 |
|---|---|---|---|---|---|---|
| 1 | 绝缘工具 | 绝缘横担 | 10kV | 个 | 1 | 电杆用 |
| 2 | | 绝缘紧线器 | 10kV | 个 | 2 | 配卡线器 2 个 |
| 3 | | 绝缘绳套 | 10kV | 个 | 3 | 紧线器、保护绳等用 |
| 4 | | 绝缘保护绳 | 10kV | 根 | 2 | 配卡线器 2 个 |
| 5 | | 绝缘滑车 | 10kV | 个 | 1 | 根据实际情况选用 |
| 6 | | 绝缘传递绳 | 10kV | 根 | 1 | 根据实际情况选用 |
| 7 | | 绝缘断线剪 | 10kV | 个 | 1 | 根据实际情况选用 |
| 8 | | 绝缘锁杆 | 10kV | 根 | 1 | 根据实际情况选用 |
| 9 | 金属工具 | 卡线器 | | 个 | 4 | |
| 10 | | 电动断线切刀或棘轮切刀 | | 个 | 1 | 根据实际情况选用 |
| 11 | | 绝缘导线剥皮器 | | 个 | 1 | |

## 4.3.5　旁路设备

旁路设备如图 4-23 所示，配置详见表 4-17。

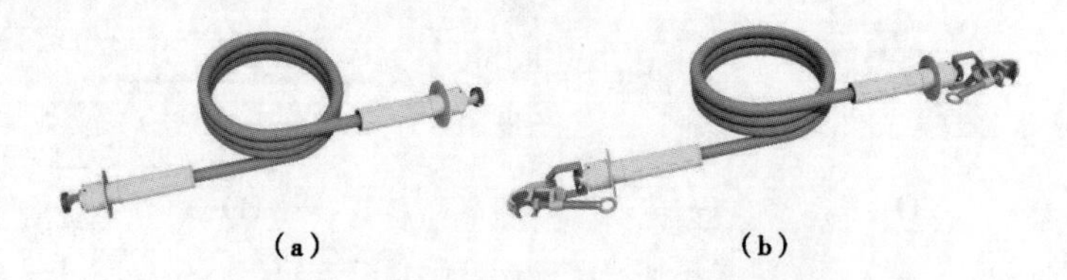


图 4-23　旁路设备（根据实际工况选择）
（a）绝缘引流线+旋转式紧固手柄；（b）绝缘引流线+马镫线夹

表 4-17　　旁路设备配置

| 序号 | 名称 | | 规格、型号 | 单位 | 数量 | 备注 |
|---|---|---|---|---|---|---|
| 1 | 旁路设备 | 绝缘引流线 | 10kV | 个 | 3 | 根据实际情况选择个数 |
| 2 | | 绝缘引流线支架 | 10kV | 根 | 1 | 绝缘横担（备用） |

## 4.3.6　仪器仪表

仪器仪表如图 4-24 所示，配置详见表 4-18。

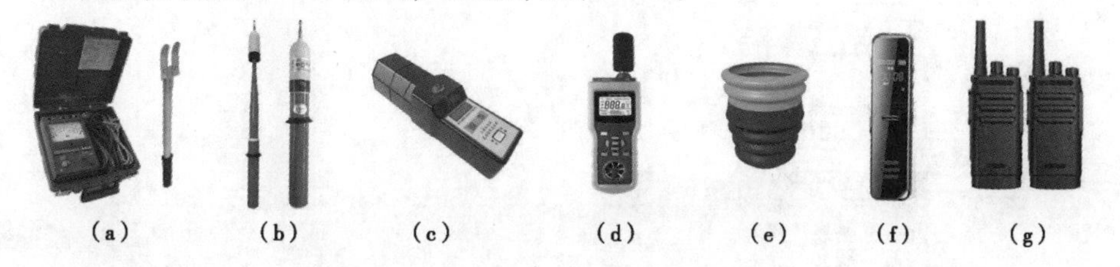

(a)　(b)　(c)　(d)　(e)　(f)　(g)

图 4-24　仪器仪表（根据实际工况选择）

（a）绝缘电阻测试仪+电极板；（b）高压验电器；（c）工频高压发生器；
（d）风速湿度仪；（e）绝缘手套充压气检测器；
（f）录音笔；（g）对讲机

表 4-18　　仪器仪表配置

| 序号 | 名称 | | 规格、型号 | 单位 | 数量 | 备注 |
|---|---|---|---|---|---|---|
| 1 | 仪器仪表 | 绝缘电阻测试仪 | 2500V 及以上 | 套 | 1 | 含电极板 |
| 2 | | 高压验电器 | 10kV | 个 | 1 | |
| 3 | | 工频高压发生器 | 10kV | 个 | 1 | |
| 4 | | 风速湿度仪 | | 个 | 1 | |
| 5 | | 绝缘手套充压气检测器 | | 个 | 1 | |
| 6 | | 录音笔 | 便携高清降噪 | 个 | 1 | 记录作业对话用 |
| 7 | | 对讲机 | 户外无线手持 | 台 | 3 | 杆上杆下监护指挥用 |

## 4.3.7　其他工具和材料

其他工具如图 4-25 所示，材料如图 4-26 所示，配置详见表 4-19。

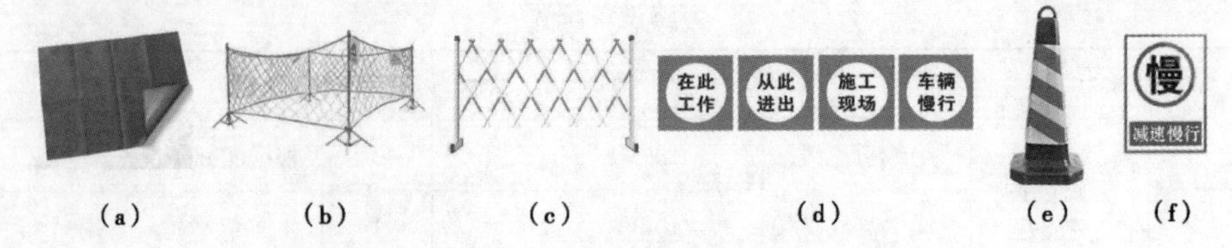


图 4-25　其他工具（根据实际工况选择）

（a）防潮苫布；（b）安全围栏 1；（c）安全围栏 2；（d）警告标志；
（e）路障；（f）减速慢行标志

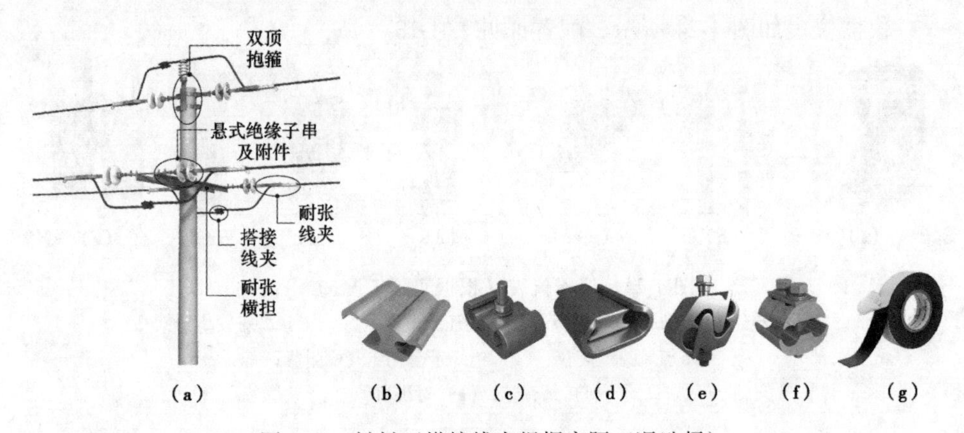


图 4-26　材料（搭接线夹根据实际工况选择）

（a）耐张横担+绝缘子串+线夹+双顶抱箍；（b）H 型线夹；（c）C 型线夹 1；
（d）C 型线夹 2；（e）螺栓 J 型线夹；（f）并沟线夹；（g）绝缘自粘带

**表 4-19　　　　其他工具和材料配置**

| 序号 | 名称 | | 规格、型号 | 单位 | 数量 | 备注 |
|---|---|---|---|---|---|---|
| 1 | 其他工具 | 防潮苫布 | | 块 | 若干 | 根据现场情况选择 |
| 2 | | 个人手工工具 | | 套 | 1 | 推荐用绝缘手工工具 |
| 3 | | 安全围栏 | | 组 | 1 | |
| 4 | | 警告标志 | | 套 | 1 | |
| 5 | | 路障和减速慢行标志 | | 组 | 1 | |
| 6 | 材料 | 搭接线夹 | | 个 | 3 | 根据现场情况选择型号 |
| 7 | | 耐张横担及附件 | | 套 | 1 | 根据现场情况确定规格 |
| 8 | | 悬式瓷绝缘子串及附件 | | 组 | 6 | 根据现场情况确定规格 |
| 9 | | 耐张线夹 | | 个 | 6 | |
| 10 | | 双顶抱箍 | | 个 | 1 | 原中相双顶抱箍 |
| 11 | | 绝缘自粘带 | | 卷 | 若干 | 恢复绝缘用 |

# 第5章　设备类项目装备配置

## 5.1　绝缘杆作业法（登杆作业）带电更换熔断器项目

本项目装备配置适用于如图5-1所示的直线分支杆（有熔断器，导线三角

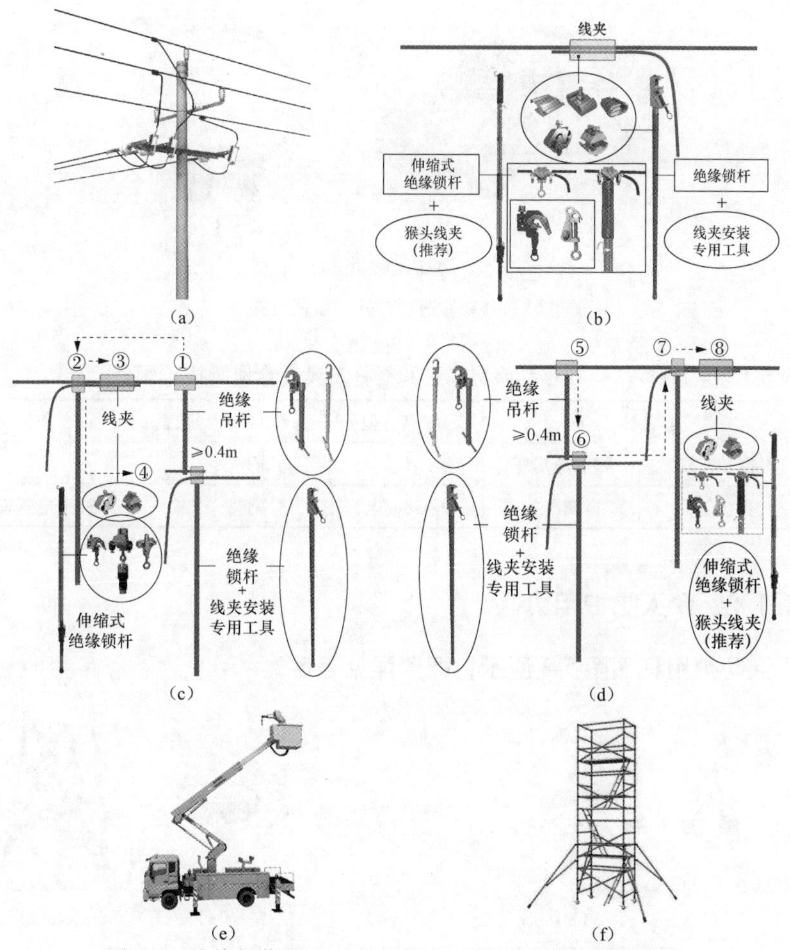


图5-1　绝缘杆作业法（登杆作业）带电更换熔断器项目

（a）杆头外形图；（b）线夹与绝缘锁杆外形图；（c）断开引线作业示意图；
（d）搭接引线作业示意图；（e）绝缘斗臂车的项目斗；（f）绝缘脚手架的项目平台
①—绝缘吊杆固定在主导线上；②—绝缘锁杆将待断引线固定；③—拆除线夹或剪断引线；
④—绝缘锁杆（连同引线）固定在绝缘吊杆的横向支杆上，三相引线按相同方法完成断开操作；
⑤—绝缘吊杆固定在主导线上；⑥—绝缘锁杆（连同引线）固定在绝缘吊杆的横向支杆上；
⑦—绝缘锁杆将待接引线固定在导线上；⑧—安装线夹，三相引线按相同方法完成搭接操作

排列），采用绝缘杆作业法（登杆作业）带电更换熔断器项目。生产中务必结合现场实际工况参照适用，推广绝缘手套作业法融合绝缘杆作业法在绝缘斗臂车的项目斗［见图 5-1（e）］或其他绝缘平台，如绝缘脚手架［见图 5-1（f）］上的应用。

### 5.1.1 特种车辆和登杆工具

特种车辆（移动库房车）和登杆工具（金属脚扣）如图 5-2 所示，配置详见表 5-1。

(a) (b)

图 5-2 特种车辆和登杆工具

(a) 移动库房车；(b) 金属脚扣

表 5-1 特种车辆（移动库房车）和登杆工具（金属脚扣）配置

| 序号 | 名称 | | 规格、型号 | 单位 | 数量 | 备注 |
|---|---|---|---|---|---|---|
| 1 | 特种车辆 | 移动库房车 | | 辆 | 1 | |
| 2 | 登杆工具 | 金属脚扣 | 12～18m 电杆用 | 副 | 2 | 杆上电工使用 |

### 5.1.2 个人防护用具

个人防护用具如图 5-3 所示，配置详见表 5-2。

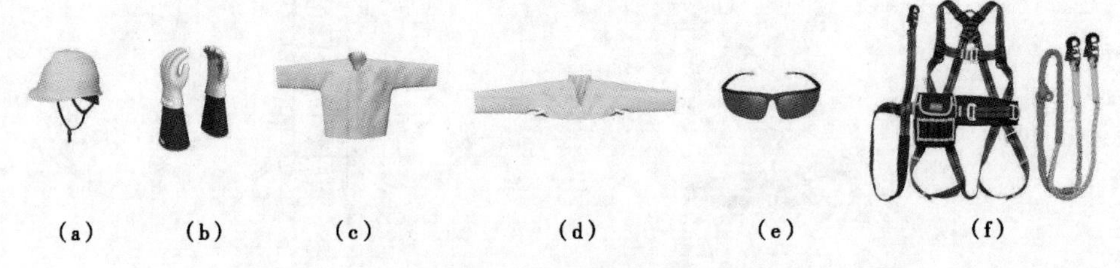

(a) (b) (c) (d) (e) (f)

图 5-3 个人防护用具

(a) 绝缘安全帽；(b) 绝缘手套+羊皮或仿羊皮保护手套；(c) 绝缘服；(d) 绝缘披肩；(e) 护目镜；(f) 安全带

表 5-2　　个人防护用具配置

| 序号 | 名称 | | 规格、型号 | 单位 | 数量 | 备注 |
|---|---|---|---|---|---|---|
| 1 | 个人防护用具 | 绝缘安全帽 | 10kV | 顶 | 2 | |
| 2 | | 绝缘手套 | 10kV | 双 | 2 | 带防刺穿手套 |
| 3 | | 绝缘披肩（绝缘服） | 10kV | 件 | 2 | 根据现场情况选择 |
| 4 | | 护目镜 | | 副 | 2 | |
| 5 | | 安全带 | | 副 | 2 | 有后备保护绳 |

### 5.1.3　绝缘遮蔽用具

绝缘遮蔽用具如图 5-4 所示，配置详见表 5-3。

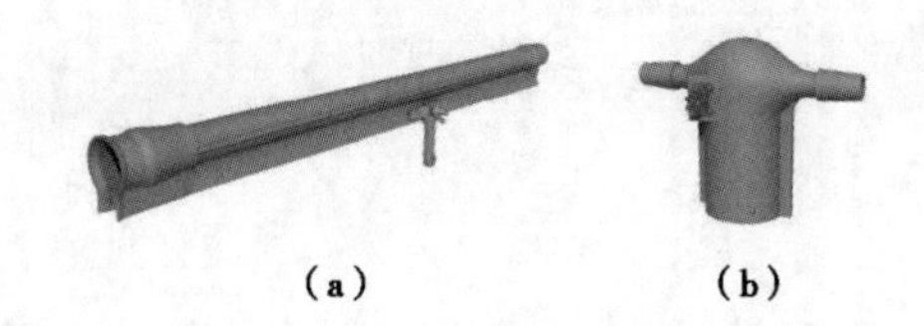


图 5-4　绝缘遮蔽用具
(a) 绝缘杆式导线遮蔽罩；(b) 绝缘杆式绝缘子遮蔽罩

表 5-3　　绝缘遮蔽用具配置

| 序号 | 名称 | | 规格、型号 | 单位 | 数量 | 备注 |
|---|---|---|---|---|---|---|
| 1 | 绝缘遮蔽用具 | 绝缘杆式导线遮蔽罩 | 10kV | 个 | 3 | 绝缘杆作业法用 |
| 2 | | 绝缘杆式绝缘子遮蔽罩 | 10kV | 个 | 2 | 绝缘杆作业法用 |

### 5.1.4　绝缘工具

绝缘工具如图 5-5 所示，配置详见表 5-4。

表 5-4　　绝缘工具配置

| 序号 | 名称 | | 规格、型号 | 单位 | 数量 | 备注 |
|---|---|---|---|---|---|---|
| 1 | 绝缘工具 | 绝缘滑车 | 10kV | 个 | 1 | 绝缘传递绳用 |
| 2 | | 绝缘绳套 | 10kV | 个 | 1 | 挂滑车用 |
| 3 | | 绝缘传递绳 | 10kV | 根 | 1 | $\phi$12mm×15m |
| 4 | | 绝缘（双头）锁杆 | 10kV | 个 | 1 | 可同时锁定两根导线 |
| 5 | | 伸缩式绝缘锁杆 | 10kV | 个 | 1 | 射枪式操作杆 |
| 6 | | 绝缘吊杆 | 10kV | 个 | 3 | 临时固定引线用 |

续表

| 序号 | 名称 | | 规格、型号 | 单位 | 数量 | 备注 |
|---|---|---|---|---|---|---|
| 7 | 绝缘工具 | 绝缘操作杆 | 10kV | 个 | 1 | 拉合熔断器用 |
| 8 | | 绝缘测量杆 | 10kV | 个 | 1 | |
| 9 | | 绝缘断线剪 | 10kV | 个 | 1 | |
| 10 | | 绝缘导线剥皮器 | 10kV | 套 | 1 | 绝缘杆作业法用 |
| 11 | | 线夹装拆工具 | 10kV | 套 | 1 | 根据线夹类型选择 |
| 12 | | 绝缘支架 | | 个 | 1 | 放置绝缘工具用 |

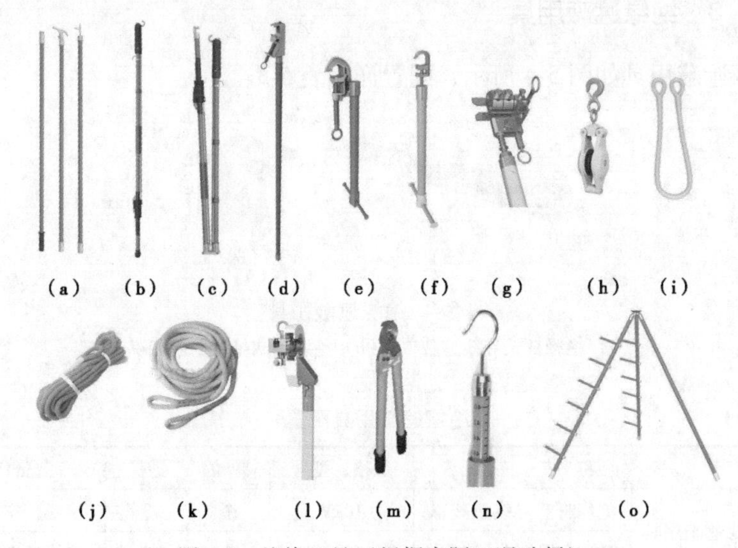


图 5-5 绝缘工具（根据实际工况选择）

(a) 绝缘操作杆；(b) 伸缩式绝缘锁杆（射枪式操作杆）；
(c) 伸缩式折叠绝缘锁杆（射枪式操作杆）；(d) 绝缘（双头）锁杆；(e) 绝缘吊杆 1；
(f) 绝缘吊杆 2；(g) 并沟线夹安装专用工具（根据线夹选择）；(h) 绝缘滑车；(i) 绝缘绳套；
(j) 绝缘传递绳 1（防潮型）；(k) 绝缘传递绳 2（普通型）；(l) 绝缘导线剥皮器（推荐使用电动式）；
(m) 绝缘断线剪；(n) 绝缘测量杆；(o) 绝缘工具支架

## 5.1.5 金属工具

金属工具如图 5-6 所示，配置详见表 5-5。

表 5-5 金属工具配置

| 序号 | 名称 | | 规格、型号 | 单位 | 数量 | 备注 |
|---|---|---|---|---|---|---|
| 1 | 金属工具 | 电动断线切刀 | | 个 | 1 | 地面电工用 |
| 2 | | 液压钳 | | 个 | 1 | 压接设备线夹用 |

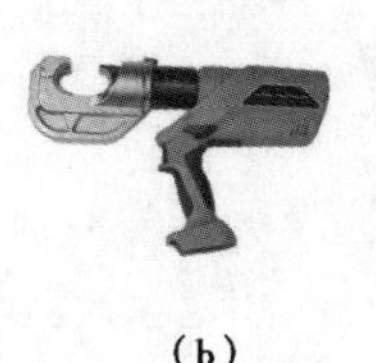


图 5-6　金属工具（根据实际工况选择）

（a）电动断线切刀；（b）液压钳

### 5.1.6　仪器仪表

仪器仪表如图 5-7 所示，配置详见表 5-6。

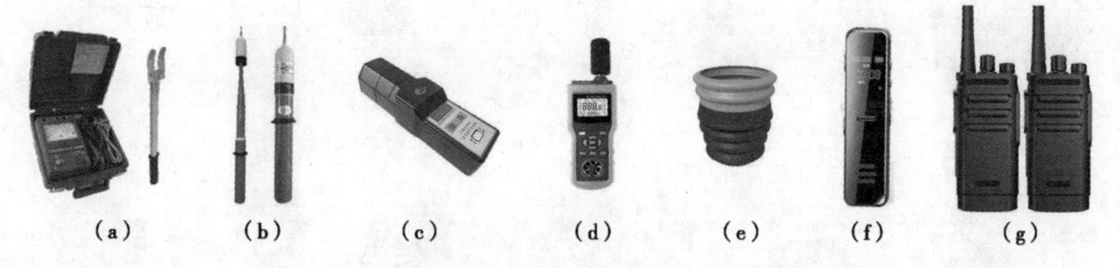


图 5-7　仪器仪表（根据实际工况选择）

（a）绝缘电阻测试仪+电极板；（b）高压验电器；（c）工频高压发生器；

（d）风速湿度仪；（e）绝缘手套充压气检测器；

（f）录音笔；（g）对讲机

表 5-6　　仪器仪表配置

| 序号 | 名称 | | 规格、型号 | 单位 | 数量 | 备注 |
|---|---|---|---|---|---|---|
| 1 | 仪器仪表 | 绝缘电阻测试仪 | 2500V 及以上 | 套 | 1 | 含电极板 |
| 2 | | 高压验电器 | 10kV | 个 | 1 | |
| 3 | | 工频高压发生器 | 10kV | 个 | 1 | |
| 4 | | 风速湿度仪 | | 个 | 1 | |
| 5 | | 绝缘手套充压气检测器 | | 个 | 1 | |
| 6 | | 录音笔 | 便携高清降噪 | 个 | 1 | 记录作业对话用 |
| 7 | | 对讲机 | 户外无线手持 | 台 | 3 | 杆上杆下监护指挥用 |

### 5.1.7　其他工具和材料

其他工具如图 5-8 所示，材料如图 5-9 所示，配置详见表 5-7。

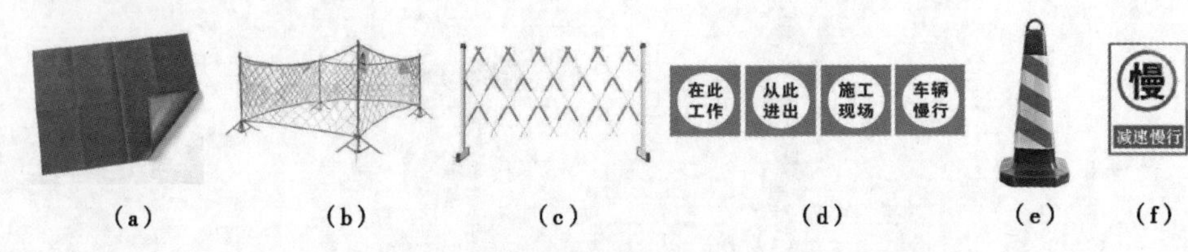


图 5-8　其他工具（根据实际工况选择，线夹推荐猴头线夹）

（a）防潮苫布；（b）安全围栏 1；（c）安全围栏 2；（d）警告标志；
（e）路障；（f）减速慢行标志

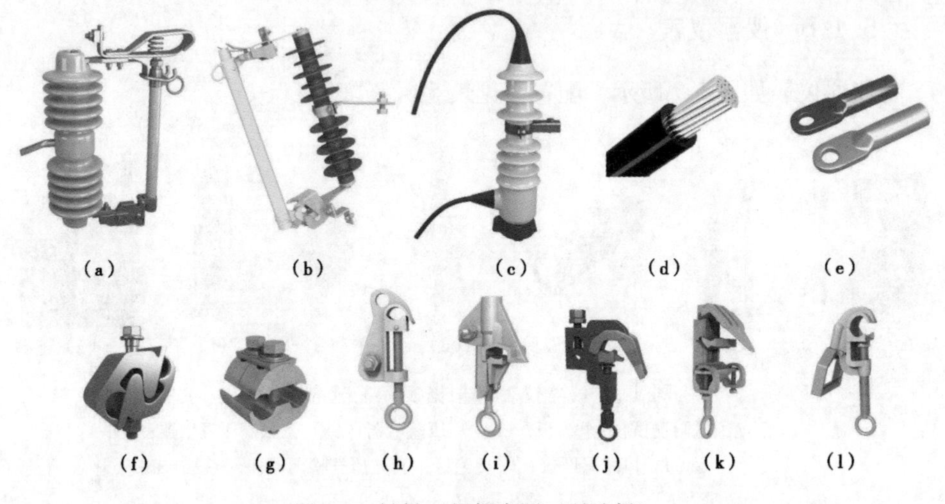

图 5-9　材料（根据实际工况选择）

（a）瓷绝缘支柱熔断器；（b）复合绝缘支柱熔断器；（c）全绝缘封闭型熔断器；
（d）制作引线用绝缘导线；（e）液压型铜铝设备线夹；（f）螺栓 J 型线夹；
（g）并沟线夹；（h）猴头线夹型式 1；（i）猴头线夹型式 2；
（j）猴头线夹型式 3；（k）猴头线夹型式 4；（l）马镫线夹型式

表 5-7　其他工具和材料配置

| 序号 | 名称 | | 规格、型号 | 单位 | 数量 | 备注 |
|---|---|---|---|---|---|---|
| 1 | 其他工具 | 防潮苫布 | | 块 | 若干 | 根据现场情况选择 |
| 2 | | 个人手工工具 | | 套 | 1 | 推荐用绝缘手工工具 |
| 3 | | 安全围栏 | | 组 | 1 | |
| 4 | | 警告标志 | | 套 | 1 | |
| 5 | | 路障和减速慢行标志 | | 组 | 1 | |
| 6 | 材料 | 跌落式熔断器 | | 个 | 3 | 根据现场情况选择型号 |
| 7 | | 绝缘导线 | | 米 | 若干 | 制作引线 |
| 8 | | 设备线夹 | | 个 | 若干 | 制作开关引线端子用 |
| 9 | | 搭接线夹 | | 个 | 3 | 根据现场情况选择型号 |

## 5.2　绝缘手套作业法（绝缘斗臂车作业）带电更换熔断器项目1

本项目装备配置适用于如图5-10所示的直线分支杆（有熔断器，导线三角排列），采用绝缘手套作业法（绝缘斗臂车作业）带电更换熔断器项目1。生产中务必结合现场实际工况参照适用，推广绝缘手套作业法融合绝缘杆作业法在绝缘斗臂车的项目斗或其他绝缘平台，如绝缘脚手架上的应用。

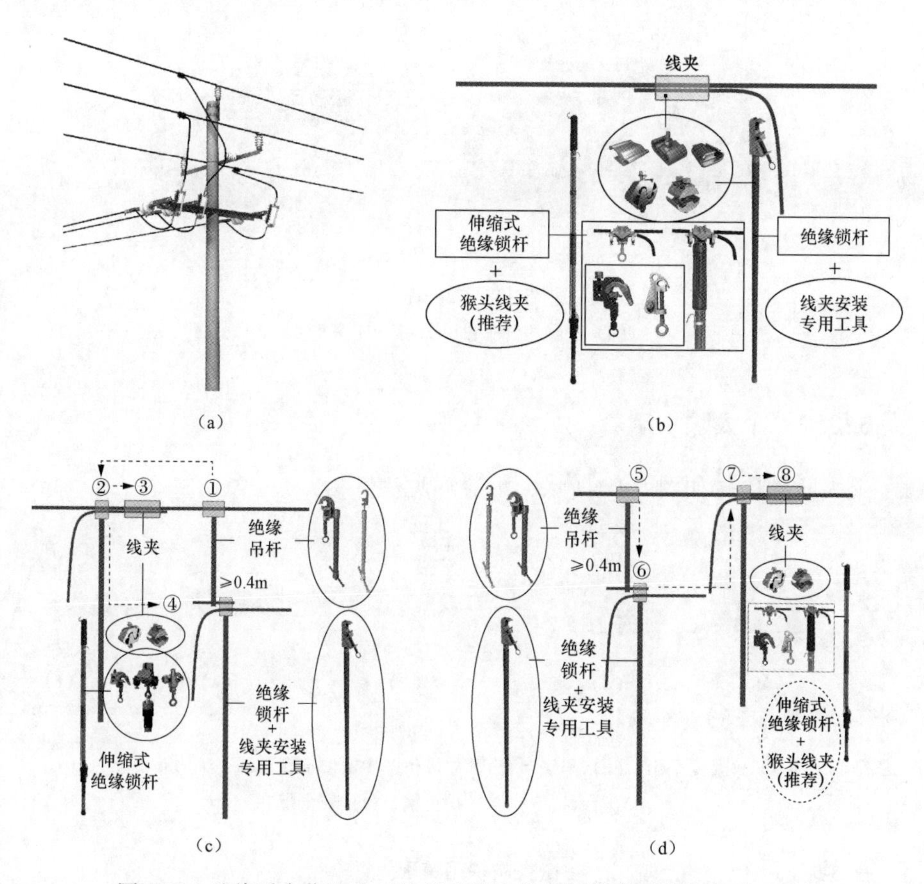


图5-10　绝缘手套作业法（绝缘斗臂车作业）带电更换熔断器项目1

（a）杆头外形图；（b）线夹与绝缘锁杆外形图；

（c）断开引线作业示意图；（d）搭接引线作业示意图

①—绝缘吊杆固定在主导线上；②—绝缘锁杆将待断引线固定；③—拆除线夹或剪断引线；
④—绝缘锁杆（连同引线）固定在绝缘吊杆的横向支杆上，三相引线按相同方法完成断开操作；
⑤—绝缘吊杆固定在主导线上；⑥—绝缘锁杆（连同引线）固定在绝缘吊杆的横向支杆上；
⑦—绝缘锁杆将待接引线固定在导线上；⑧—安装线夹，三相引线按相同方法完成搭接操作

### 5.2.1 特种车辆

特种车辆如图 5-11 所示，配置详见表 5-8。

表 5-8 特种车辆配置

| 序号 | 名称 | | 规格、型号 | 单位 | 数量 | 备注 |
|---|---|---|---|---|---|---|
| 1 | 特种车辆 | 绝缘斗臂车 | 10kV | 辆 | 1 | |
| 2 | | 移动库房车 | | 辆 | 1 | |

(a)　(b)

图 5-11 特种车辆

(a) 绝缘斗臂车；(b) 移动库房车

### 5.2.2 个人防护用具

个人防护用具如图 5-12 所示，配置详见表 5-9。

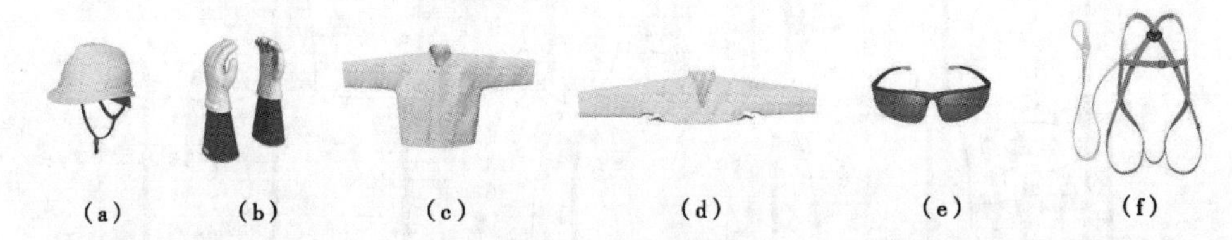

(a)　(b)　(c)　(d)　(e)　(f)

图 5-12 个人防护用具

(a) 绝缘安全帽；(b) 绝缘手套+羊皮或仿羊皮保护手套；(c) 绝缘服；(d) 绝缘披肩；(e) 护目镜；(f) 安全带

表 5-9 个人防护用具配置

| 序号 | 名称 | | 规格、型号 | 单位 | 数量 | 备注 |
|---|---|---|---|---|---|---|
| 1 | 个人防护用具 | 绝缘安全帽 | 10kV | 顶 | 2 | |
| 2 | | 绝缘手套 | 10kV | 双 | 2 | 带防刺穿手套 |
| 3 | | 绝缘披肩（绝缘服） | 10kV | 件 | 2 | 根据现场情况选择 |
| 4 | | 护目镜 | | 副 | 2 | |
| 5 | | 安全带 | | 副 | 2 | 有后备保护绳 |

### 5.2.3　绝缘遮蔽用具

绝缘遮蔽用具如图 5-13 所示，配置详见表 5-10。

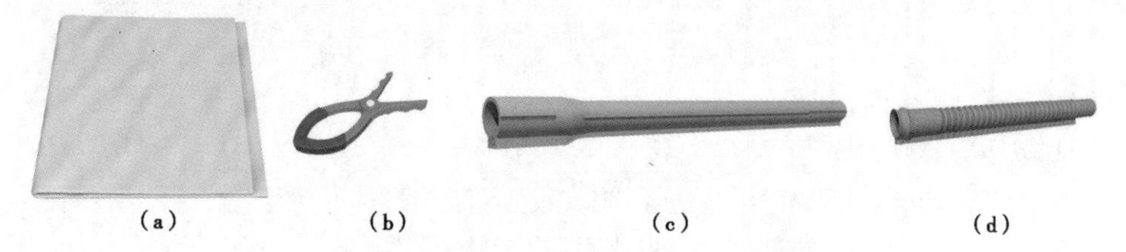

（a）　（b）　（c）　（d）

图 5-13　绝缘遮蔽用具（根据实际工况选择）
（a）绝缘毯；（b）绝缘毯夹；（c）导线遮蔽罩；
（d）引线遮蔽罩（根据实际情况选用）

表 5-10　绝缘遮蔽用具配置

| 序号 | 名称 | | 规格、型号 | 单位 | 数量 | 备注 |
|---|---|---|---|---|---|---|
| 1 | 绝缘遮蔽用具 | 导线遮蔽罩 | 10kV | 根 | 6 | 不少于配备数量 |
| 2 | | 引线遮蔽罩 | 10kV | 根 | 6 | 根据实际情况选用 |
| 3 | | 绝缘毯 | 10kV | 块 | 8 | 不少于配备数量 |
| 4 | | 绝缘毯夹 | | 个 | 16 | 不少于配备数量 |

### 5.2.4　绝缘工具

绝缘工具如图 5-14 所示，配置详见表 5-11。

表 5-11　绝缘工具配置

| 序号 | 名称 | | 规格、型号 | 单位 | 数量 | 备注 |
|---|---|---|---|---|---|---|
| 1 | 绝缘工具 | 绝缘（双头）锁杆 | 10kV | 个 | 1 | 可同时锁定两根导线 |
| 2 | | 伸缩式绝缘锁杆 | 10kV | 个 | 1 | 射枪式操作杆 |
| 3 | | 绝缘吊杆 | 10kV | 个 | 3 | 临时固定引线用 |
| 4 | | 绝缘操作杆 | 10kV | 个 | 1 | 拉合熔断器用 |
| 5 | | 绝缘测量杆 | 10kV | 个 | 1 | |
| 6 | | 绝缘断线剪 | 10kV | 个 | 1 | 根据实际情况选用 |
| 7 | | 绝缘导线剥皮器 | 10kV | 套 | 1 | 根据实际情况选用 |
| 8 | | 线夹装拆工具 | 10kV | 套 | 1 | 根据线夹类型选择 |

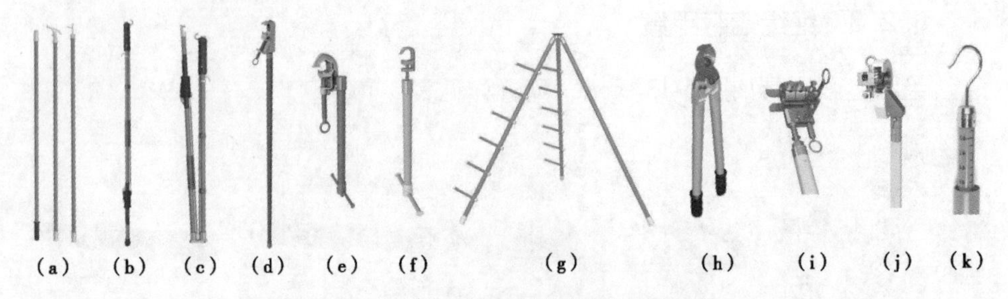

图 5-14　绝缘工具（根据实际工况选择）

（a）绝缘操作杆；（b）伸缩式绝缘锁杆（射枪式操作杆）；
（c）伸缩式折叠绝缘锁杆（射枪式操作杆）；（d）绝缘（双头）锁杆；
（e）绝缘吊杆 1；（f）绝缘吊杆 2；（g）绝缘工具支架；
（h）绝缘断线剪；（i）并沟线夹安装专用工具（根据线夹选择）；
（j）绝缘导线剥皮器（推荐使用电动式）；（k）绝缘测量杆

## 5.2.5　金属工具

金属工具如图 5-15 所示，配置详见表 5-12。

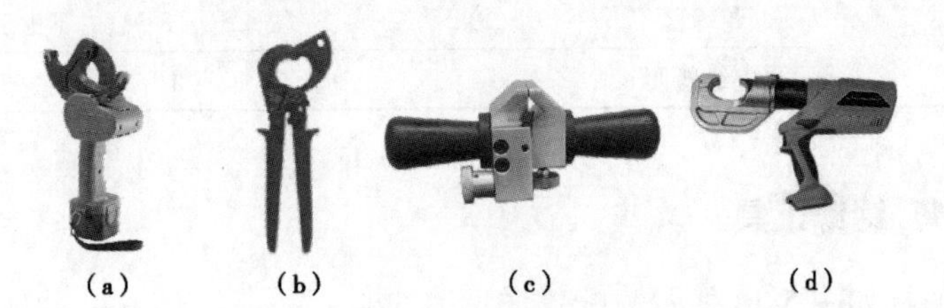

图 5-15　金属工具（根据实际工况选择）

（a）电动断线切刀；（b）棘轮切刀；（c）绝缘导线剥皮器；（d）液压钳

表 5-12　　金属工具配置

| 序号 | 名称 | | 规格、型号 | 单位 | 数量 | 备注 |
|---|---|---|---|---|---|---|
| 1 | 金属工具 | 电动断线切刀或棘轮切刀 | | 个 | 1 | 根据实际情况选用 |
| 2 | | 绝缘导线剥皮器 | | 个 | 1 | |
| 3 | | 压接用液压钳 | | 个 | 1 | 根据实际情况选用 |

## 5.2.6　仪器仪表

仪器仪表如图 5-16 所示，配置详见表 5-13。

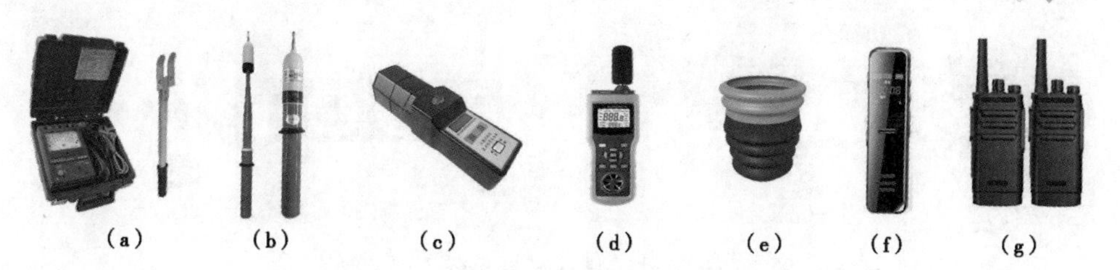


图5-16　仪器仪表（根据实际工况选择）

（a）绝缘电阻测试仪+电极板；（b）高压验电器；（c）工频高压发生器；
（d）风速湿度仪；（e）绝缘手套充压气检测器；
（f）录音笔；（g）对讲机

表5-13　仪器仪表配置

| 序号 | 名称 | | 规格、型号 | 单位 | 数量 | 备注 |
|---|---|---|---|---|---|---|
| 1 | 仪器仪表 | 绝缘电阻测试仪 | 2500V及以上 | 套 | 1 | 含电极板 |
| 2 | | 高压验电器 | 10kV | 个 | 1 | |
| 3 | | 工频高压发生器 | 10kV | 个 | 1 | |
| 4 | | 风速湿度仪 | | 个 | 1 | |
| 5 | | 绝缘手套充压气检测器 | | 个 | 1 | |
| 6 | | 录音笔 | 便携高清降噪 | 个 | 1 | 记录作业对话用 |
| 7 | | 对讲机 | 户外无线手持 | 台 | 3 | 杆上杆下监护指挥用 |

## 5.2.7　其他工具和材料

其他工具如图5-17所示，材料如图5-18所示，配置详见表5-14。

表5-14　其他工具和材料配置

| 序号 | 名称 | | 规格、型号 | 单位 | 数量 | 备注 |
|---|---|---|---|---|---|---|
| 1 | 其他工具 | 防潮苫布 | | 块 | 若干 | 根据现场情况选择 |
| 2 | | 个人手工工具 | | 套 | 1 | 推荐用绝缘手工工具 |
| 3 | | 安全围栏 | | 组 | 1 | |
| 4 | | 警告标志 | | 套 | 1 | |
| 5 | | 路障和减速慢行标志 | | 组 | 1 | |
| 6 | 材料 | 跌落式熔断器 | | 个 | 3 | 根据现场情况选择型号 |
| 7 | | 绝缘导线 | | m | 若干 | 制作引线 |
| 8 | | 设备线夹 | | 个 | 若干 | 制作开关引线端子用 |
| 9 | | 搭接线夹 | | 个 | 3 | 根据现场情况选择型号 |

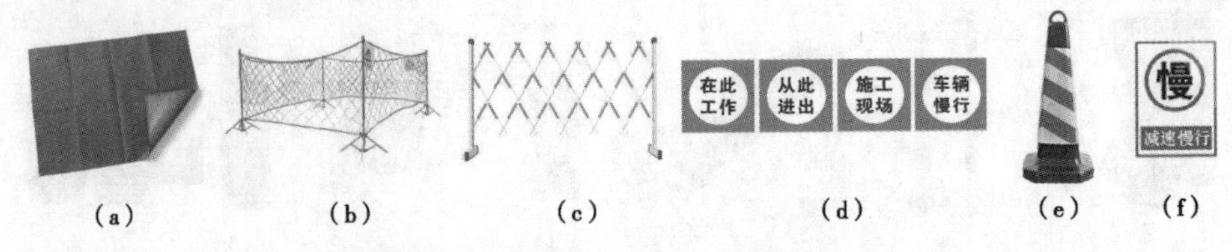


图 5-17　其他工具（根据实际工况选择）

（a）防潮苫布；（b）安全围栏 1；（c）安全围栏 2；（d）警告标志；
（e）路障；（f）减速慢行标志

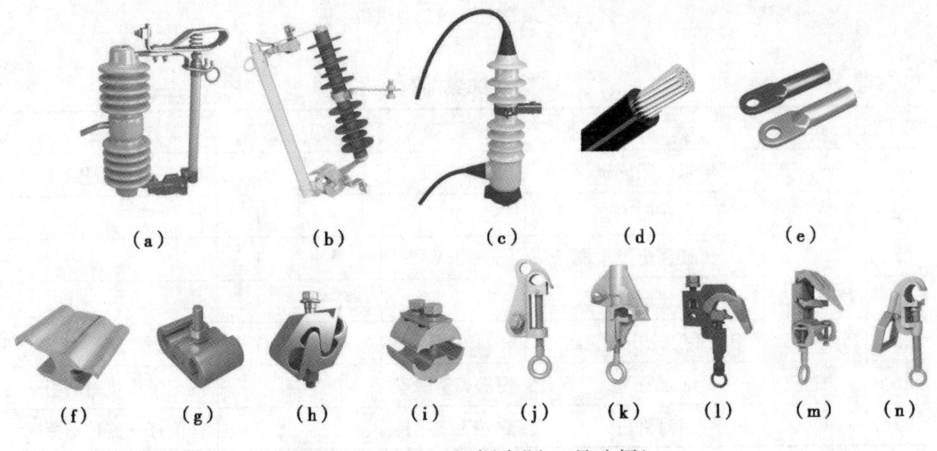


图 5-18　材料（根据实际工况选择）

（a）瓷绝缘支柱熔断器；（b）复合绝缘支柱熔断器；（c）全绝缘封闭型熔断器；
（d）制作引线用绝缘导线；（e）液压型铜铝设备线夹；（f）H 型线夹；（g）C 型线夹；
（h）螺栓 J 型线夹；（i）并沟线夹；（j）猴头线夹型式 1；（k）猴头线夹型式 2；
（l）猴头线夹型式 3；（m）猴头线夹型式 4；（n）马镫线夹型式

## 5.3　绝缘手套作业法（绝缘斗臂车作业）带电更换熔断器项目 2

本项目装备配置适用于如图 5-19 所示的变台杆（有熔断器，导线三角排列），采用绝缘手套作业法（绝缘斗臂车作业）带电更换熔断器项目 2。生产中务必结合现场实际工况参照适用，推广绝缘手套作业法融合绝缘杆作业法在绝缘斗臂车的项目斗或其他绝缘平台，如绝缘脚手架上的应用。

### 5.3.1　特种车辆

特种车辆如图 5-20 所示，配置详见表 5-15。

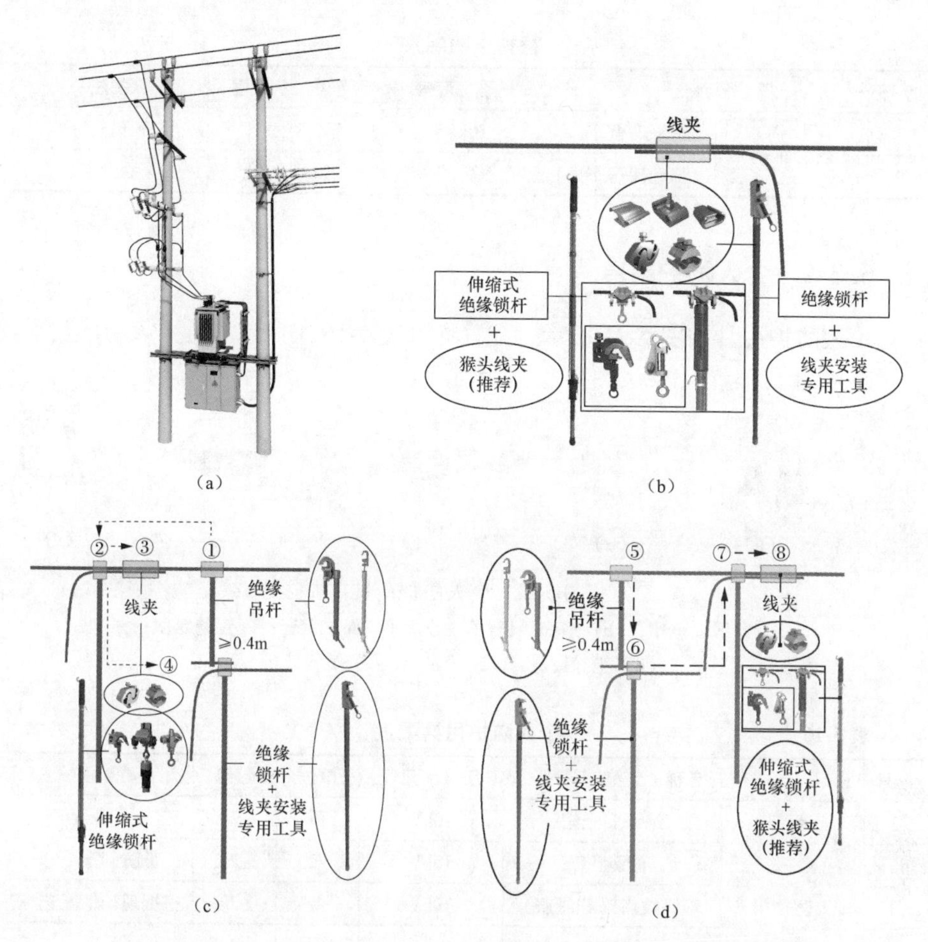


图 5-19　绝缘手套作业法（绝缘斗臂车作业）带电更换熔断器项目 2

(a) 变台杆外形图；(b) 线夹与绝缘锁杆外形图；(c) 断开引线作业示意图；(d) 搭接引线作业示意图

①—绝缘吊杆固定在主导线上；②—绝缘锁杆将待断引线固定；③—拆除线夹或剪断引线；
④—绝缘锁杆（连同引线）固定在绝缘吊杆的横向支杆上，三相引线按相同方法完成断开操作；
⑤—绝缘吊杆固定在主导线上；⑥—绝缘锁杆（连同引线）固定在绝缘吊杆的横向支杆上；
⑦—绝缘锁杆将待接引线固定在导线上；⑧—安装线夹，三相引线按相同方法完成搭接操作

图 5-20　特种车辆

(a) 绝缘斗臂车；(b) 移动库房车

表 5-15　　特种车辆配置

| 序号 | 名称 | | 规格、型号 | 单位 | 数量 | 备注 |
| --- | --- | --- | --- | --- | --- | --- |
| 1 | 特种车辆 | 绝缘斗臂车 | 10kV | 辆 | 1 | |
| 2 | | 移动库房车 | | 辆 | 1 | |

## 5.3.2　个人防护用具

个人防护用具如图 5-21 所示，配置详见表 5-16。

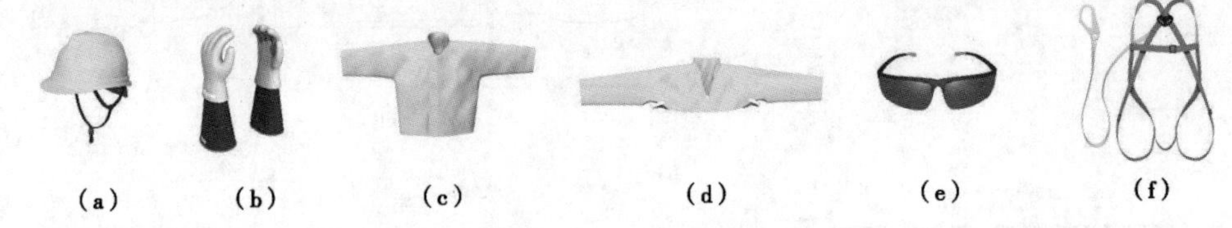

图 5-21　个人防护用具

（a）绝缘安全帽；（b）绝缘手套+羊皮或仿羊皮保护手套；（c）绝缘服；（d）绝缘披肩；（e）护目镜；（f）安全带

表 5-16　　个人防护用具配置

| 序号 | 名称 | | 规格、型号 | 单位 | 数量 | 备注 |
| --- | --- | --- | --- | --- | --- | --- |
| 1 | 个人防护用具 | 绝缘安全帽 | 10kV | 顶 | 2 | |
| 2 | | 绝缘手套 | 10kV | 双 | 2 | 带防刺穿手套 |
| 3 | | 绝缘披肩（绝缘服） | 10kV | 件 | 2 | 根据现场情况选择 |
| 4 | | 护目镜 | | 副 | 2 | |
| 5 | | 安全带 | | 副 | 2 | 有后备保护绳 |

## 5.3.3　绝缘遮蔽用具

绝缘遮蔽用具如图 5-22 所示，配置详见表 5-17。

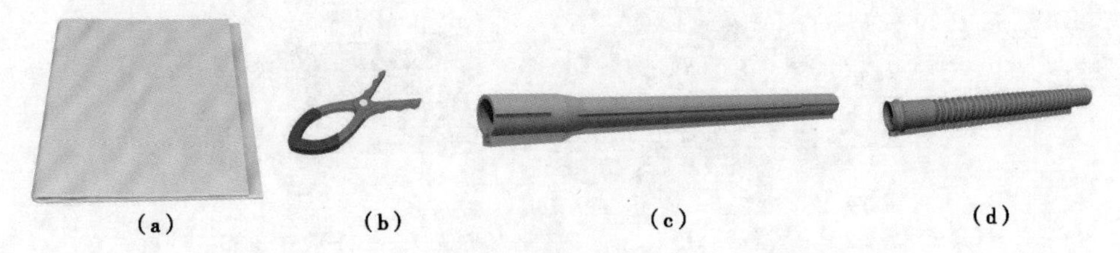

图 5-22　绝缘遮蔽用具（根据实际工况选择）

（a）绝缘毯；（b）绝缘毯夹；（c）导线遮蔽罩；（d）引线遮蔽罩（根据实际情况选用）

表 5-17 绝缘遮蔽用具配置

| 序号 | 名称 | | 规格、型号 | 单位 | 数量 | 备注 |
|---|---|---|---|---|---|---|
| 1 | 绝缘遮蔽用具 | 导线遮蔽罩 | 10kV | 根 | 6 | 不少于配备数量 |
| 2 | | 引线遮蔽罩 | 10kV | 根 | 6 | 根据实际情况选用 |
| 3 | | 绝缘毯 | 10kV | 块 | 8 | 不少于配备数量 |
| 4 | | 绝缘毯夹 | | 个 | 16 | 不少于配备数量 |

## 5.3.4 绝缘工具

绝缘工具如图 5-23 所示，配置详见表 5-18。

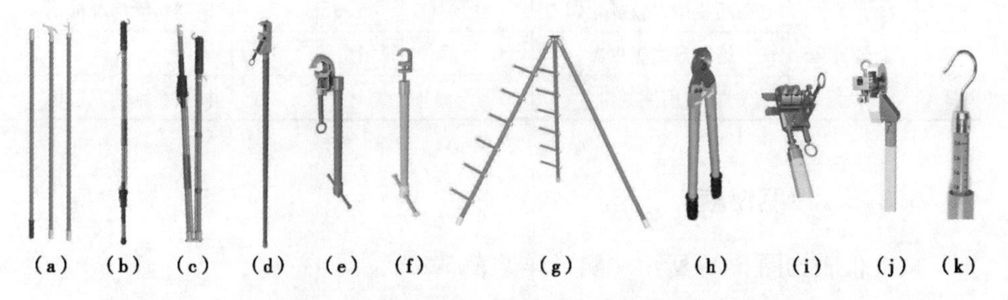


图 5-23 绝缘工具（根据实际工况选择）

(a) 绝缘操作杆；(b) 伸缩式绝缘锁杆（射枪式操作杆）；(c) 伸缩式折叠绝缘锁杆（射枪式操作杆）；(d) 绝缘（双头）锁杆；(e) 绝缘吊杆 1；(f) 绝缘吊杆 2；(g) 绝缘工具支架；(h) 绝缘断线剪；(i) 并沟线夹安装专用工具（根据线夹选择）；(j) 绝缘导线剥皮器（推荐使用电动式）；(k) 绝缘测量杆

表 5-18 绝缘工具配置

| 序号 | 名称 | | 规格、型号 | 单位 | 数量 | 备注 |
|---|---|---|---|---|---|---|
| 1 | 绝缘工具 | 绝缘（双头）锁杆 | 10kV | 个 | 1 | 可同时锁定两根导线 |
| 2 | | 伸缩式绝缘锁杆 | 10kV | 个 | 1 | 射枪式操作杆 |
| 3 | | 绝缘吊杆 | 10kV | 个 | 3 | 临时固定引线用 |
| 4 | | 绝缘操作杆 | 10kV | 个 | 1 | 拉合熔断器用 |
| 5 | | 绝缘测量杆 | 10kV | 个 | 1 | |
| 6 | | 绝缘断线剪 | 10kV | 个 | 1 | 根据实际情况选用 |
| 7 | | 绝缘导线剥皮器 | 10kV | 套 | 1 | 根据实际情况选用 |
| 8 | | 线夹装拆工具 | 10kV | 套 | 1 | 根据线夹类型选择 |

## 5.3.5 金属工具

金属工具如图 5-24 所示，配置详见表 5-19。

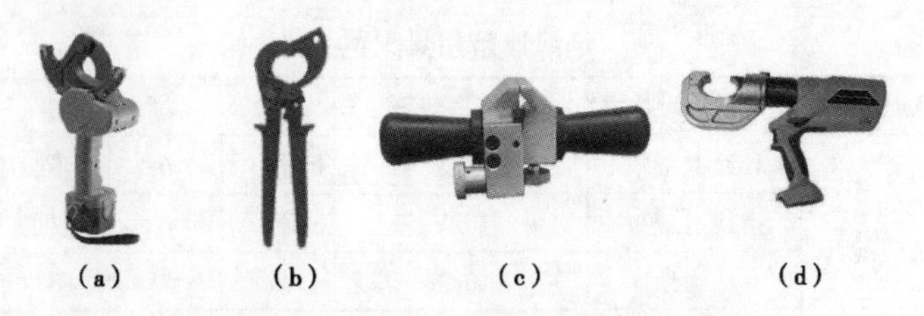


图 5-24 金属工具（根据实际工况选择）

（a）电动断线切刀；（b）棘轮切刀；（c）绝缘导线剥皮器；（d）液压钳

**表 5-19　　　　金属工具配置**

| 序号 | 名称 | | 规格、型号 | 单位 | 数量 | 备注 |
|---|---|---|---|---|---|---|
| 1 | 金属工具 | 电动断线切刀或棘轮切刀 | | 个 | 1 | 根据实际情况选用 |
| 2 | | 绝缘导线剥皮器 | | 个 | 1 | |
| 3 | | 压接用液压钳 | | 个 | 1 | 根据实际情况选用 |

## 5.3.6 仪器仪表

仪器仪表如图 5-25 所示，配置详见表 5-20。

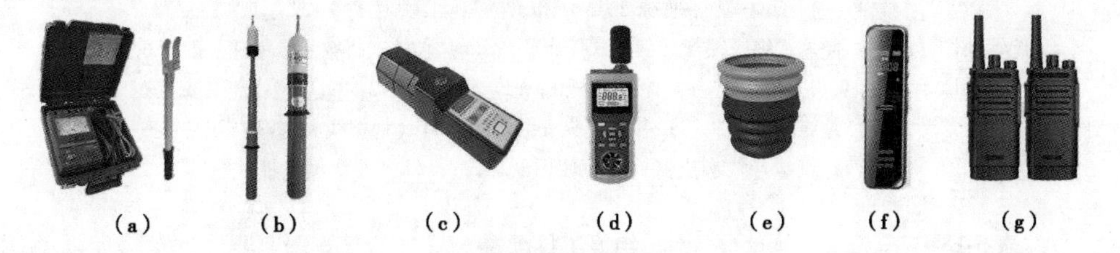


图 5-25 仪器仪表（根据实际工况选择）

（a）绝缘电阻测试仪+电极板；（b）高压验电器；（c）工频高压发生器；（d）风速湿度仪；（e）绝缘手套充压气检测器；（f）录音笔；（g）对讲机

**表 5-20　　　　仪器仪表配置**

| 序号 | 名称 | | 规格、型号 | 单位 | 数量 | 备注 |
|---|---|---|---|---|---|---|
| 1 | 仪器仪表 | 绝缘电阻测试仪 | 2500V 及以上 | 套 | 1 | 含电极板 |
| 2 | | 高压验电器 | 10kV | 个 | 1 | |
| 3 | | 工频高压发生器 | 10kV | 个 | 1 | |
| 4 | | 风速湿度仪 | | 个 | 1 | |
| 5 | | 绝缘手套充压气检测器 | | 个 | 1 | |
| 6 | | 录音笔 | 便携高清降噪 | 个 | 1 | 记录作业对话用 |
| 7 | | 对讲机 | 户外无线手持 | 台 | 3 | 杆上杆下监护指挥用 |

## 5.3.7　其他工具和材料

其他工具如图5-26所示，材料如图5-27所示，配置详见表5-21。

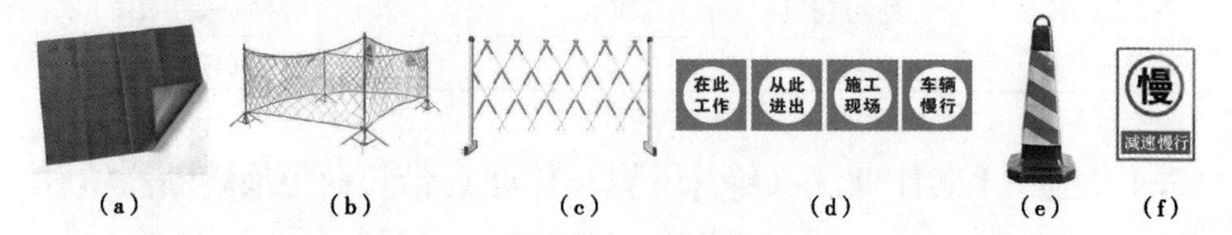


图5-26　其他工具（根据实际工况选择）

(a) 防潮苫布；(b) 安全围栏1；(c) 安全围栏2；(d) 警告标志；
(e) 路障；(f) 减速慢行标志

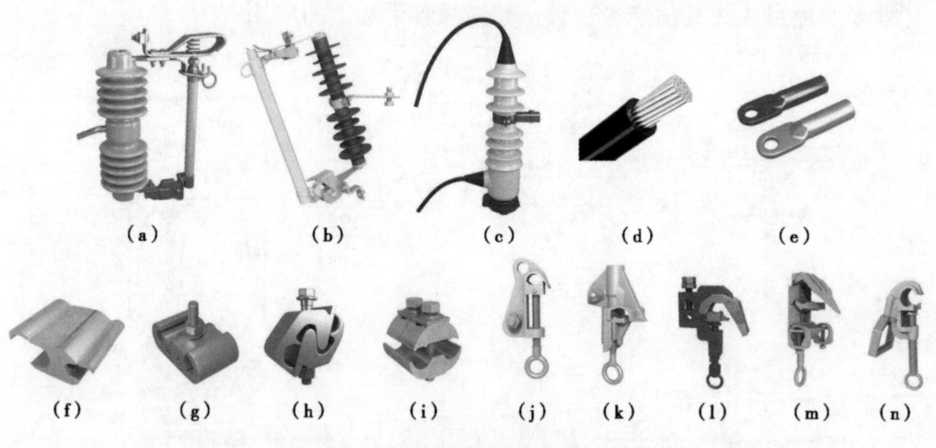


图5-27　材料（根据实际工况选择）

(a) 瓷绝缘支柱熔断器；(b) 复合绝缘支柱熔断器；(c) 全绝缘封闭型熔断器；
(d) 制作引线用绝缘导线；(e) 液压型铜铝设备线夹；(f) H型线夹；(g) C型线夹；
(h) 螺栓J型线夹；(i) 并沟线夹；(j) 猴头线夹型式1；(k) 猴头线夹型式2；
(l) 猴头线夹型式3；(m) 猴头线夹型式4；(n) 马镫线夹型式1

表5-21　其他工具和材料配置

| 序号 | 名称 | | 规格、型号 | 单位 | 数量 | 备注 |
|---|---|---|---|---|---|---|
| 1 | 其他工具 | 防潮苫布 | | 块 | 若干 | 根据现场情况选择 |
| 2 | | 个人手工工具 | | 套 | 1 | 推荐用绝缘手工工具 |
| 3 | | 安全围栏 | | 组 | 1 | |
| 4 | | 警告标志 | | 套 | 1 | |
| 5 | | 路障和减速慢行标志 | | 组 | 1 | |

续表

| 序号 | 名称 | | 规格、型号 | 单位 | 数量 | 备注 |
|---|---|---|---|---|---|---|
| 6 | 材料 | 跌落式熔断器 | | 个 | 3 | 根据现场情况选择型号 |
| 7 | | 绝缘导线 | | m | 若干 | 制作引线 |
| 8 | | 设备线夹 | | 个 | 若干 | 制作开关引线端子用 |
| 9 | | 搭接线夹 | | 个 | 3 | 根据现场情况选择型号 |

## 5.4 绝缘手套作业法（绝缘斗臂车作业）带负荷更换熔断器项目

本项目装备配置适用于如图 5-28 所示的熔断器杆（导线三角排列），采用绝缘手套作业法（绝缘斗臂车作业）带负荷更换熔断器项目。生产中务必结合现场实际工况参照适用，推广绝缘手套作业法融合绝缘杆作业法在绝缘斗臂车的项目斗或其他绝缘平台，如绝缘脚手架上的应用。

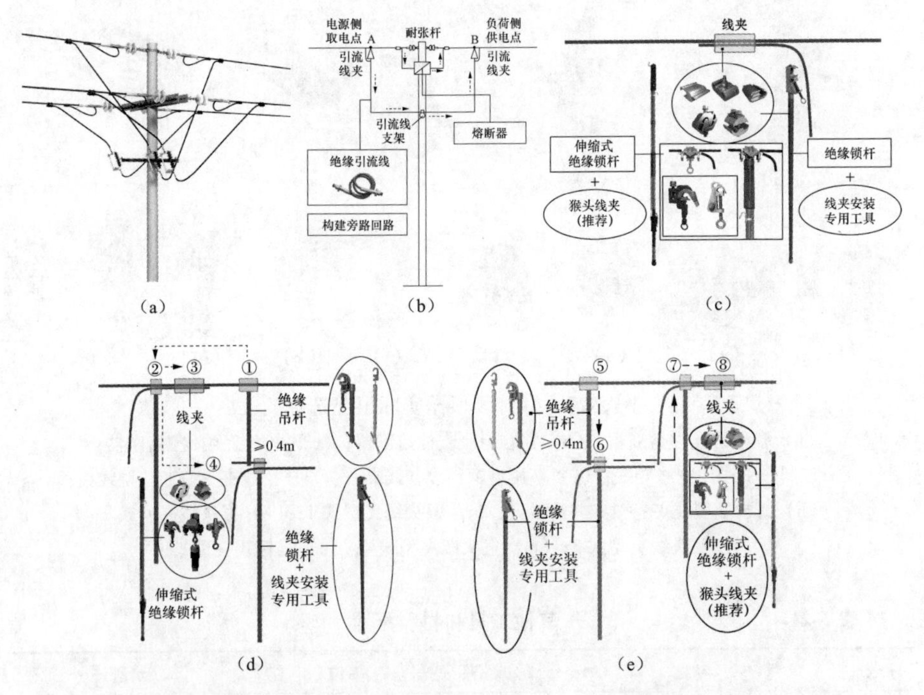


图 5-28 绝缘手套作业法（绝缘斗臂车作业）带负荷更换熔断器项目

(a) 杆头外形图；(b) 绝缘引流线法示意图；(c) 线夹与绝缘锁杆外形图；(d) 断开引线作业示意图；(e) 搭接引线作业示意图

①—绝缘吊杆固定在主导线上；②—绝缘锁杆将待断引线固定；③—拆除线夹或剪断引线；④—绝缘锁杆（连同引线）固定在绝缘吊杆的横向支杆上，三相引线按相同方法完成断开操作；⑤—绝缘吊杆固定在主导线上；⑥—绝缘锁杆（连同引线）固定在绝缘吊杆的横向支杆上；⑦—绝缘锁杆将待接引线固定在导线上；⑧—安装线夹，三相引线按相同方法完成搭接操作

## 5.4.1　特种车辆

特种车辆如图 5-29 所示，配置详见表 5-22。

图 5-29　特种车辆

（a）绝缘斗臂车；（b）移动库房车

表 5-22　　　　　　特种车辆配置

| 序号 | 名称 | | 规格、型号 | 单位 | 数量 | 备注 |
|---|---|---|---|---|---|---|
| 1 | 特种车辆 | 绝缘斗臂车 | 10kV | 辆 | 1 | |
| 2 | | 移动库房车 | | 辆 | 1 | |

## 5.4.2　个人防护用具

个人防护用具如图 5-30 所示，配置详见表 5-23。

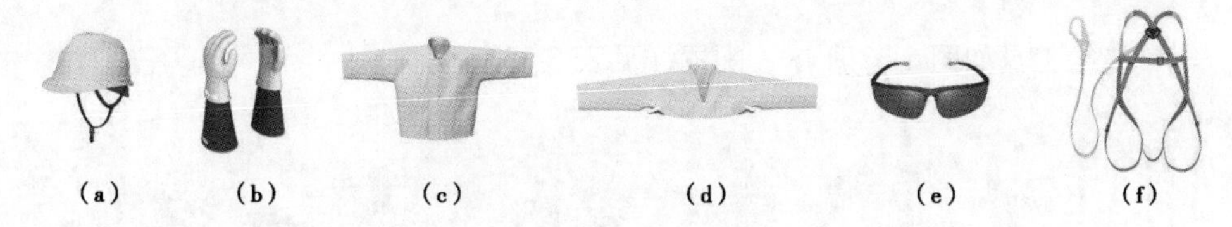

图 5-30　个人防护用具

（a）绝缘安全帽；（b）绝缘手套+羊皮或仿羊皮保护手套；（c）绝缘服；（d）绝缘披肩；（e）护目镜；（f）安全带

表 5-23　　　　　　个人防护用具配置

| 序号 | 名称 | | 规格、型号 | 单位 | 数量 | 备注 |
|---|---|---|---|---|---|---|
| 1 | 个人防护用具 | 绝缘安全帽 | 10kV | 顶 | 2 | |
| 2 | | 绝缘手套 | 10kV | 双 | 2 | 带防刺穿手套 |
| 3 | | 绝缘披肩（绝缘服） | 10kV | 件 | 2 | 根据现场情况选择 |
| 4 | | 护目镜 | | 副 | 2 | |
| 5 | | 安全带 | | 副 | 2 | 有后备保护绳 |

## 5.4.3 绝缘遮蔽用具

绝缘遮蔽用具如图 5-31 所示，配置详见表 5-24。

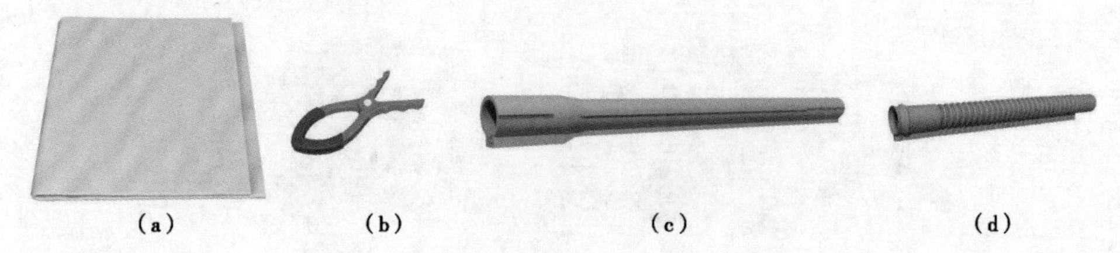

图 5-31 绝缘遮蔽用具（根据实际工况选择）
（a）绝缘毯；（b）绝缘毯夹；（c）导线遮蔽罩；
（d）引线遮蔽罩（根据实际情况选用）

表 5-24 绝缘遮蔽用具配置

| 序号 | 名称 | | 规格、型号 | 单位 | 数量 | 备注 |
|---|---|---|---|---|---|---|
| 1 | 绝缘遮蔽用具 | 导线遮蔽罩 | 10kV | 根 | 12 | 不少于配备数量 |
| 2 | | 引线遮蔽罩 | 10kV | 根 | 12 | 根据实际情况选用 |
| 3 | | 绝缘毯 | 10kV | 块 | 24 | 不少于配备数量 |
| 4 | | 绝缘毯夹 | | 个 | 48 | 不少于配备数量 |

## 5.4.4 绝缘工具

绝缘工具如图 5-32 所示，配置详见表 5-25。

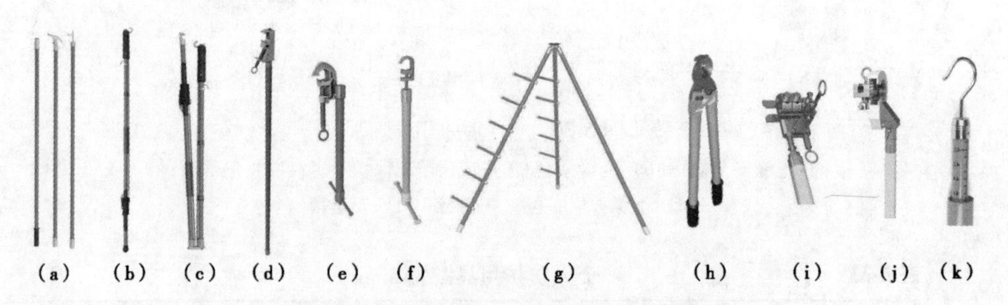

图 5-32 绝缘工具（根据实际工况选择）
（a）绝缘操作杆；（b）伸缩式绝缘锁杆（射枪式操作杆）；
（c）伸缩式折叠绝缘锁杆（射枪式操作杆）；（d）绝缘（双头）锁杆；
（e）绝缘吊杆 1；（f）绝缘吊杆 2；（g）绝缘工具支架；
（h）绝缘断线剪；（i）并沟线夹安装专用工具（根据线夹选择）；
（j）绝缘导线剥皮器（推荐使用电动式）；（k）绝缘测量杆

表 5-25　绝缘工具配置

| 序号 | 名称 | | 规格、型号 | 单位 | 数量 | 备注 |
|---|---|---|---|---|---|---|
| 1 | 绝缘工具 | 绝缘（双头）锁杆 | 10kV | 个 | 1 | 可同时锁定两根导线 |
| 2 | | 伸缩式绝缘锁杆 | 10kV | 个 | 1 | 射枪式操作杆 |
| 3 | | 绝缘吊杆 | 10kV | 个 | 6 | 临时固定引线用 |
| 4 | | 绝缘操作杆 | 10kV | 个 | 1 | 拉合熔断器用 |
| 5 | | 绝缘测量杆 | 10kV | 个 | 1 | |
| 6 | | 绝缘断线剪 | 10kV | 个 | 1 | 根据实际情况选用 |
| 7 | | 绝缘导线剥皮器 | 10kV | 套 | 1 | 根据实际情况选用 |
| 8 | | 线夹装拆工具 | 10kV | 套 | 1 | 根据线夹类型选择 |

## 5.4.5　金属工具

金属工具如图 5-33 所示，配置详见表 5-26。

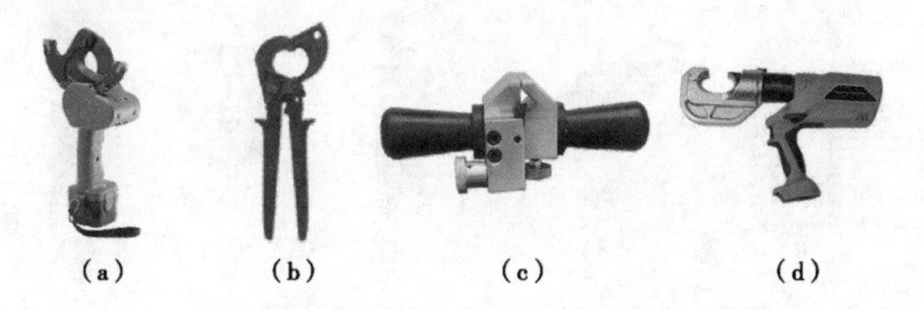

（a）　（b）　（c）　（d）

图 5-33　金属工具（根据实际工况选择）

（a）电动断线切刀；（b）棘轮切刀；（c）绝缘导线剥皮器；（d）液压钳

表 5-26　金属工具配置

| 序号 | 名称 | | 规格、型号 | 单位 | 数量 | 备注 |
|---|---|---|---|---|---|---|
| 1 | 金属工具 | 电动断线切刀或棘轮切刀 | | 个 | 1 | 根据实际情况选用 |
| 2 | | 绝缘导线剥皮器 | | 个 | 1 | |
| 3 | | 压接用液压钳 | | 个 | 1 | 根据实际情况选用 |

## 5.4.6　旁路设备

旁路设备如图 5-34 所示，配置详见表 5-27。

表 5-27　旁路设备配置

| 序号 | 名称 | | 规格、型号 | 单位 | 数量 | 备注 |
|---|---|---|---|---|---|---|
| 1 | 旁路设备 | 绝缘引流线 | 10kV | 个 | 3 | 根据实际情况选择个数 |
| 2 | | 绝缘引流线支架 | 10kV | 根 | 1 | 绝缘横担（备用） |

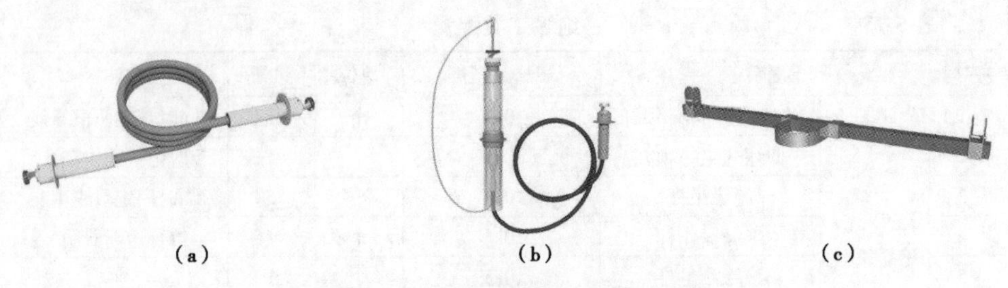

图 5-34 旁路设备（根据实际工况选择）
（a）绝缘引流线+旋转式紧固手柄；（b）带消弧开关的绝缘引流线；
（c）绝缘横担用作引流线支架

## 5.4.7 仪器仪表

仪器仪表如图 5-35 所示，配置详见表 5-28。

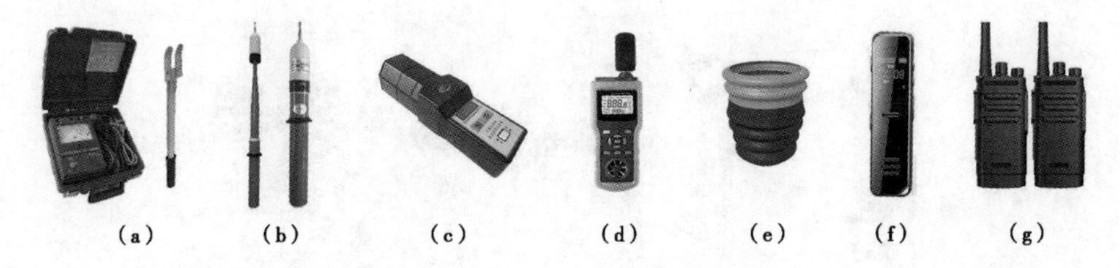

图 5-35 仪器仪表（根据实际工况选择）
（a）绝缘电阻测试仪+电极板；（b）高压验电器；（c）工频高压发生器；（d）风速湿度仪；
（e）绝缘手套充压气检测器；（f）录音笔；（g）对讲机

**表 5-28** **仪器仪表配置**

| 序号 | 名称 | | 规格、型号 | 单位 | 数量 | 备注 |
|---|---|---|---|---|---|---|
| 1 | 仪器仪表 | 绝缘电阻测试仪 | 2500V 及以上 | 套 | 1 | |
| 2 | | 高压验电器 | 10kV | 个 | 1 | |
| 3 | | 工频高压发生器 | 10kV | 个 | 1 | |
| 4 | | 风速湿度仪 | | 个 | 1 | |
| 5 | | 绝缘手套充压气检测器 | | 个 | 1 | |
| 6 | | 录音笔 | 便携高清降噪 | 个 | 1 | 记录作业对话用 |
| 7 | | 对讲机 | 户外无线手持 | 台 | 3 | 杆上杆下监护指挥用 |

## 5.4.8 其他工具和材料

其他工具如图 5-36 所示，材料如图 5-37 所示，配置见表 5-29。

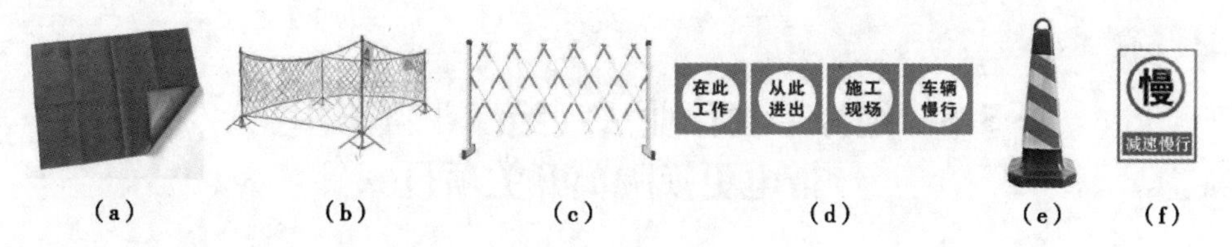


图 5-36　其他工具（根据实际工况选择）

（a）防潮苫布；（b）安全围栏 1；（c）安全围栏 2；（d）警告标志；（e）路障；（f）减速慢行标志

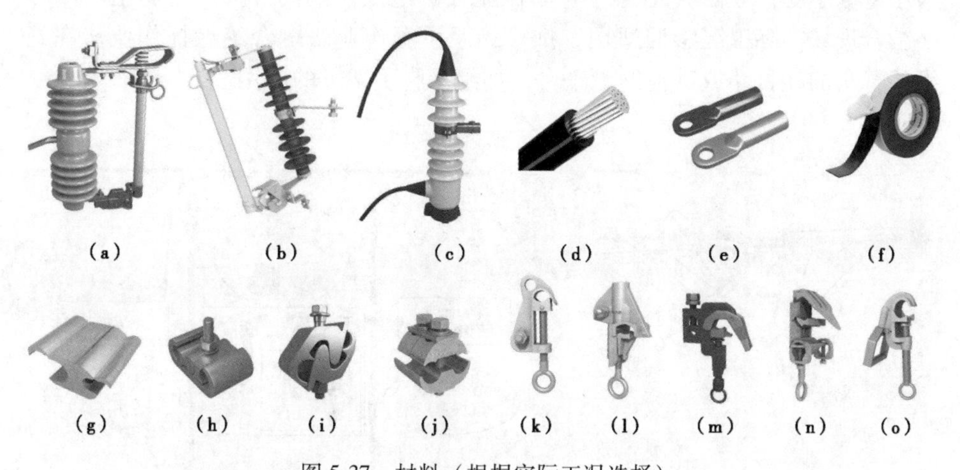

图 5-37　材料（根据实际工况选择）

（a）瓷绝缘支柱熔断器；（b）复合绝缘支柱熔断器；（c）全绝缘封闭型熔断器；（d）制作引线用绝缘导线；（e）液压型铜铝设备线夹；（f）绝缘自粘带；（g）H 型线夹；（h）C 型线夹；（i）螺栓 J 型线夹；（j）并沟线夹；（k）猴头线夹型式 1；（l）猴头线夹型式 2；（m）猴头线夹型式 3；（n）猴头线夹型式 4；（o）马镫线夹型式

**表 5-29　　其他工具和材料配置**

| 序号 | 名称 | | 规格、型号 | 单位 | 数量 | 备注 |
|---|---|---|---|---|---|---|
| 1 | 其他工具 | 防潮苫布 | | 块 | 若干 | 根据现场情况选择 |
| 2 | | 个人手工工具 | | 套 | 1 | 推荐用绝缘手工工具 |
| 3 | | 安全围栏 | | 组 | 1 | |
| 4 | | 警告标志 | | 套 | 1 | |
| 5 | | 路障和减速慢行标志 | | 组 | 1 | |
| 6 | 材料 | 跌落式熔断器 | | 个 | 3 | 根据现场情况选择型号 |
| 7 | | 绝缘导线 | | m | 若干 | 制作引线 |
| 8 | | 设备线夹 | | 个 | 若干 | 制作开关引线端子用 |
| 9 | | 搭接线夹 | | 个 | 3 | 根据现场情况选择型号 |
| 10 | | 绝缘自粘带 | | 卷 | 若干 | 恢复绝缘用 |

# 5.5 绝缘手套作业法（绝缘斗臂车作业）带电更换隔离开关项目

本项目装备配置适用于如图 5-38 所示的隔离开关杆（导线三角排列），采用绝缘手套作业法（绝缘斗臂车作业）带电更换隔离开关项目。生产中务必结合现场实际工况参照适用，推广绝缘手套作业法融合绝缘杆作业法在绝缘斗臂车的项目斗或其他绝缘平台，如绝缘脚手架上的应用。

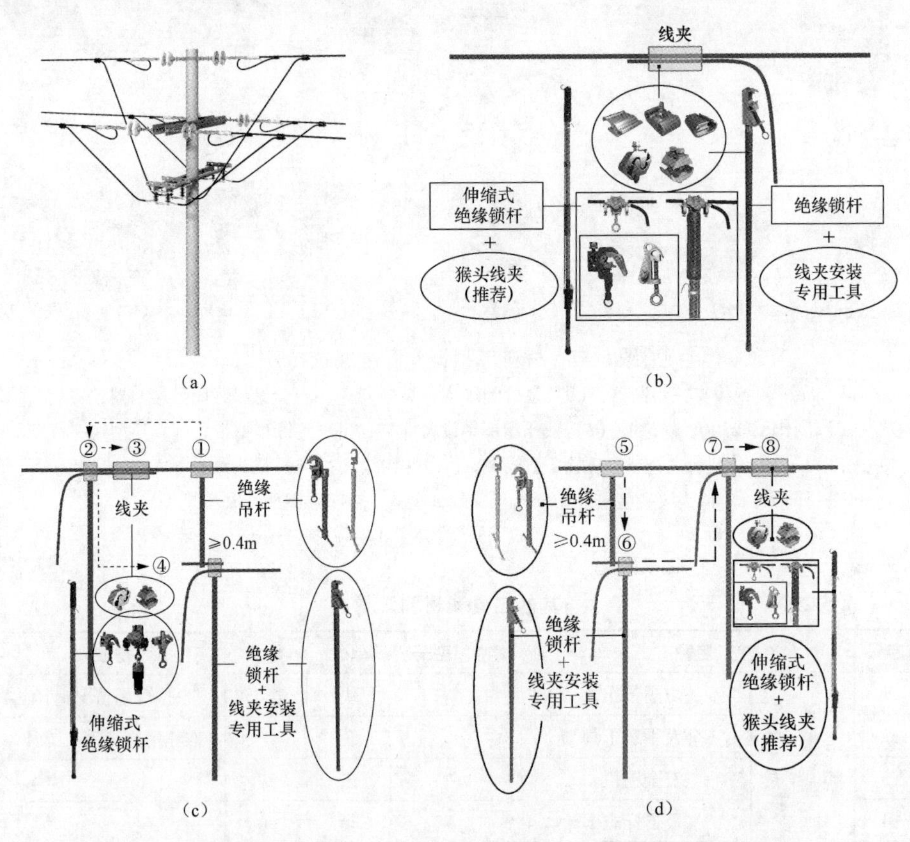


图 5-38 绝缘手套作业法（绝缘斗臂车作业）带电更换隔离开关项目

(a) 杆头外形图；(b) 线夹与绝缘锁杆外形图；(c) 断开引线作业示意图；(d) 搭接引线作业示意图

①—绝缘吊杆固定在主导线上；②—绝缘锁杆将待断引线固定；③—拆除线夹或剪断引线；④—绝缘锁杆（连同引线）固定在绝缘吊杆的横向支杆上，三相引线按相同方法完成断开操作；⑤—绝缘吊杆固定在主导线上；⑥—绝缘锁杆（连同引线）固定在绝缘吊杆的横向支杆上；⑦—绝缘锁杆将待接引线固定在导线上；⑧—安装线夹，三相引线按相同方法完成搭接操作

## 5.5.1　特种车辆

特种车辆如图 5-39 所示，配置详见表 5-30。

（a）　　（b）

图 5-39　特种车辆

（a）绝缘斗臂车；（b）移动库房车

表 5-30　　特种车辆配置

| 序号 | 名称 | | 规格、型号 | 单位 | 数量 | 备注 |
|---|---|---|---|---|---|---|
| 1 | 特种车辆 | 绝缘斗臂车 | 10kV | 辆 | 1 | |
| 2 | | 移动库房车 | | 辆 | 1 | |

## 5.5.2　个人防护用具

个人防护用具如图 5-40 所示，配置详见表 5-31。

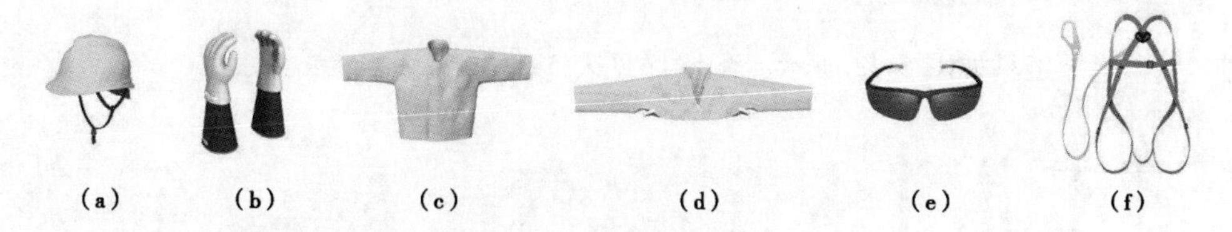

（a）　（b）　（c）　（d）　（e）　（f）

图 5-40　个人防护用具

（a）绝缘安全帽；（b）绝缘手套+羊皮或仿羊皮保护手套；（c）绝缘服；
（d）绝缘披肩；（e）护目镜；（f）安全带

表 5-31　　个人防护用具配置

| 序号 | 名称 | | 规格、型号 | 单位 | 数量 | 备注 |
|---|---|---|---|---|---|---|
| 1 | 个人防护用具 | 绝缘安全帽 | 10kV | 顶 | 2 | |
| 2 | | 绝缘手套 | 10kV | 双 | 2 | 带防刺穿手套 |
| 3 | | 绝缘披肩（绝缘服） | 10kV | 件 | 2 | 根据现场情况选择 |
| 4 | | 护目镜 | | 副 | 2 | |
| 5 | | 安全带 | | 副 | 2 | 有后备保护绳 |

## 5.5.3 绝缘遮蔽用具

绝缘遮蔽用具如图 5-41 所示，配置详见表 5-32。

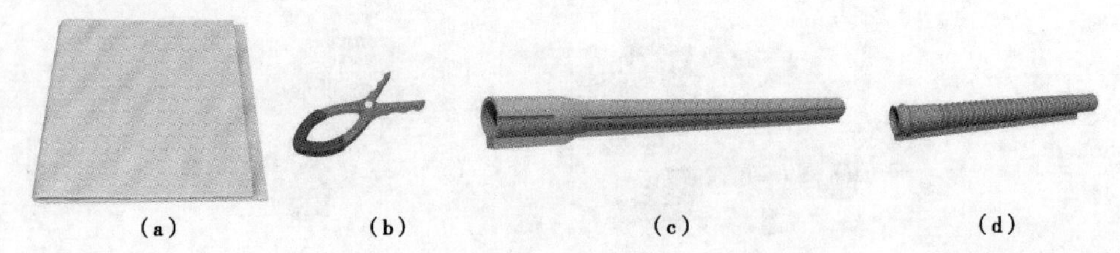


图 5-41 绝缘遮蔽用具（根据实际工况选择）

（a）绝缘毯；（b）绝缘毯夹；（c）导线遮蔽罩；

（d）引线遮蔽罩（根据实际情况选用）

表 5-32 绝缘遮蔽用具配置

| 序号 | 名称 | | 规格、型号 | 单位 | 数量 | 备注 |
|---|---|---|---|---|---|---|
| 1 | 绝缘遮蔽用具 | 导线遮蔽罩 | 10kV | 根 | 12 | 不少于配备数量 |
| 2 | | 引线遮蔽罩 | 10kV | 根 | 12 | 根据实际情况选用 |
| 3 | | 绝缘毯 | 10kV | 块 | 24 | 不少于配备数量 |
| 4 | | 绝缘毯夹 | | 个 | 48 | 不少于配备数量 |

## 5.5.4 绝缘工具

绝缘工具如图 5-42 所示，配置详见表 5-33。

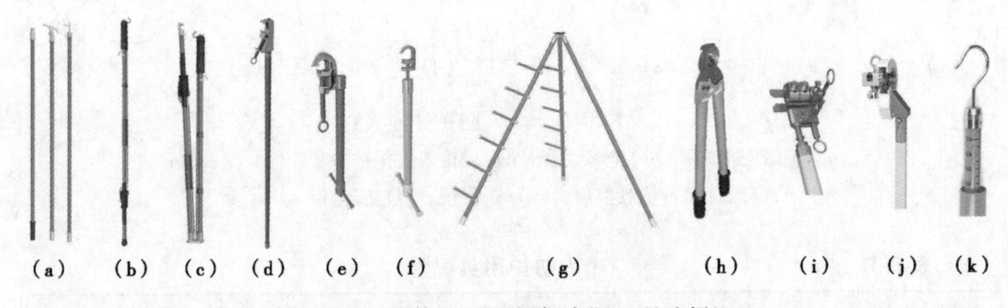


图 5-42 绝缘工具（根据实际工况选择）

（a）绝缘操作杆；（b）伸缩式绝缘锁杆（射枪式操作杆）；

（c）伸缩式折叠绝缘锁杆（射枪式操作杆）；（d）绝缘（双头）锁杆；

（e）绝缘吊杆 1；（f）绝缘吊杆 2；（g）绝缘工具支架；

（h）绝缘断线剪；（i）并沟线夹安装专用工具（根据线夹选择）；

（j）绝缘导线剥皮器（推荐使用电动式）；（k）绝缘测量杆

表 5-33　　　　绝缘工具配置

| 序号 | 名称 | | 规格、型号 | 单位 | 数量 | 备注 |
|---|---|---|---|---|---|---|
| 1 | 绝缘工具 | 绝缘（双头）锁杆 | 10kV | 个 | 1 | 可同时锁定两根导线 |
| 2 | | 伸缩式绝缘锁杆 | 10kV | 个 | 1 | 射枪式操作杆 |
| 3 | | 绝缘吊杆 | 10kV | 个 | 6 | 临时固定引线用 |
| 4 | | 绝缘操作杆 | 10kV | 个 | 1 | 拉合熔断器用 |
| 5 | | 绝缘测量杆 | 10kV | 个 | 1 | |
| 6 | | 绝缘断线剪 | 10kV | 个 | 1 | 根据实际情况选用 |
| 7 | | 绝缘导线剥皮器 | 10kV | 套 | 1 | 根据实际情况选用 |
| 8 | | 线夹装拆工具 | 10kV | 套 | 1 | 根据线夹类型选择 |

## 5.5.5　金属工具

金属工具如图 5-43 所示，配置详见表 5-34。

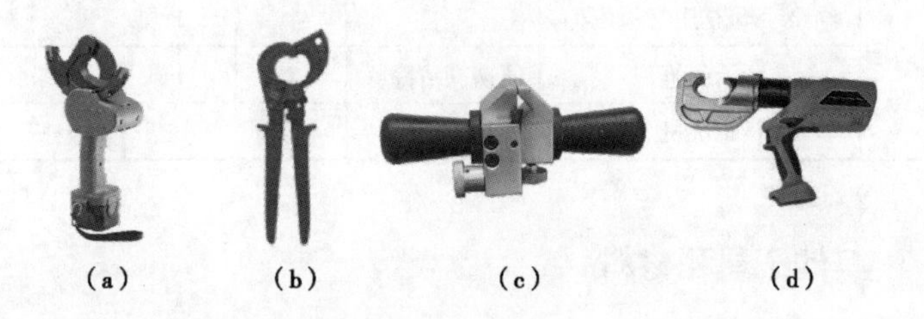

图 5-43　金属工具（根据实际工况选择）

（a）电动断线切刀；（b）棘轮切刀；（c）绝缘导线剥皮器；（d）液压钳

表 5-34　　　　金属工具配置

| 序号 | 名称 | | 规格、型号 | 单位 | 数量 | 备注 |
|---|---|---|---|---|---|---|
| 1 | 金属工具 | 电动断线切刀或棘轮切刀 | | 个 | 1 | 根据实际情况选用 |
| 2 | | 绝缘导线剥皮器 | | 个 | 1 | |
| 3 | | 压接用液压钳 | | 个 | 1 | 根据实际情况选用 |

## 5.5.6　仪器仪表

仪器仪表如图 5-44 所示，配置详见表 5-35。

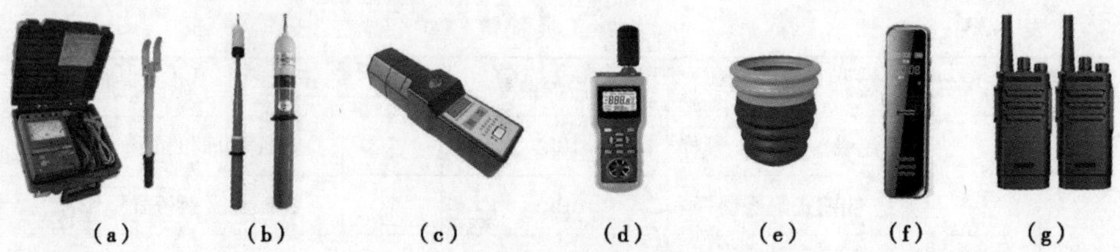

图 5-44 仪器仪表（根据实际工况选择）

（a）绝缘电阻测试仪+电极板；（b）高压验电器；（c）工频高压发生器；
（d）风速湿度仪；（e）绝缘手套充压气检测器；
（f）录音笔；（g）对讲机

表 5-35 仪器仪表配置

| 序号 | 名称 | | 规格、型号 | 单位 | 数量 | 备注 |
|---|---|---|---|---|---|---|
| 1 | 仪器仪表 | 绝缘电阻测试仪 | 2500V 及以上 | 套 | 1 | 含电极板 |
| 2 | | 高压验电器 | 10kV | 个 | 1 | |
| 3 | | 工频高压发生器 | 10kV | 个 | 1 | |
| 4 | | 风速湿度仪 | | 个 | 1 | |
| 5 | | 绝缘手套充压气检测器 | | 个 | 1 | |
| 6 | | 录音笔 | 便携高清降噪 | 个 | 1 | 记录作业对话用 |
| 7 | | 对讲机 | 户外无线手持 | 台 | 3 | 杆上杆下监护指挥用 |

## 5.5.7 其他工具和材料

其他工具如图 5-45 所示，材料如图 5-46 所示，配置详见表 5-36。

表 5-36 其他工具和材料配置

| 序号 | 名称 | | 规格、型号 | 单位 | 数量 | 备注 |
|---|---|---|---|---|---|---|
| 1 | 其他工具 | 防潮苫布 | | 块 | 若干 | 根据现场情况选择 |
| 2 | | 个人手工工具 | | 套 | 1 | 推荐用绝缘手工工具 |
| 3 | | 安全围栏 | | 组 | 1 | |
| 4 | | 警告标志 | | 套 | 1 | |
| 5 | | 路障和减速慢行标志 | | 组 | 1 | |
| 6 | 材料 | 隔离开关 | | 个 | 3 | 根据现场情况选择型号 |
| 7 | | 绝缘导线 | | m | 若干 | 制作引线 |
| 8 | | 设备线夹 | | 个 | 若干 | 制作开关引线端子用 |
| 9 | | 搭接线夹 | | 个 | 3 | 根据现场情况选择型号 |

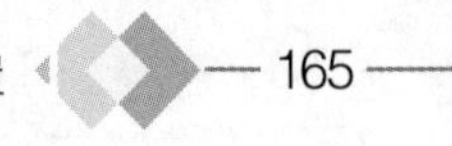


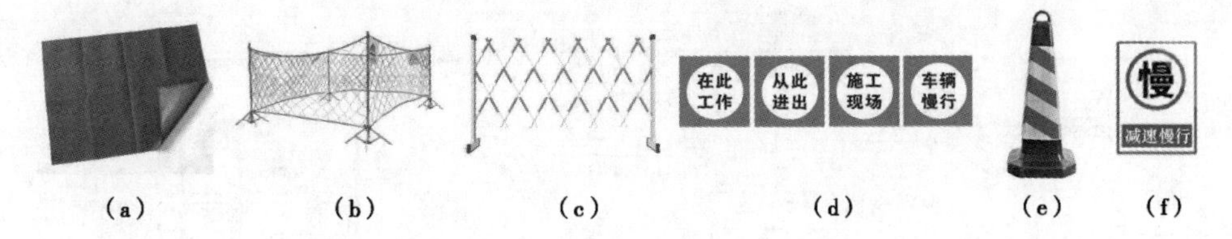


图 5-45　其他工具（根据实际工况选择）
（a）防潮苫布；（b）安全围栏 1；（c）安全围栏 2；（d）警告标志；
（e）路障；（f）减速慢行标志

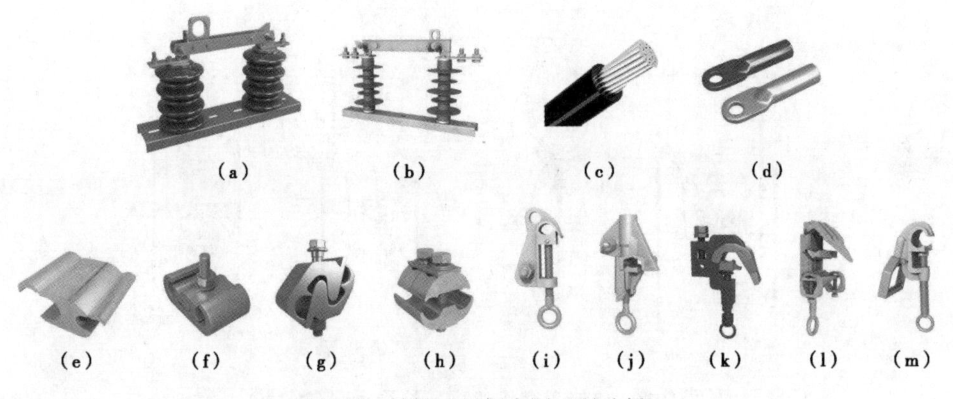


图 5-46　材料（根据实际工况选择）
（a）瓷绝缘支柱隔离开关；（b）复合绝缘支柱隔离开关；（c）制作引线用绝缘导线；
（d）液压型铜铝设备线夹；（e）H 型线夹；（f）C 型线夹；（g）螺栓 J 型线夹；
（h）并沟线夹；（i）猴头线夹型式 1；（j）猴头线夹型式 2；（k）猴头线夹型式 3；
（l）猴头线夹型式 4；（m）马镫线夹型式 1

## 5.6　绝缘手套作业法（绝缘斗臂车作业）带负荷更换隔离开关项目

本项目装备配置适用于如图 5-47 所示的隔离开关杆（导线三角排列），采用绝缘手套作业法（绝缘斗臂车作业）带负荷更换隔离开关项目。生产中务必结合现场实际工况参照适用，推广绝缘手套作业法融合绝缘杆作业法在绝缘斗臂车的项目斗或其他绝缘平台，如绝缘脚手架上的应用。

### 5.6.1　特种车辆

特种车辆如图 5-48 所示，配置详见表 5-37。

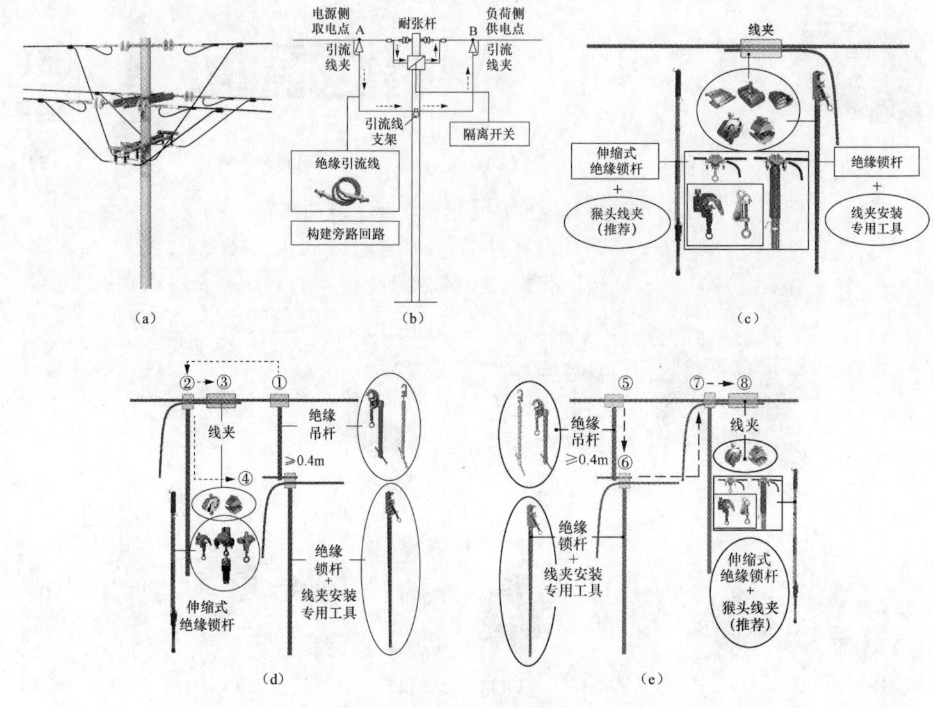


图 5-47　绝缘手套作业法（绝缘斗臂车作业）
带负荷更换隔离开关项目

（a）杆头外形图；（b）绝缘引流线法示意图；
（c）线夹与绝缘锁杆外形图；（d）断开引线作业示意图；
（e）搭接引线作业示意图

①—绝缘吊杆固定在主导线上；②—绝缘锁杆将待断引线固定；③—拆除线夹或剪断引线；
④—绝缘锁杆（连同引线）固定在绝缘吊杆的横向支杆上，三相引线按相同方法完成断开操作；
⑤—绝缘吊杆固定在主导线上；⑥—绝缘锁杆（连同引线）固定在绝缘吊杆的横向支杆上；
⑦—绝缘锁杆将待接引线固定在导线上；⑧—安装线夹，三相引线按相同方法完成搭接操作

图 5-48　特种车辆

（a）绝缘斗臂车；（b）移动库房车

表 5-37　　特种车辆配置

| 序号 | 名称 | | 规格、型号 | 单位 | 数量 | 备注 |
|---|---|---|---|---|---|---|
| 1 | 特种车辆 | 绝缘斗臂车 | 10kV | 辆 | 1 | |
| 2 | | 移动库房车 | | 辆 | 1 | |

## 5.6.2　个人防护用具

个人防护用具如图 5-49 所示，配置详见表 5-38。

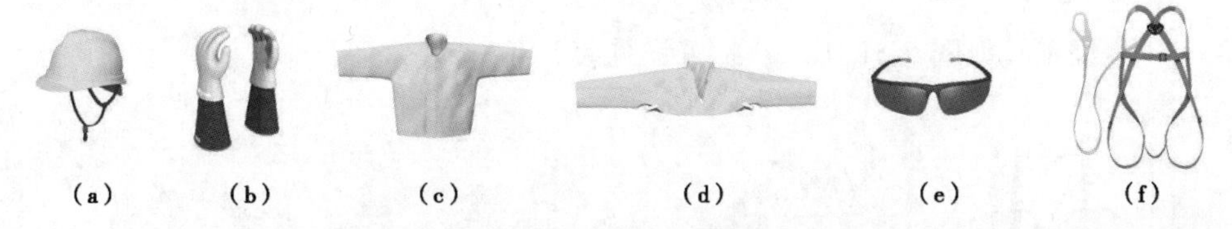

图 5-49　个人防护用具

(a) 绝缘安全帽；(b) 绝缘手套+羊皮或仿羊皮保护手套；(c) 绝缘服；(d) 绝缘披肩；(e) 护目镜；(f) 安全带

表 5-38　　个人防护用具配置

| 序号 | 名称 | | 规格、型号 | 单位 | 数量 | 备注 |
|---|---|---|---|---|---|---|
| 1 | 个人防护用具 | 绝缘安全帽 | 10kV | 顶 | 2 | |
| 2 | | 绝缘手套 | 10kV | 双 | 2 | 带防刺穿手套 |
| 3 | | 绝缘披肩（绝缘服） | 10kV | 件 | 2 | 根据现场情况选择 |
| 4 | | 护目镜 | | 副 | 2 | |
| 5 | | 安全带 | | 副 | 2 | 有后备保护绳 |

## 5.6.3　绝缘遮蔽用具

绝缘遮蔽用具如图 5-50 所示，配置详见表 5-39。

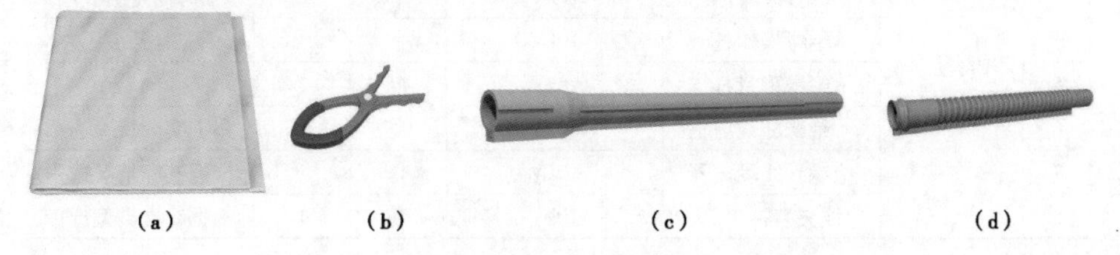

图 5-50　绝缘遮蔽用具（根据实际工况选择）

(a) 绝缘毯；(b) 绝缘毯夹；(c) 导线遮蔽罩；(d) 引线遮蔽罩（根据实际情况选用）

表 5-39　　绝缘遮蔽用具配置

| 序号 | 名称 | | 规格、型号 | 单位 | 数量 | 备注 |
|---|---|---|---|---|---|---|
| 1 | 绝缘遮蔽用具 | 导线遮蔽罩 | 10kV | 根 | 12 | 不少于配备数量 |
| 2 | | 引线遮蔽罩 | 10kV | 根 | 12 | 根据实际情况选用 |
| 3 | | 绝缘毯 | 10kV | 块 | 24 | 不少于配备数量 |
| 4 | | 绝缘毯夹 | | 个 | 48 | 不少于配备数量 |

## 5.6.4　绝缘工具

绝缘工具如图 5-51 所示，配置详见表 5-40。

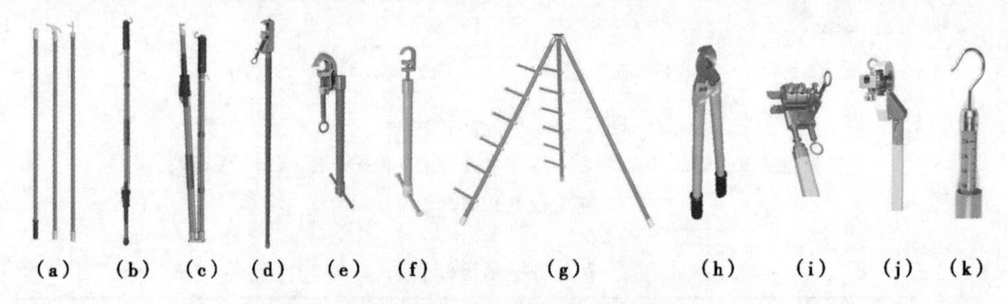


图 5-51　绝缘工具（根据实际工况选择）

(a) 绝缘操作杆；(b) 伸缩式绝缘锁杆（射枪式操作杆）；
(c) 伸缩式折叠绝缘锁杆（射枪式操作杆）；(d) 绝缘（双头）锁杆；
(e) 绝缘吊杆 1；(f) 绝缘吊杆 2；(g) 绝缘工具支架；
(h) 绝缘断线剪；(i) 并沟线夹安装专用工具（根据线夹选择）；
(j) 绝缘导线剥皮器（推荐使用电动式）；(k) 绝缘测量杆

表 5-40　　绝缘工具配置

| 序号 | 名称 | | 规格、型号 | 单位 | 数量 | 备注 |
|---|---|---|---|---|---|---|
| 1 | 绝缘工具 | 绝缘（双头）锁杆 | 10kV | 个 | 1 | 可同时锁定两根导线 |
| 2 | | 伸缩式绝缘锁杆 | 10kV | 个 | 1 | 射枪式操作杆 |
| 3 | | 绝缘吊杆 | 10kV | 个 | 6 | 临时固定引线用 |
| 4 | | 绝缘操作杆 | 10kV | 个 | 1 | 拉合开关用 |
| 5 | | 绝缘测量杆 | 10kV | 个 | 1 | |
| 6 | | 绝缘断线剪 | 10kV | 个 | 1 | 根据实际情况选用 |
| 7 | | 绝缘导线剥皮器 | 10kV | 套 | 1 | 根据实际情况选用 |
| 8 | | 线夹装拆工具 | 10kV | 套 | 1 | 根据线夹类型选择 |

## 5.6.5　金属工具

金属工具如图 5-52 所示，配置详见表 5-41。

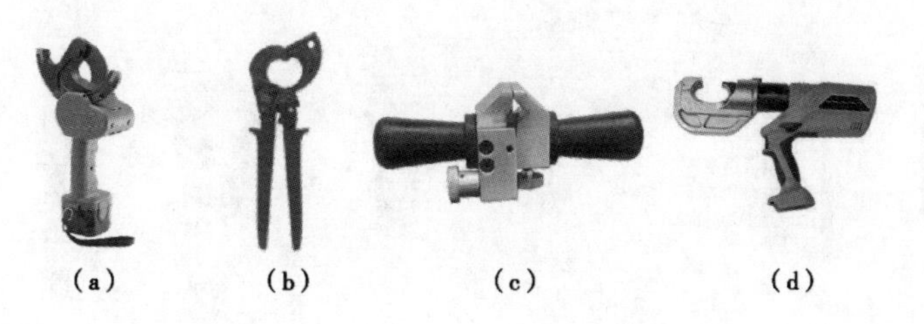


图 5-52　金属工具（根据实际工况选择）

（a）电动断线切刀；（b）棘轮切刀；（c）绝缘导线剥皮器；（d）液压钳

**表 5-41　　金属工具配置**

| 序号 | 名称 | | 规格、型号 | 单位 | 数量 | 备注 |
|---|---|---|---|---|---|---|
| 1 | 金属工具 | 电动断线切刀或棘轮切刀 | | 个 | 1 | 根据实际情况选用 |
| 2 | | 绝缘导线剥皮器 | | 个 | 1 | |
| 3 | | 压接用液压钳 | | 个 | 1 | 根据实际情况选用 |

## 5.6.6　旁路设备

旁路设备如图 5-53 所示，配置详见表 5-42。

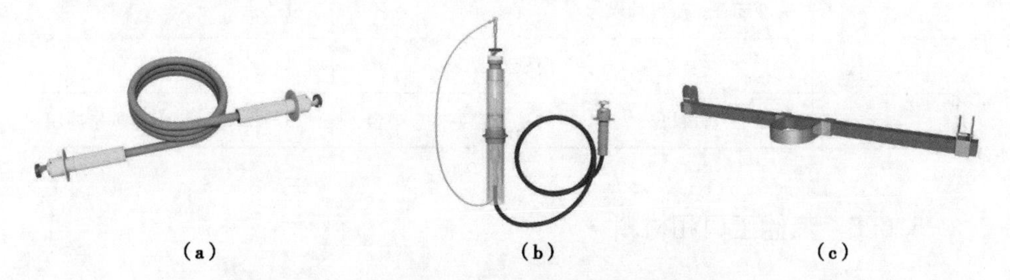


图 5-53　旁路设备（根据实际工况选择）

（a）绝缘引流线+旋转式紧固手柄；（b）带消弧开关的绝缘引流线；

（c）绝缘横担用作引流线支架

**表 5-42　　旁路设备配置**

| 序号 | 名称 | | 规格、型号 | 单位 | 数量 | 备注 |
|---|---|---|---|---|---|---|
| 1 | 旁路设备 | 绝缘引流线 | 10kV | 个 | 3 | 根据实际情况选择个数 |
| 2 | | 绝缘引流线支架 | 10kV | 根 | 1 | 绝缘横担（备用） |

## 5.6.7　仪器仪表

仪器仪表如图 5-54 所示，配置详见表 5-43。

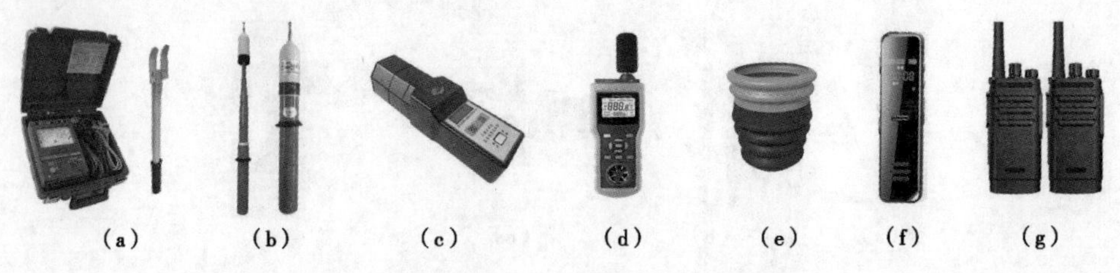

图 5-54 仪器仪表（根据实际工况选择）

（a）绝缘电阻测试仪+电极板；（b）高压验电器；（c）工频高压发生器；（d）风速湿度仪；（e）绝缘手套充压气检测器；（f）录音笔；（g）对讲机

表 5-43 仪器仪表配置

| 序号 | 名称 | | 规格、型号 | 单位 | 数量 | 备注 |
|---|---|---|---|---|---|---|
| 1 | 仪器仪表 | 绝缘电阻测试仪 | 2500V 及以上 | 套 | 1 | 含电极板 |
| 2 | | 高压验电器 | 10kV | 个 | 1 | |
| 3 | | 工频高压发生器 | 10kV | 个 | 1 | |
| 4 | | 风速湿度仪 | | 个 | 1 | |
| 5 | | 绝缘手套充压气检测器 | | 个 | 1 | |
| 6 | | 录音笔 | 便携高清降噪 | 个 | 1 | 记录作业对话用 |
| 7 | | 对讲机 | 户外无线手持 | 台 | 3 | 杆上杆下监护指挥用 |

## 5.6.8 其他工具和材料

其他工具如图 5-55 所示，材料如图 5-56 所示，配置详见表 5-44。

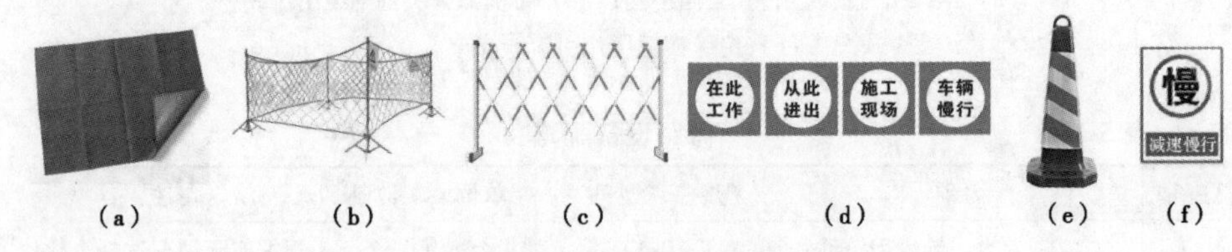


图 5-55 其他工具（根据实际工况选择）

（a）防潮苫布；（b）安全围栏 1；（c）安全围栏 2；（d）警告标志；（e）路障；（f）减速慢行标志

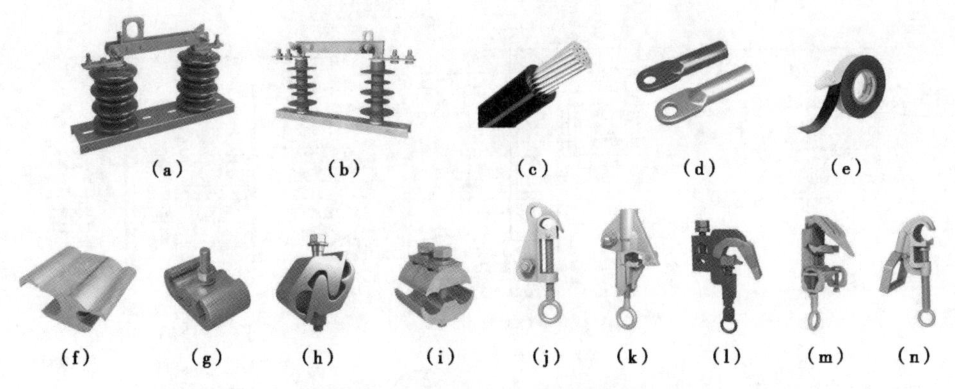

图 5-56　材料（根据实际工况选择）

（a）瓷绝缘支柱隔离开关；（b）复合绝缘支柱隔离开关；（c）制作引线用绝缘导线；（d）液压型铜铝设备线夹；（e）绝缘自粘带；（f）H 型线夹；（g）C 型线夹；（h）螺栓 J 型线夹；（i）并沟线夹；（j）猴头线夹型式 1；（k）猴头线夹型式 2；（l）猴头线夹型式 3；（m）猴头线夹型式 4；（n）马镫线夹型式

表 5-44　　其他工具和材料配置

| 序号 | 名称 | | 规格、型号 | 单位 | 数量 | 备注 |
|---|---|---|---|---|---|---|
| 1 | 其他工具 | 防潮苫布 | | 块 | 若干 | 根据现场情况选择 |
| 2 | | 个人手工工具 | | 套 | 1 | 推荐用绝缘手工工具 |
| 3 | | 安全围栏 | | 组 | 1 | |
| 4 | | 警告标志 | | 套 | 1 | |
| 5 | | 路障和减速慢行标志 | | 组 | 1 | |
| 6 | 材料 | 隔离开关 | | 个 | 3 | 根据现场情况选择型号 |
| 7 | | 绝缘导线 | | m | 若干 | 制作引线 |
| 8 | | 设备线夹 | | 个 | 若干 | 制作开关引线端子用 |
| 9 | | 搭接线夹 | | 个 | 3 | 根据现场情况选择型号 |
| 10 | | 绝缘自粘带 | | 卷 | 若干 | 恢复绝缘用 |

## 5.7　绝缘手套作业法（绝缘斗臂车作业）带负荷更换柱上开关项目 1

本项目装备配置适用于如图 5-57 所示的柱上开关杆（双侧无隔离刀闸，导线三角排列），采用绝缘手套作业法（绝缘斗臂车作业）带负荷更换柱上开关项目 1。生产中务必结合现场实际工况参照适用，推广绝缘手套作业法融合绝缘杆作业法在绝缘斗臂车的项目斗或其他绝缘平台，如绝缘脚手架上的应用。

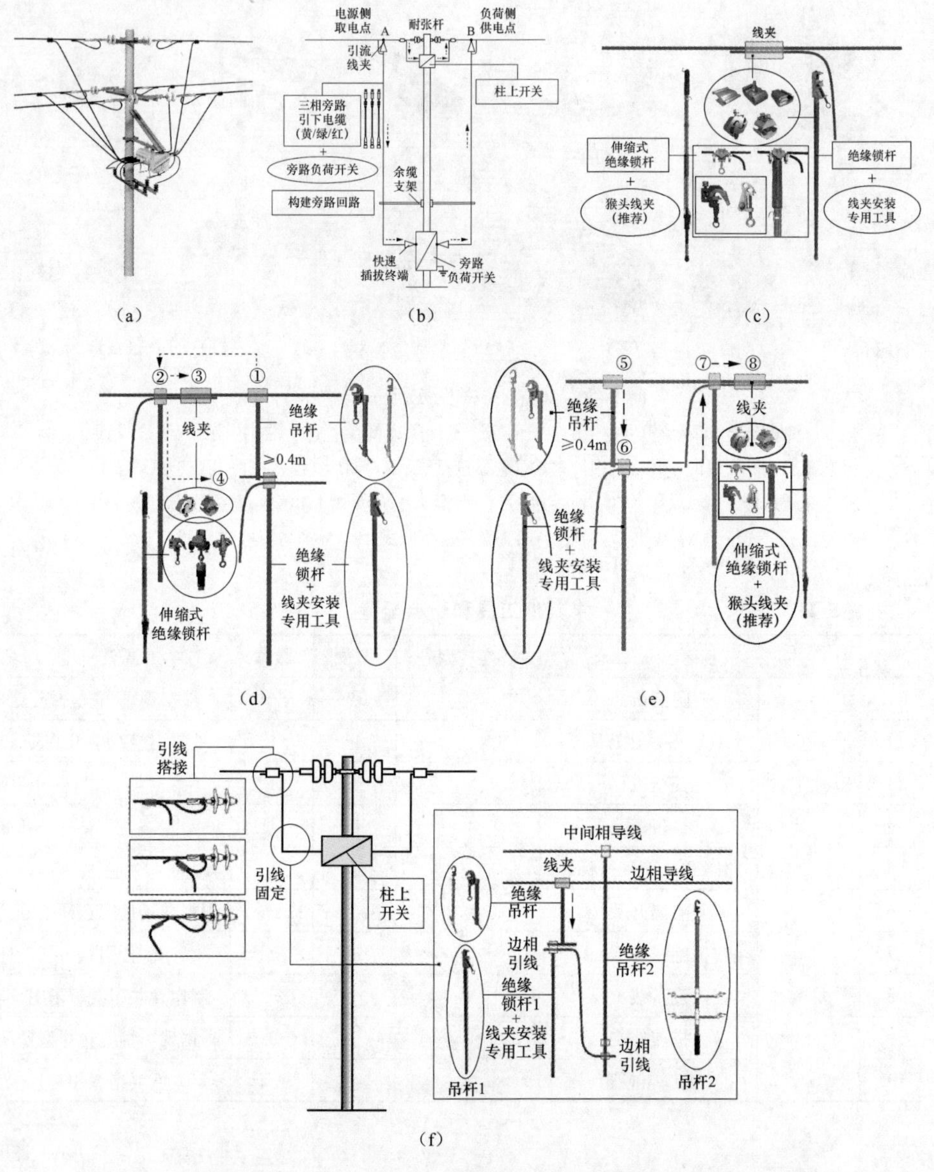


(a) (b) (c) (d) (e) (f)

图 5-57 绝缘手套作业法（绝缘斗臂车作业）带负荷更换柱上开关项目 1

（a）杆头外形图；（b）旁路作业法示意图；（c）线夹与绝缘锁杆外形图；
（d）断开引线作业示意图；（e）搭接引线作业示意图；（f）绝缘吊杆法临时固定引线示意图
①—绝缘吊杆固定在主导线上；②—绝缘锁杆将待断引线固定；③—拆除线夹或剪断引线；
④—绝缘锁杆（连同引线）固定在绝缘吊杆的横向支杆上，三相引线按相同方法完成断开操作；
⑤—绝缘吊杆固定在主导线上；⑥—绝缘锁杆（连同引线）固定在绝缘吊杆的横向支杆上；
⑦—绝缘锁杆将待接引线固定在导线上；⑧—安装线夹，三相引线按相同方法完成搭接操作

## 5.7.1　特种车辆

特种车辆如图 5-58 所示，配置详见表 5-45。

图 5-58　特种车辆

（a）绝缘斗臂车；（b）移动库房车

表 5-45　特种车辆配置

| 序号 | 名称 | | 规格、型号 | 单位 | 数量 | 备注 |
|---|---|---|---|---|---|---|
| 1 | 特种车辆 | 绝缘斗臂车 | 10kV | 辆 | 2 | |
| 2 | | 移动库房车 | | 辆 | 1 | |

## 5.7.2　个人防护用具

个人防护用具如图 5-59 所示，配置详见表 5-46。

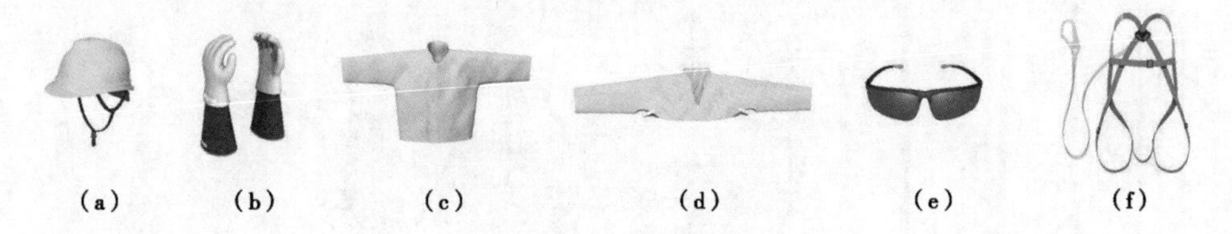


图 5-59　个人防护用具

（a）绝缘安全帽；（b）绝缘手套+羊皮或仿羊皮保护手套；（c）绝缘服；（d）绝缘披肩；（e）护目镜；（f）安全带

表 5-46　个人防护用具配置

| 序号 | 名称 | | 规格、型号 | 单位 | 数量 | 备注 |
|---|---|---|---|---|---|---|
| 1 | 个人防护用具 | 绝缘安全帽 | 10kV | 顶 | 4 | |
| 2 | | 绝缘手套 | 10kV | 双 | 7 | 带防刺穿手套 |
| 3 | | 绝缘披肩（绝缘服） | 10kV | 件 | 4 | 根据现场情况选择 |
| 4 | | 护目镜 | | 副 | 4 | |
| 5 | | 安全带 | | 副 | 4 | 有后备保护绳 |

### 5.7.3 绝缘遮蔽用具

绝缘遮蔽用具如图 5-60 所示，配置详见表 5-47。

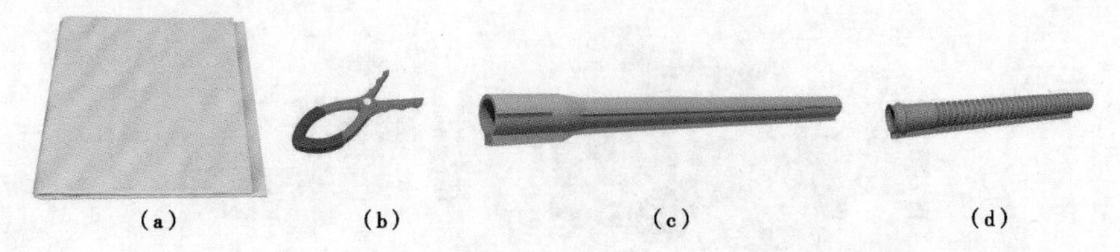

图 5-60 绝缘遮蔽用具（根据实际工况选择）

（a）绝缘毯；（b）绝缘毯夹；（c）导线遮蔽罩；（d）引线遮蔽罩（根据实际情况选用）

表 5-47 绝缘遮蔽用具配置

| 序号 | 名称 | | 规格、型号 | 单位 | 数量 | 备注 |
| --- | --- | --- | --- | --- | --- | --- |
| 1 | 绝缘遮蔽用具 | 导线遮蔽罩 | 10kV | 根 | 18 | 不少于配备数量 |
| 2 | | 引线遮蔽罩 | 10kV | 根 | 12 | 根据实际情况选用 |
| 3 | | 绝缘毯 | 10kV | 块 | 28 | 不少于配备数量 |
| 4 | | 绝缘毯夹 | | 个 | 56 | 不少于配备数量 |

### 5.7.4 绝缘工具

绝缘工具如图 5-61 所示，配置详见表 5-48。

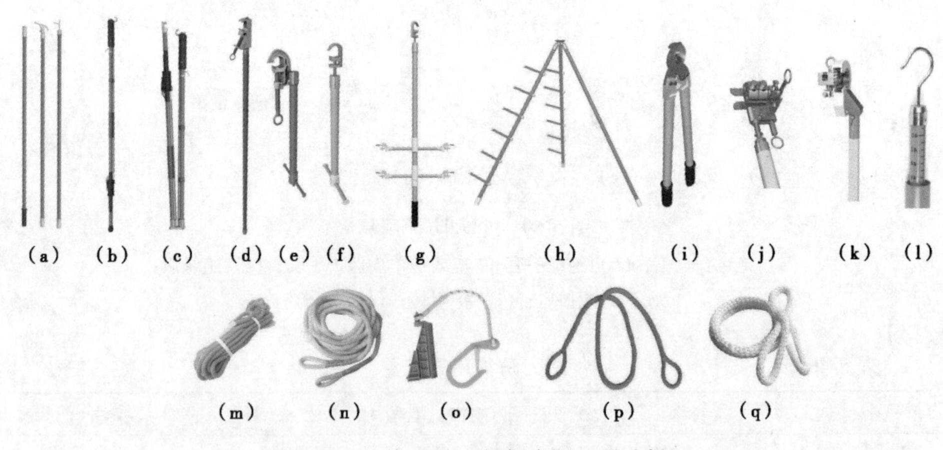

图 5-61 绝缘工具（根据实际工况选择）

（a）绝缘操作杆；（b）伸缩式绝缘锁杆（射枪式操作杆）；（c）伸缩式折叠绝缘锁杆（射枪式操作杆）；（d）绝缘（双头）锁杆；（e）绝缘吊杆 1；（f）绝缘吊杆 2；（g）绝缘吊杆 3；（h）绝缘工具支架；（i）绝缘断线剪；（j）并沟线夹安装专用工具（根据线夹选择）；（k）绝缘导线剥皮器（推荐使用电动式）；（l）绝缘测量杆；（m）绝缘传递绳 1（防潮型）；（n）绝缘传递绳 2（普通型）；（o）绝缘防坠绳；（p）绝缘千金绳（防潮型）；（q）绝缘千金绳（普通型）

表 5-48　　　　绝缘工具配置

| 序号 | 名称 | | 规格、型号 | 单位 | 数量 | 备注 |
|---|---|---|---|---|---|---|
| 1 | 绝缘工具 | 绝缘（双头）锁杆 | 10kV | 个 | 2 | 可同时锁定两根导线 |
| 2 | | 伸缩式绝缘锁杆 | 10kV | 个 | 2 | 射枪式操作杆 |
| 3 | | 绝缘吊杆 1（短） | 10kV | 个 | 6 | 临时固定引线用 |
| 4 | | 绝缘吊杆 2（长） | 10kV | 个 | 2 | 临时固定引线用 |
| 5 | | 绝缘操作杆 | 10kV | 个 | 2 | 拉合开关用 |
| 6 | | 绝缘防坠绳 | 10kV | 个 | 6 | 临时固定引下电缆用 |
| 7 | | 绝缘传递绳 | 10kV | 个 | 2 | 起吊引下电缆（备）用 |
| 8 | | 绝缘控制绳 | 10kV | 个 | 1 | 起吊开关用控制绳 |
| 9 | | 绝缘千金绳 | 10kV | 个 | 2 | 起吊开关用千金绳 |
| 10 | | 绝缘测量杆 | 10kV | 个 | 1 | |
| 11 | | 绝缘断线剪 | 10kV | 个 | 1 | 根据实际情况选用 |
| 12 | | 绝缘导线剥皮器 | 10kV | 套 | 1 | 根据实际情况选用 |
| 13 | | 线夹装拆工具 | 10kV | 套 | 1 | 根据线夹类型选择 |

## 5.7.5　金属工具

金属工具如图 5-62 所示，配置详见表 5-49。

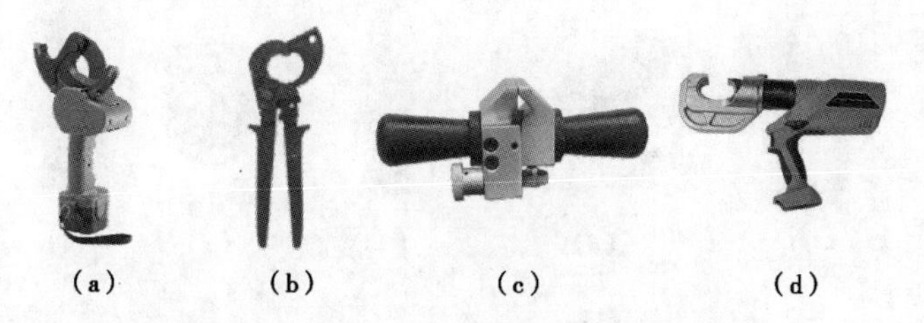

（a）　（b）　（c）　（d）

图 5-62　金属工具（根据实际工况选择）

（a）电动断线切刀；（b）棘轮切刀；（c）绝缘导线剥皮器；（d）液压钳

表 5-49　　　　金属工具配置

| 序号 | 名称 | | 规格、型号 | 单位 | 数量 | 备注 |
|---|---|---|---|---|---|---|
| 1 | 金属工具 | 电动断线切刀或棘轮切刀 | | 个 | 1 | 根据实际情况选用 |
| 2 | | 绝缘导线剥皮器 | | 个 | 1 | |
| 3 | | 压接用液压钳 | | 个 | 1 | 根据实际情况选用 |

## 5.7.6　旁路设备

旁路设备如图 5-63 所示，配置详见表 5-50。

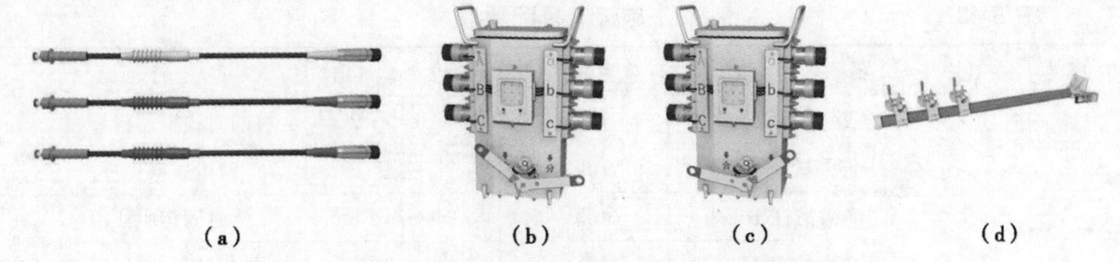

（a）（b）（c）（d）

图 5-63 旁路设备（根据实际工况选择）

（a）旁路引下电缆；（b）旁路负荷开关分闸位置；

（c）旁路负荷开关合闸位置；（d）余缆支架

**表 5-50　　旁路设备配置**

| 序号 | 名称 | | 规格、型号 | 单位 | 数量 | 备注 |
|---|---|---|---|---|---|---|
| 1 | 旁路设备 | 旁路引下电缆 | 10kV，200A | 组 | 2 | 黄绿红 3 根一组，15m |
| 2 | | 旁路负荷开关 | 10kV，200A | 台 | 1 | 带核相装置/安装抱箍 |
| 3 | | 余缆支架 | | 根 | 2 | 含电杆安装带 |

## 5.7.7 仪器仪表

仪器仪表如图 5-64 所示，配置详见表 5-51。

（a）（b）（c）（d）（e）（f）（g）

（h）（i）（j）（k）

图 5-64 仪器仪表（根据实际工况选择）

（a）绝缘电阻测试仪+电极板；（b）高压验电器；（c）工频高压发生器；

（d）风速湿度仪；（e）绝缘手套充压气检测器；（f）录音笔；

（g）对讲机；（h）钳形电流表（手持式）；

（i）钳形电流表（绝缘杆式）；（j）放电棒；（k）接地棒

表 5-51　　　　　　　　　　仪器仪表配置

| 序号 | 名称 | | 规格、型号 | 单位 | 数量 | 备注 |
|---|---|---|---|---|---|---|
| 1 | 仪器仪表 | 绝缘电阻测试仪 | 2500V 及以上 | 套 | 1 | 含电极板 |
| 2 | | 钳形电流表 | 高压 | 个 | 1 | 推荐绝缘杆式 |
| 3 | | 高压验电器 | 10kV | 个 | 1 | |
| 4 | | 工频高压发生器 | 10kV | 个 | 1 | |
| 5 | | 风速湿度仪 | | 个 | 1 | |
| 6 | | 绝缘手套充压气检测器 | | 个 | 1 | |
| 7 | | 录音笔 | 便携高清降噪 | 个 | 1 | 记录作业对话用 |
| 8 | | 对讲机 | 户外无线手持 | 台 | 3 | 杆上杆下监护指挥用 |
| 9 | | 放电棒 | | 个 | 1 | 带接地线 |
| 10 | | 接地棒和接地线 | | 个 | 2 | 包括旁路负荷开关用 |

## 5.7.8　其他工具和材料

其他工具如图 5-65 所示，材料如图 5-66 所示，配置详见表 5-52。

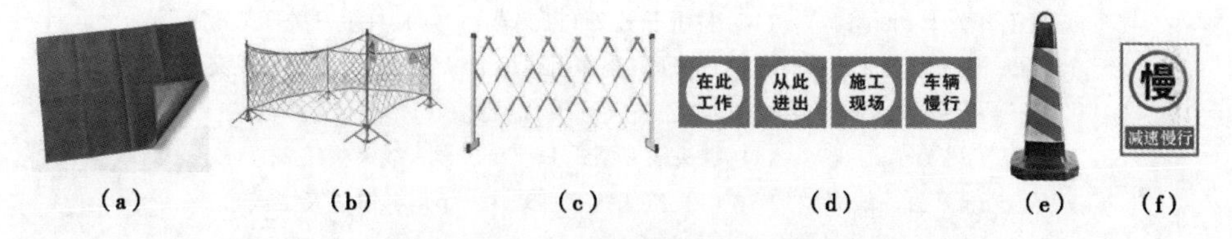


(a)　(b)　(c)　(d)　(e)　(f)

图 5-65　其他工具（根据实际工况选择）

(a) 防潮苫布；(b) 安全围栏 1；(c) 安全围栏 2；(d) 警告标志；(e) 路障；(f) 减速慢行标志

表 5-52　　　　　　　　　其他工具和材料配置

| 序号 | 名称 | | 规格、型号 | 单位 | 数量 | 备注 |
|---|---|---|---|---|---|---|
| 1 | 其他工具 | 防潮苫布 | | 块 | 若干 | 根据现场情况选择 |
| 2 | | 个人手工工具 | | 套 | 1 | 推荐用绝缘手工工具 |
| 3 | | 安全围栏 | | 组 | 1 | |
| 4 | | 警告标志 | | 套 | 1 | |
| 5 | | 路障和减速慢行标志 | | 组 | 1 | |

续表

| 序号 | 名称 | | 规格、型号 | 单位 | 数量 | 备注 |
|---|---|---|---|---|---|---|
| 6 | 材料 | 柱上开关 | | 台 | 1 | 根据现场情况选择型号 |
| 7 | | 绝缘导线（备用） | | m | 若干 | 制作引线 |
| 8 | | 设备线夹（备用） | | 个 | 若干 | 制作开关引线端子用 |
| 9 | | 搭接线夹（备用） | | 个 | 若干 | 根据现场情况选择型号 |
| 10 | | 清洁纸和硅脂膏 | | 个 | 若干 | 清洁和涂抹接头用 |
| 11 | | 绝缘自粘带 | | 卷 | 若干 | 恢复绝缘用 |

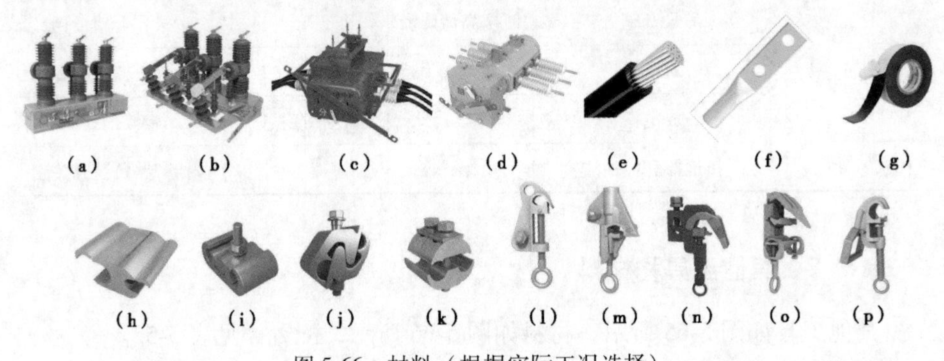


图 5-66 材料（根据实际工况选择）

（a）柱上开关 1（断路器）；（b）柱上开关 2（断路器）；（c）柱上开关 3（断路器）；（d）柱上开关 4（负荷开关）；（e）制作引线用绝缘导线；（f）设备线夹；（g）绝缘自粘带；（h）H 型线夹；（i）C 型线夹；（j）螺栓 J 型线夹；（k）并沟线夹；（l）猴头线夹型式 1；（m）猴头线夹型式 2；（n）猴头线夹型式 3；（o）猴头线夹型式 4；（p）马镫线夹型式

## 5.8 绝缘手套作业法（绝缘斗臂车作业）带负荷更换柱上开关项目 2

本项目装备配置适用于如图 5-67 所示的柱上开关杆（双侧有隔离刀闸，导线三角排列），采用绝缘手套作业法（绝缘斗臂车作业）带负荷更换柱上开关项目 2。生产中务必结合现场实际工况参照适用，推广绝缘手套作业法融合绝缘杆作业法在绝缘斗臂车的绝缘斗或其他绝缘平台，如绝缘脚手架上的应用。

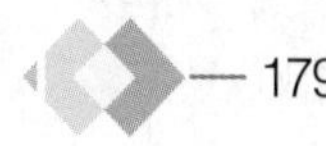

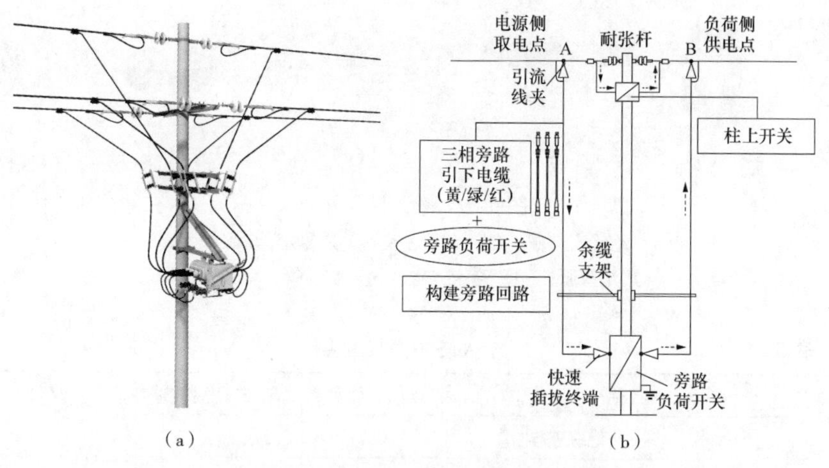


图 5-67　绝缘手套作业法（绝缘斗臂车作业）带负荷更换柱上开关项目 2
（a）杆头外形图；（b）旁路作业法示意图

### 5.8.1　特种车辆

特种车辆如图 5-68 所示，配置详见表 5-53。

图 5-68　特种车辆
（a）绝缘斗臂车；（b）移动库房车

表 5-53　特种车辆配置

| 序号 | 名称 | | 规格、型号 | 单位 | 数量 | 备注 |
|---|---|---|---|---|---|---|
| 1 | 特种车辆 | 绝缘斗臂车 | 10kV | 辆 | 2 | |
| 2 | | 移动库房车 | | 辆 | 1 | |

### 5.8.2　个人防护用具

个人防护用具如图 5-69 所示，配置详见表 5-54。

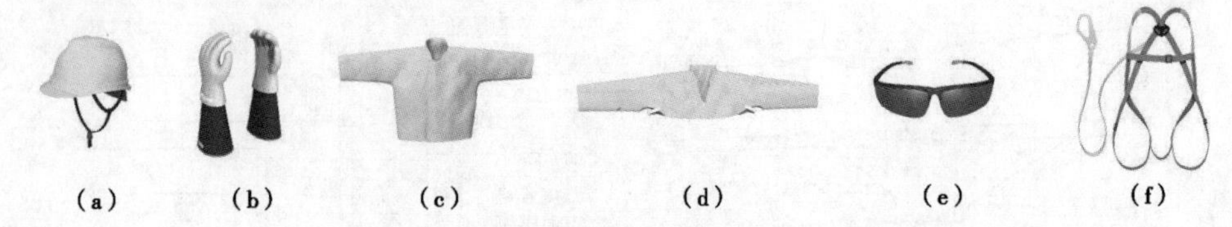

图 5-69 个人防护用具
(a) 绝缘安全帽；(b) 绝缘手套+羊皮或仿羊皮保护手套；
(c) 绝缘服；(d) 绝缘披肩；(e) 护目镜；(f) 安全带

表 5-54 个人防护用具配置

| 序号 | 名称 | | 规格、型号 | 单位 | 数量 | 备注 |
|---|---|---|---|---|---|---|
| 1 | 个人防护用具 | 绝缘安全帽 | 10kV | 顶 | 4 | |
| 2 | | 绝缘手套 | 10kV | 双 | 7 | 带防刺穿手套 |
| 3 | | 绝缘披肩（绝缘服） | 10kV | 件 | 4 | 根据现场情况选择 |
| 4 | | 护目镜 | | 副 | 4 | |
| 5 | | 安全带 | | 副 | 4 | 有后备保护绳 |

### 5.8.3 绝缘遮蔽用具

绝缘遮蔽用具如图 5-70 所示，配置详见表 5-55。

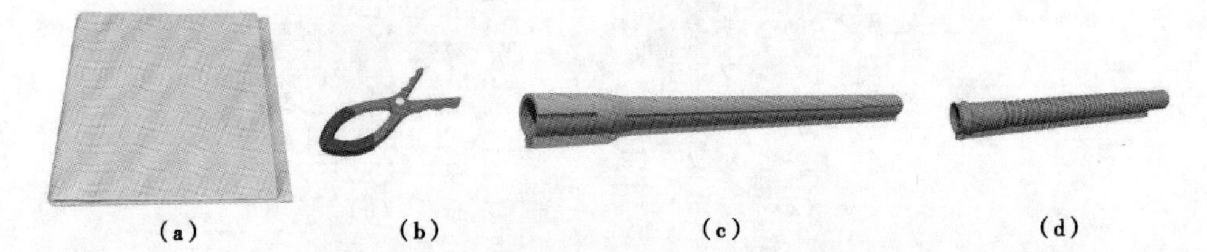

图 5-70 绝缘遮蔽用具（根据实际工况选择）
(a) 绝缘毯；(b) 绝缘毯夹；(c) 导线遮蔽罩；
(d) 引线遮蔽罩（根据实际情况选用）

表 5-55 绝缘遮蔽用具配置

| 序号 | 名称 | | 规格、型号 | 单位 | 数量 | 备注 |
|---|---|---|---|---|---|---|
| 1 | 绝缘遮蔽用具 | 导线遮蔽罩 | 10kV | 根 | 12 | 不少于配备数量 |
| 2 | | 引线遮蔽罩 | 10kV | 根 | 6 | 根据实际情况选用 |
| 3 | | 绝缘毯 | 10kV | 块 | 16 | 不少于配备数量 |
| 4 | | 绝缘毯夹 | | 个 | 32 | 不少于配备数量 |

## 5.8.4　绝缘工具和金属工具

绝缘工具和金属工具如图5-71所示，配置详见表5-56。

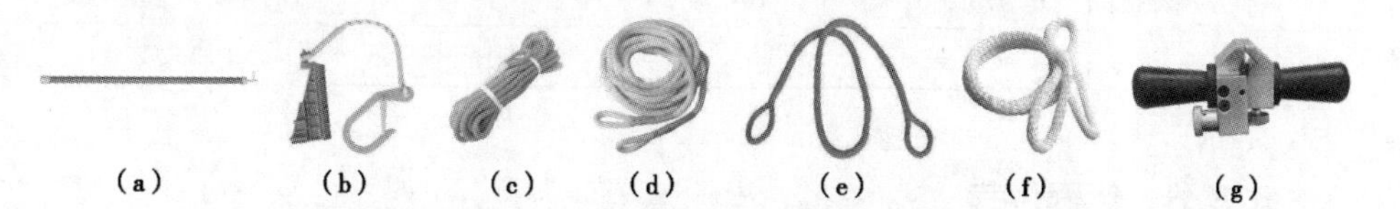


图5-71　绝缘工具和金属工具（根据实际工况选择）

(a) 绝缘操作杆；(b) 绝缘防坠绳；(c) 绝缘传递绳1（防潮型）；
(d) 绝缘传递绳2（普通型）；(e) 绝缘千金绳1（防潮型）；
(f) 绝缘千金绳2（普通型）；(g) 绝缘导线剥皮器（金属工具）

**表5-56　　绝缘工具和金属工具配置**

| 序号 | 名称 | | 规格、型号 | 单位 | 数量 | 备注 |
|---|---|---|---|---|---|---|
| 1 | 绝缘工具 | 绝缘操作杆 | 10kV | 个 | 2 | 拉合开关用 |
| 2 | | 绝缘防坠绳 | 10kV | 个 | 6 | 临时固定引下电缆用 |
| 3 | | 绝缘传递绳 | 10kV | 个 | 2 | 起吊引下电缆（备）用 |
| 4 | | 绝缘控制绳 | 10kV | 个 | 1 | 起吊开关用控制绳 |
| 5 | | 绝缘千金绳 | 10kV | 个 | 2 | 起吊开关用千金绳 |
| 6 | 金属工具 | 绝缘导线剥皮器 | | 个 | 2 | |

## 5.8.5　旁路设备

旁路设备如图5-72所示，配置详见表5-57。

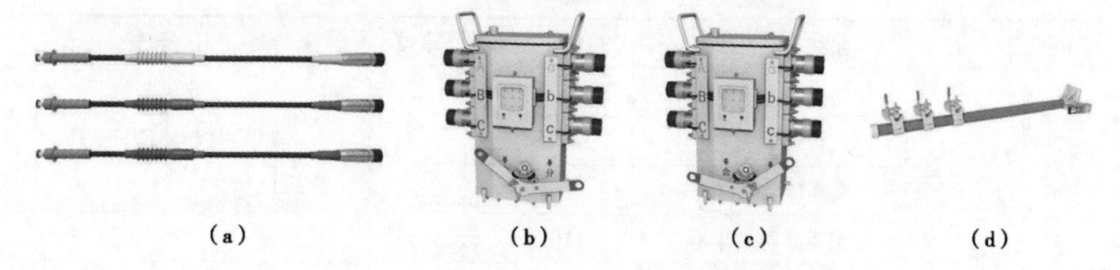


图5-72　旁路设备（根据实际工况选择）

(a) 旁路引下电缆；(b) 旁路负荷开关分闸位置；
(c) 旁路负荷开关合闸位置；(d) 余缆支架

表 5-57 旁路设备配置

| 序号 | 名称 | | 规格、型号 | 单位 | 数量 | 备注 |
|---|---|---|---|---|---|---|
| 1 | 旁路设备 | 旁路引下电缆 | 10kV，200A | 组 | 2 | 黄、绿、红各三根 |
| 2 | | 旁路负荷开关 | 10kV，200A | 台 | 1 | 含电杆安装抱箍 |
| 3 | | 余缆支架 | | 根 | 2 | 含电杆安装带 |

## 5.8.6 仪器仪表

仪器仪表如图 5-73 所示，配置详见表 5-58。

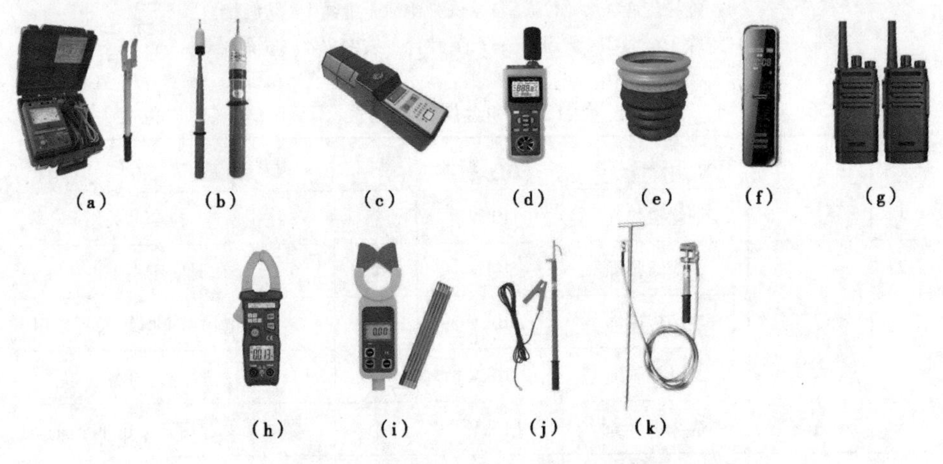

图 5-73 仪器仪表（根据实际工况选择）

（a）绝缘电阻测试仪+电极板；（b）高压验电器；（c）工频高压发生器；（d）风速湿度仪；
（e）绝缘手套充压气检测器；（f）录音笔；（g）对讲机；
（h）钳形电流表 1（手持式）；（i）钳形电流表 2（绝缘杆式）；
（j）放电棒；（k）接地棒

表 5-58 仪器仪表配置

| 序号 | 名称 | | 规格、型号 | 单位 | 数量 | 备注 |
|---|---|---|---|---|---|---|
| 1 | 仪器仪表 | 绝缘电阻测试仪 | 2500V 及以上 | 套 | 1 | 含电极板 |
| 2 | | 钳形电流表 | 高压 | 个 | 1 | 推荐绝缘杆式 |
| 3 | | 高压验电器 | 10kV | 个 | 1 | |
| 4 | | 工频高压发生器 | 10kV | 个 | 1 | |
| 5 | | 风速湿度仪 | | 个 | 1 | |
| 6 | | 绝缘手套充压气检测器 | | 个 | 1 | |
| 7 | | 录音笔 | 便携高清降噪 | 个 | 1 | 记录作业对话用 |
| 8 | | 对讲机 | 户外无线手持 | 台 | 3 | 杆上杆下监护指挥用 |

续表

| 序号 | 名称 | | 规格、型号 | 单位 | 数量 | 备注 |
|---|---|---|---|---|---|---|
| 9 | 仪器仪表 | 放电棒 | | 个 | 1 | 带接地线 |
| 10 | | 接地棒和接地线 | | 个 | 2 | 包括旁路负荷开关用 |

## 5.8.7　其他工具和材料

其他工具如图 5-74 所示，材料如图 5-75 所示，配置详见表 5-59。

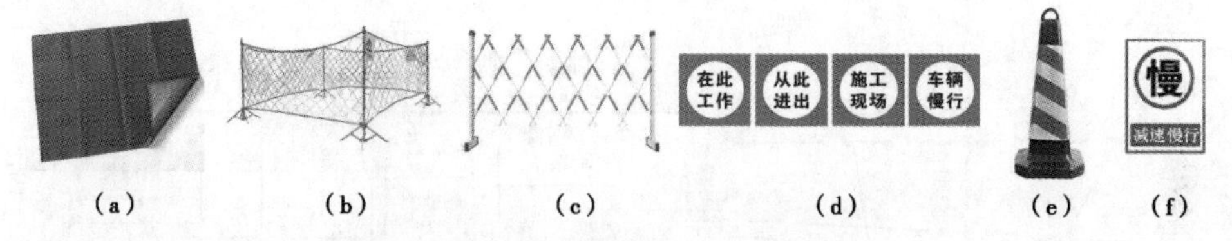


图 5-74　其他工具（根据实际工况选择）

(a) 防潮苫布；(b) 安全围栏 1；(c) 安全围栏 2；
(d) 警告标志；(e) 路障；(f) 减速慢行标志

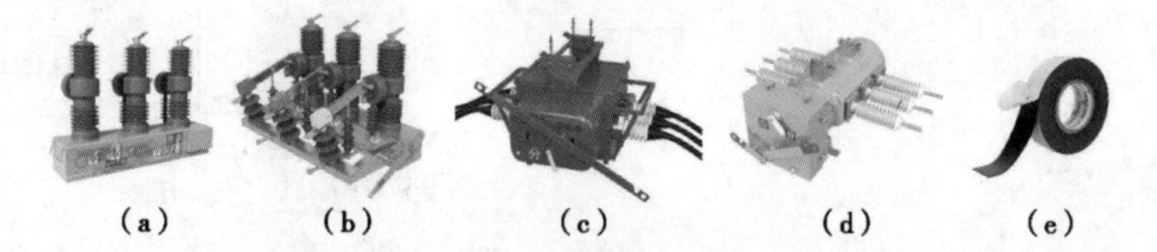


图 5-75　材料（根据实际工况选择）

(a) 柱上开关 1（断路器）；(b) 柱上开关 2（断路器）；(c) 柱上开关 3（断路器）；
(d) 柱上开关 4（负荷开关）；(e) 绝缘自粘带

表 5-59　其他工具和材料配置

| 序号 | 名称 | | 规格、型号 | 单位 | 数量 | 备注 |
|---|---|---|---|---|---|---|
| 1 | 其他工具 | 防潮苫布 | | 块 | 若干 | 根据现场情况选择 |
| 2 | | 个人手工工具 | | 套 | 1 | 推荐用绝缘手工工具 |
| 3 | | 安全围栏 | | 组 | 1 | |
| 4 | | 警告标志 | | 套 | 1 | |
| 5 | | 路障和减速慢行标志 | | 组 | 1 | |
| 6 | 材料 | 柱上开关 | | 台 | 1 | 根据现场情况选择型号 |
| 7 | | 清洁纸和硅脂膏 | | 个 | 若干 | 清洁和涂抹接头用 |
| 8 | | 绝缘自粘带 | | 卷 | 若干 | 恢复绝缘用 |

# 5.9 绝缘手套作业法（绝缘斗臂车作业）带负荷更换柱上开关项目3

本项目装备配置适用于如图5-76所示的柱上开关杆（双侧无隔离刀闸，导线三角排列），采用绝缘手套作业法（绝缘斗臂车作业）带负荷更换柱上开关项目3。生产中务必结合现场实际工况参照适用，推广绝缘手套作业法融合绝缘杆作业法在绝缘斗臂车的绝缘斗或其他绝缘平台，如绝缘脚手架上的应用。

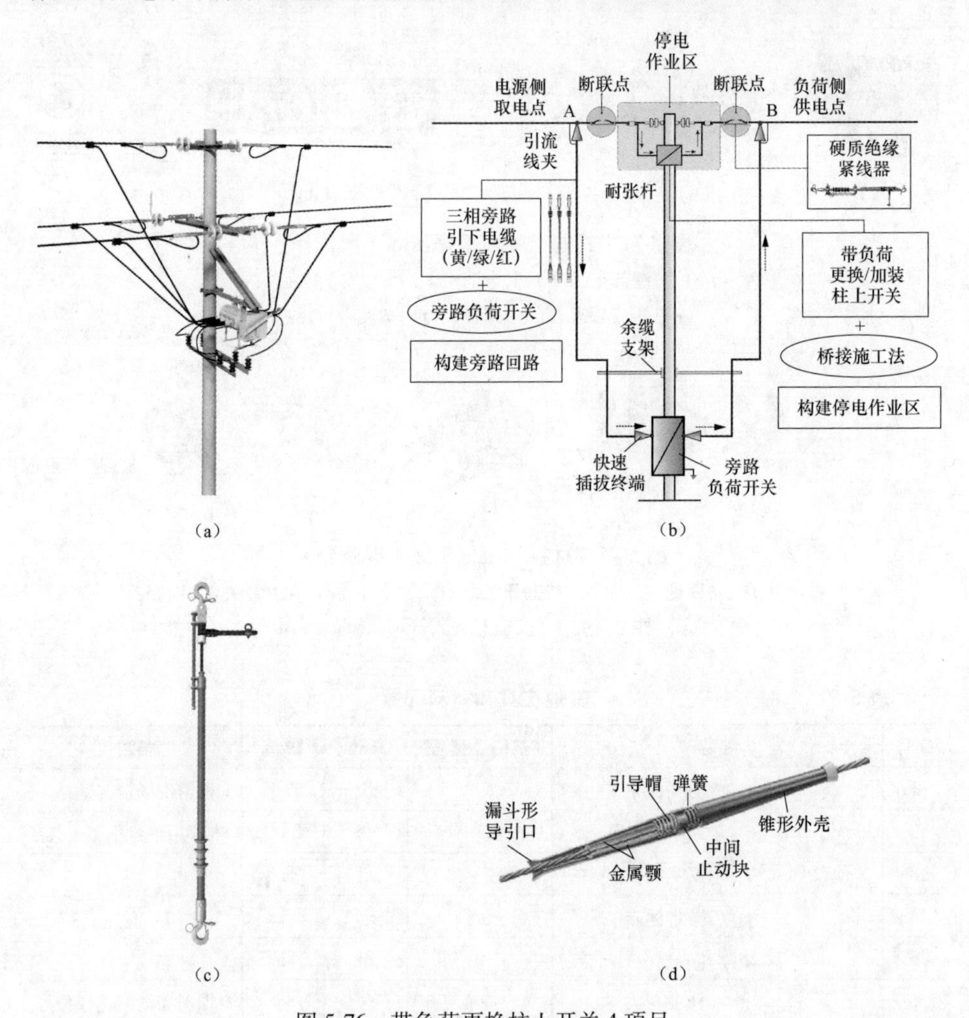


（a） （b）

（c） （d）

图5-76 带负荷更换柱上开关4项目

（a）杆头外形图；（b）桥接施工法示意图；（c）桥接工具之硬质绝缘紧线器外形图；（d）桥接工具之专用快速接头构造图

## 5.9.1　特种车辆

特种车辆如图 5-77 所示，配置详见表 5-60。

（a）　　（b）

图 5-77　特种车辆

（a）绝缘斗臂车；（b）移动库房车

表 5-60　特种车辆配置

| 序号 | 名称 | | 规格、型号 | 单位 | 数量 | 备注 |
|---|---|---|---|---|---|---|
| 1 | 特种车辆 | 绝缘斗臂车 | 10kV | 辆 | 2 | |
| 2 | | 移动库房车 | | 辆 | 1 | |

## 5.9.2　个人防护用具

个人防护用具如图 5-78 所示，配置详见表 5-61。

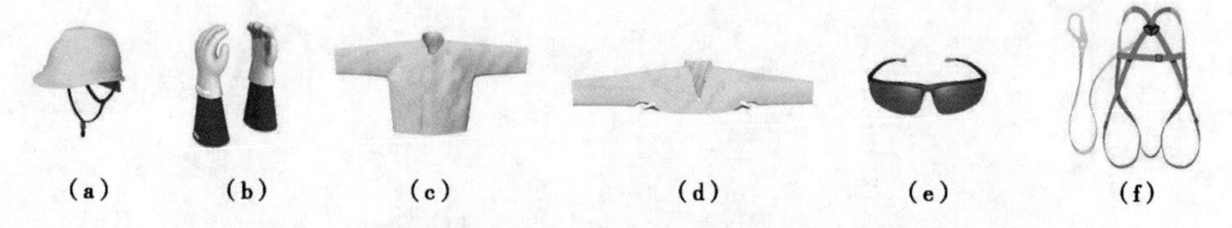

（a）　（b）　（c）　（d）　（e）　（f）

图 5-78　个人防护用具

（a）绝缘安全帽；（b）绝缘手套+羊皮或仿羊皮保护手套；（c）绝缘服；（d）绝缘披肩；（e）护目镜；（f）安全带

表 5-61　个人防护用具配置

| 序号 | 名称 | | 规格、型号 | 单位 | 数量 | 备注 |
|---|---|---|---|---|---|---|
| 1 | 个人防护用具 | 绝缘安全帽 | 10kV | 顶 | 4 | |
| 2 | | 绝缘手套 | 10kV | 双 | 7 | 带防刺穿手套 |
| 3 | | 绝缘披肩（绝缘服） | 10kV | 件 | 4 | 根据现场情况选择 |
| 4 | | 护目镜 | | 副 | 4 | |
| 5 | | 安全带 | | 副 | 4 | 有后备保护绳 |

### 5.9.3 绝缘遮蔽用具

绝缘遮蔽用具如图 5-79 所示，配置详见表 5-62。

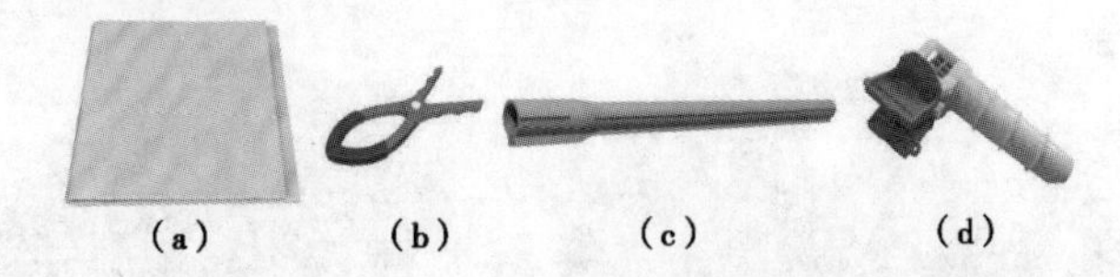

图 5-79 绝缘遮蔽用具（根据实际工况选择）

（a）绝缘毯；（b）绝缘毯夹；（c）导线遮蔽罩；（d）导线端头遮蔽罩

表 5-62 绝缘遮蔽用具配置

| 序号 | 名称 | | 规格、型号 | 单位 | 数量 | 备注 |
|---|---|---|---|---|---|---|
| 1 | 绝缘遮蔽用具 | 导线遮蔽罩 | 10kV | 根 | 12 | 不少于配备数量 |
| 2 | | 导线端头遮蔽罩 | 10kV | 个 | 6 | 根据实际情况选用 |
| 3 | | 绝缘毯 | 10kV | 块 | 18 | 不少于配备数量 |
| 4 | | 绝缘毯夹 | | 个 | 36 | 不少于配备数量 |

### 5.9.4 绝缘工具和金属工具

绝缘工具如图 5-80 所示，金属工具如图 5-81 所示，配置详见表 5-63。

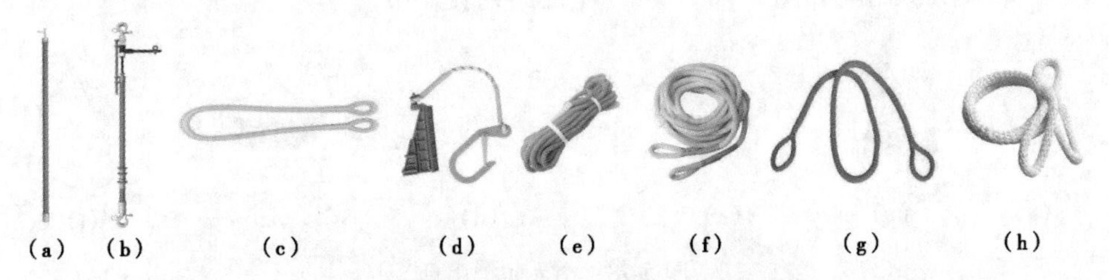

图 5-80 绝缘工具（根据实际工况选择）

（a）绝缘操作杆；（b）桥接工具之硬质绝缘紧线器；（c）绝缘保护绳；

（d）绝缘防坠绳；（e）绝缘传递绳 1（防潮型）；（f）绝缘传递绳 2（普通型）；

（g）绝缘千金绳 1（防潮型）；（h）绝缘千金绳 2（普通型）

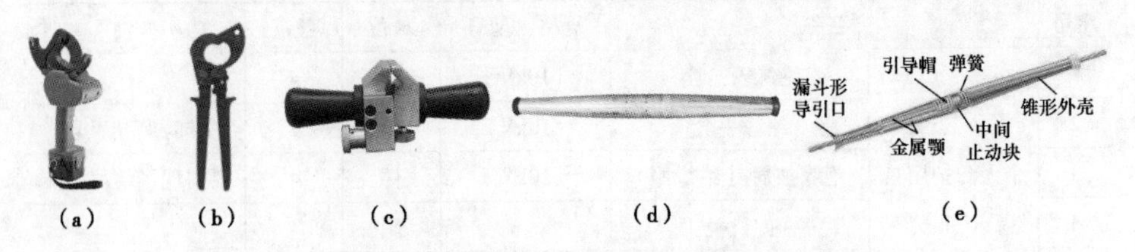


图 5-81 金属工具（根据实际工况选择）

（a）电动断线切刀；（b）棘轮切刀；（c）绝缘导线剥皮器；

（d）桥接工具之专用快速接头；（e）桥接工具之专用快速接头构造图

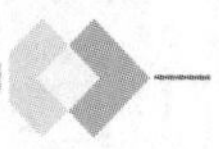


表 5-63　　绝缘工具和金属工具配置

| 序号 | 名称 | | 规格、型号 | 单位 | 数量 | 备注 |
|---|---|---|---|---|---|---|
| 1 | 绝缘工具 | 绝缘操作杆 | 10kV | 个 | 2 | 拉合开关用 |
| 2 | | 硬质绝缘紧线器 | 10kV | 个 | 6 | 桥接工具 |
| 3 | | 绝缘保护绳 | 10kV | 个 | 6 | 后备保护绳 |
| 4 | | 绝缘防坠绳 | 10kV | 个 | 6 | 临时固定引下电缆用 |
| 5 | | 绝缘传递绳 | 10kV | 个 | 2 | 起吊引下电缆（备）用 |
| 6 | | 绝缘控制绳 | 10kV | 个 | 1 | 起吊开关用控制绳 |
| 7 | | 绝缘千金绳 | 10kV | 个 | 2 | 起吊开关用千金绳 |
| 8 | 金属工具 | 电动断线切刀或棘轮切刀 | | 个 | 2 | 根据实际情况选用 |
| 9 | | 绝缘导线剥皮器 | | 个 | 2 | |
| 10 | | 专用快速接头 | | 个 | 6 | 桥接工具 |

## 5.9.5 旁路设备

旁路设备如图 5-82 所示，配置详见表 5-64。

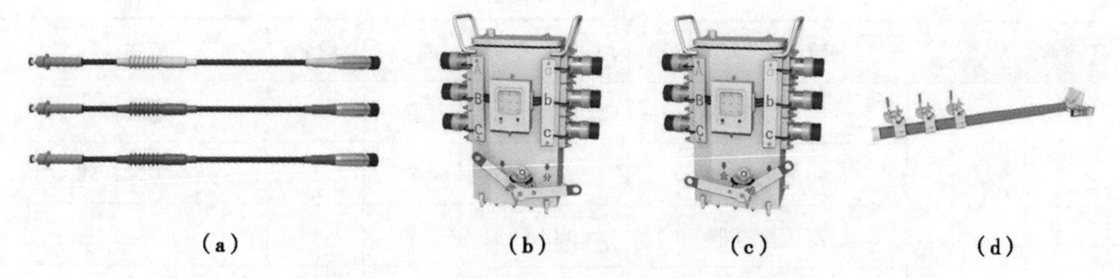


图 5-82　旁路设备（根据实际工况选择）

（a）旁路引下电缆；（b）旁路负荷开关分闸位置；（c）旁路负荷开关合闸位置；（d）余缆支架；（e）绝缘防坠绳

表 5-64　　旁路设备配置

| 序号 | 名称 | | 规格、型号 | 单位 | 数量 | 备注 |
|---|---|---|---|---|---|---|
| 1 | 旁路设备 | 旁路引下电缆 | 10kV，200A | 组 | 2 | 黄绿红 3 根一组，15m |
| 2 | | 旁路负荷开关 | 10kV，200A | 台 | 1 | 带核相装置/安装抱箍 |
| 3 | | 余缆支架 | | 根 | 2 | 含电杆安装带 |

### 5.9.6 仪器仪表

仪器仪表如图 5-83 所示，配置详见表 5-65。

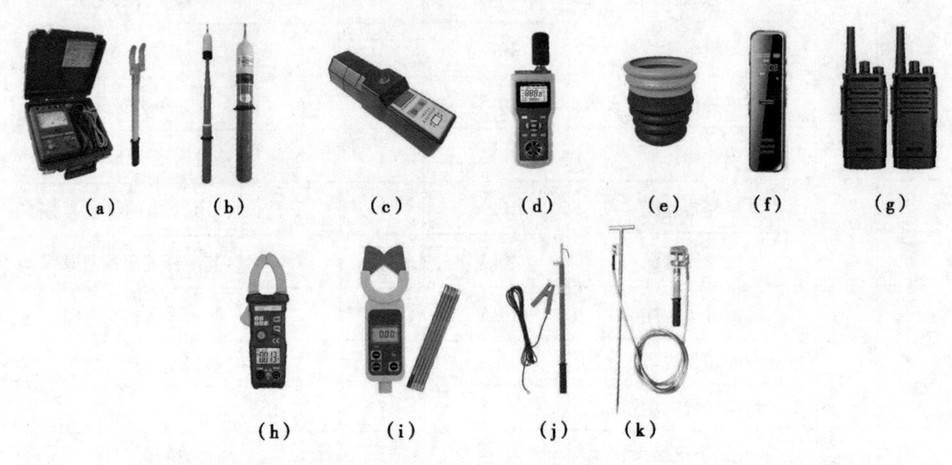


图 5-83 仪器仪表（根据实际工况选择）

(a) 绝缘电阻测试仪+电极板；(b) 高压验电器；(c) 工频高压发生器；(d) 风速湿度仪；(e) 绝缘手套充压气检测器；(f) 录音笔；(g) 对讲机；(h) 钳形电流表（手持式）；(i) 钳形电流表（绝缘杆式）；(j) 放电棒；(k) 接地棒

表 5-65 仪器仪表配置

| 序号 | 名称 | | 规格、型号 | 单位 | 数量 | 备注 |
|---|---|---|---|---|---|---|
| 1 | 仪器仪表 | 绝缘电阻测试仪 | 2500V 及以上 | 套 | 1 | 含电极板 |
| 2 | | 钳形电流表 | 高压 | 个 | 1 | 推荐绝缘杆式 |
| 3 | | 高压验电器 | 10kV | 个 | 1 | |
| 4 | | 工频高压发生器 | 10kV | 个 | 1 | |
| 5 | | 风速湿度仪 | | 个 | 1 | |
| 6 | | 绝缘手套充压气检测器 | | 个 | 1 | |
| 7 | | 录音笔 | 便携高清降噪 | 个 | 1 | 记录作业对话用 |
| 8 | | 对讲机 | 户外无线手持 | 台 | 3 | 杆上杆下监护指挥用 |
| 9 | | 放电棒 | | 个 | 1 | 带接地线 |
| 10 | | 接地棒和接地线 | | 个 | 2 | 包括旁路负荷开关用 |

### 5. 9. 7　其他工具和材料

其他工具如图 5-84 所示，材料如图 5-85 所示，配置详见表 5-66。

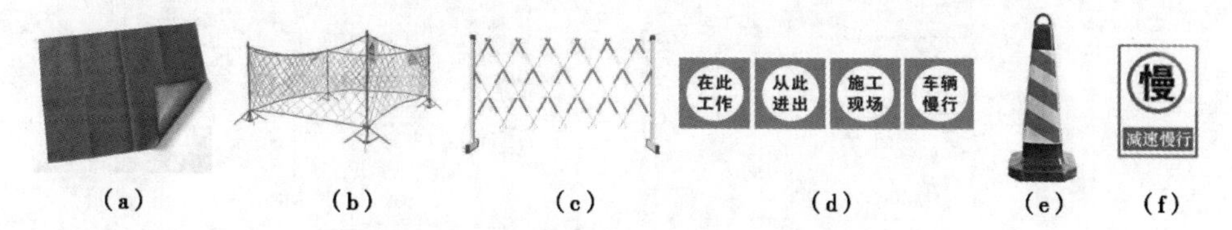


图 5-84　其他工具（根据实际工况选择）

（a）防潮苫布；（b）安全围栏 1；（c）安全围栏 2；（d）警告标志；（e）路障；（f）减速慢行标志

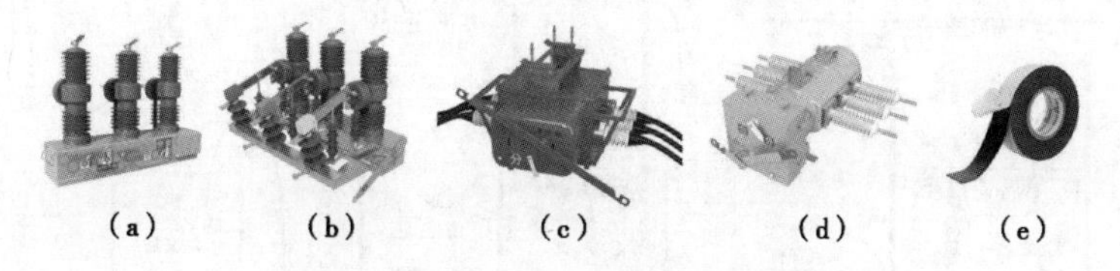


图 5-85　材料（根据实际工况选择）

（a）柱上开关 1（断路器）；（b）柱上开关 2（断路器）；（c）柱上开关 3（断路器）；
（d）柱上开关 4（负荷开关）；（e）绝缘自粘带

表 5-66　　　　　　　　其他工具和材料配置

| 序号 | 名称 | | 规格、型号 | 单位 | 数量 | 备注 |
|---|---|---|---|---|---|---|
| 1 | 其他工具 | 防潮苫布 | | 块 | 若干 | 根据现场情况选择 |
| 2 | | 个人手工工具 | | 套 | 1 | 推荐用绝缘手工工具 |
| 3 | | 安全围栏 | | 组 | 1 | |
| 4 | | 警告标志 | | 套 | 1 | |
| 5 | | 路障和减速慢行标志 | | 组 | 1 | |
| 6 | 材料 | 柱上开关 | | 台 | 1 | 根据现场情况选择型号 |
| 7 | | 清洁纸和硅脂膏 | | 个 | 若干 | 清洁和涂抹接头用 |
| 8 | | 绝缘自粘带 | | 卷 | 若干 | 恢复绝缘用 |

## 5. 10　绝缘手套作业法（绝缘斗臂车作业）带负荷直线杆改耐张杆并加装柱上开关项目

本项目装备配置适用于如图 5-86 所示的直线杆（导线三角排列），采用绝缘手套作业法（绝缘斗臂车作业）带负荷直线杆改耐张杆并加装柱上开关项目。生产中务必结合现场实际工况参照适用，推广绝缘手套作业法融合绝缘杆作业法在绝缘斗臂车的绝缘斗或其他绝缘平台，如绝缘脚手架上的应用。

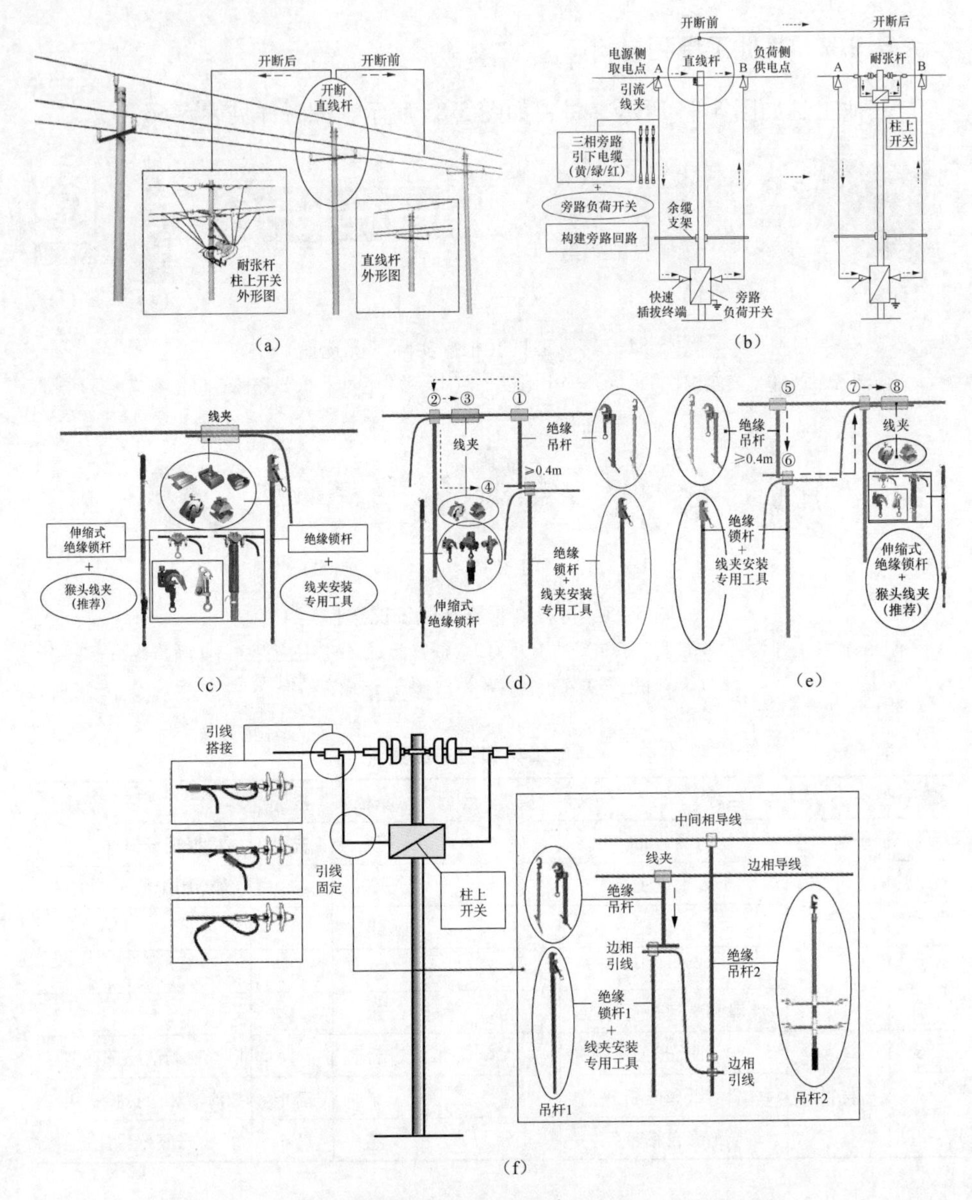


图 5-86　绝缘手套作业法（绝缘斗臂车作业）带负荷直线杆改耐张杆并加装柱上开关项目

（a）杆头外形图；（b）旁路作业法示意图；（c）线夹与绝缘锁杆外形图；
（d）断开引线作业示意图；（e）搭接引线作业示意图；（f）绝缘吊杆法临时固定引线示意图
①—绝缘吊杆固定在主导线上；②—绝缘锁杆将待断引线固定；③—拆除线夹或剪断引线；
④—绝缘锁杆（连同引线）固定在绝缘吊杆的横向支杆上，三相引线按相同方法完成断开操作；
⑤—绝缘吊杆固定在主导线上；⑥—绝缘锁杆（连同引线）固定在绝缘吊杆的横向支杆上；
⑦—绝缘锁杆将待接引线固定在导线上；⑧—安装线夹，三相引线按相同方法完成搭接操作

## 5. 10. 1　特种车辆

特种车辆如图 5-87 所示，配置详见表 5-67。

（a）　　（b）

图 5-87　特种车辆

（a）绝缘斗臂车；（b）移动库房车

表 5-67　　特种车辆配置

| 序号 | 名称 | | 规格、型号 | 单位 | 数量 | 备注 |
| --- | --- | --- | --- | --- | --- | --- |
| 1 | 特种车辆 | 绝缘斗臂车 | 10kV | 辆 | 2 | |
| 2 | | 移动库房车 | | 辆 | 1 | |

## 5. 10. 2　个人防护用具

个人防护用具如图 5-88 所示，配置详见表 5-68。

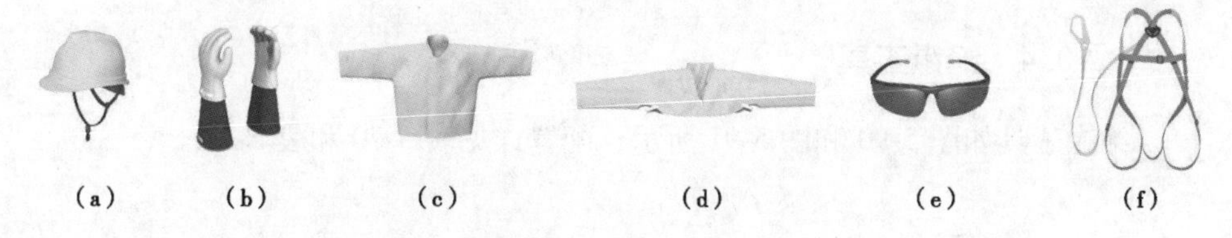

（a）　（b）　（c）　（d）　（e）　（f）

图 5-88　个人防护用具

（a）绝缘安全帽；（b）绝缘手套+羊皮或仿羊皮保护手套；（c）绝缘服；（d）绝缘披肩；（e）护目镜；（f）安全带

表 5-68　　个人防护用具配置

| 序号 | 名称 | | 规格、型号 | 单位 | 数量 | 备注 |
| --- | --- | --- | --- | --- | --- | --- |
| 1 | 个人防护用具 | 绝缘安全帽 | 10kV | 顶 | 4 | |
| 2 | | 绝缘手套 | 10kV | 双 | 7 | 带防刺穿手套 |
| 3 | | 绝缘披肩（绝缘服） | 10kV | 件 | 4 | 根据现场情况选择 |
| 4 | | 护目镜 | | 副 | 4 | |
| 5 | | 安全带 | | 副 | 4 | 有后备保护绳 |

### 5.10.3 绝缘遮蔽用具

绝缘遮蔽用具如图 5-89 所示，配置详见表 5-69。

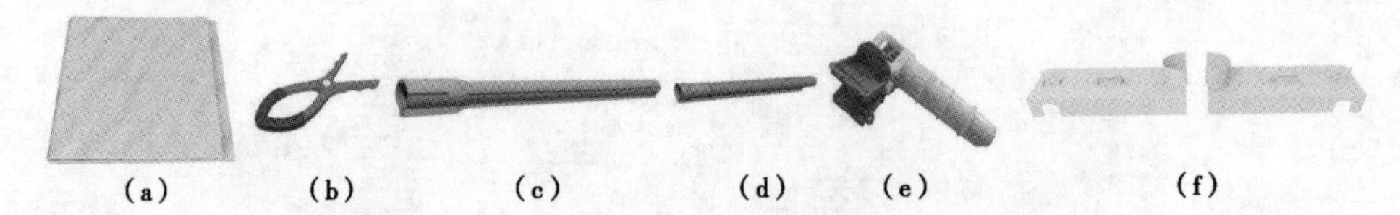

图 5-89 绝缘遮蔽用具（根据实际工况选择）

（a）绝缘毯；（b）绝缘毯夹；（c）导线遮蔽罩；（d）引流线遮蔽罩；
（e）导线端头遮蔽罩；（f）耐张横担遮蔽罩

表 5-69 绝缘遮蔽用具配置

| 序号 | 名称 | | 规格、型号 | 单位 | 数量 | 备注 |
|---|---|---|---|---|---|---|
| 1 | 绝缘遮蔽用具 | 导线遮蔽罩 | 10kV | 根 | 18 | 不少于配备数量 |
| 2 | | 引线遮蔽罩 | 10kV | 根 | 12 | 不少于配备数量 |
| 3 | | 导线端头遮蔽罩 | 10kV | 根 | 6 | 备用 |
| 4 | | 耐张横担遮蔽罩（对称） | 10kV | 副 | 1 | 不少于配备数量 |
| 5 | | 绝缘毯 | 10kV | 块 | 28 | 不少于配备数量 |
| 6 | | 绝缘毯夹 | | | 56 | 不少于配备数量 |

### 5.10.4 绝缘工具

绝缘工具如图 5-90 和图 5-91 所示，配置详见表 5-70 和表 5-71。

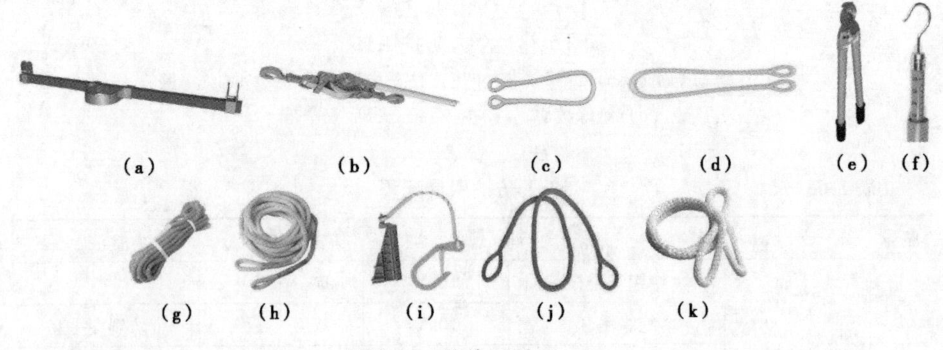

图 5-90 绝缘工具（一）

（a）绝缘横担；（b）软质绝缘紧线器；（c）绝缘绳套（短）；（d）绝缘保护绳（长）；
（e）绝缘断线剪；（f）绝缘测量杆；（g）绝缘传递绳 1（防潮型）；（h）绝缘传递绳 2（普通型）；
（i）绝缘防坠绳；（j）绝缘千金绳 1（防潮型）；（k）绝缘千金绳 2（普通型）

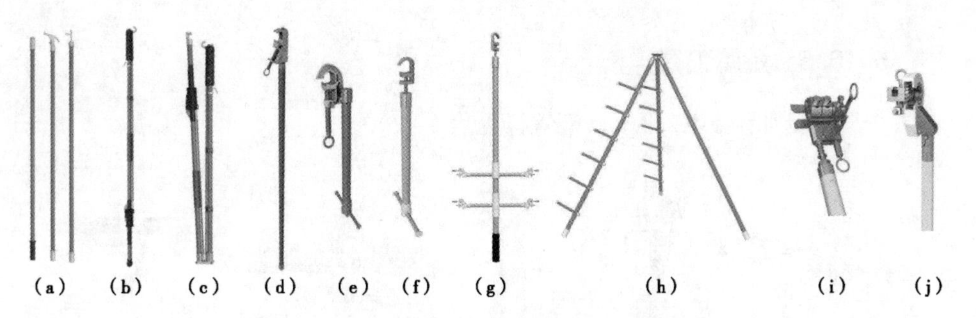


图 5-91　绝缘工具（二）（根据实际工况选择）
（a）绝缘操作杆；（b）伸缩式绝缘锁杆（射枪式操作杆）；
（c）伸缩式折叠绝缘锁杆（射枪式操作杆）；（d）绝缘（双头）锁杆；
（e）绝缘吊杆 1；（f）绝缘吊杆 2；（g）绝缘吊杆 3；（h）绝缘工具支架；
（i）并沟线夹安装专用工具（根据线夹选择）；（j）绝缘导线剥皮器（推荐使用电动式）

**表 5-70　　　　绝缘工具（一）配置**

| 序号 | 名称 | | 规格、型号 | 单位 | 数量 | 备注 |
|---|---|---|---|---|---|---|
| 1 | 绝缘工具（一） | 绝缘横担 | 10kV | 个 | 1 | 电杆用 |
| 2 | | 绝缘紧线器 | 10kV | 个 | 2 | 配卡线器 2 个 |
| 3 | | 绝缘绳套 | 10kV | 个 | 3 | 紧线器、保护绳等用 |
| 4 | | 绝缘保护绳 | 10kV | 根 | 2 | 配卡线器 2 个 |
| 5 | | 绝缘断线剪 | 10kV | 个 | 1 | |
| 6 | | 绝缘测量杆 | 10kV | 个 | 1 | |
| 7 | | 绝缘传递绳 | 10kV | 根 | 2 | 起吊引下电缆用 |
| 8 | | 绝缘防坠绳 | 10kV | 个 | 6 | 临时固定引下电缆用 |
| 9 | | 绝缘控制绳 | 10kV | 个 | 1 | 起吊开关用控制绳 |
| 10 | | 绝缘千金绳 | 10kV | 个 | 2 | 起吊开关用千金绳 |

**表 5-71　　　　绝缘工具（二）配置**

| 序号 | 名称 | | 规格、型号 | 单位 | 数量 | 备注 |
|---|---|---|---|---|---|---|
| 1 | 绝缘工具（二） | 绝缘（双头）锁杆 | 10kV | 个 | 2 | 可同时锁定两根导线 |
| 2 | | 伸缩式绝缘锁杆 | 10kV | 个 | 2 | 射枪式操作杆 |
| 3 | | 绝缘吊杆 1（短） | 10kV | 个 | 6 | 临时固定引线用 |
| 4 | | 绝缘吊杆 2（长） | 10kV | 个 | 2 | 临时固定引线用 |
| 5 | | 绝缘操作杆 | 10kV | 个 | 2 | 拉合开关用 |
| 6 | | 绝缘导线剥皮器 | 10kV | 套 | 1 | 根据实际情况选用 |
| 7 | | 线夹装拆工具 | 10kV | 套 | 1 | 根据线夹类型选择 |

## 5. 10. 5　金属工具

金属工具如图 5-92 所示，配置详见表 5-72。

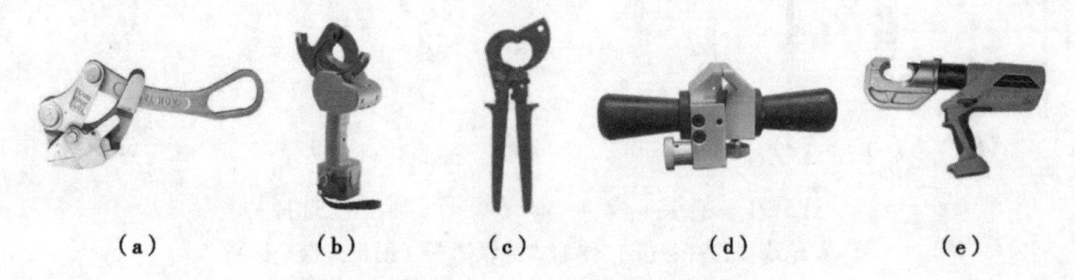

图 5-92　金属工具（根据实际工况选择）

（a）卡线器；（b）电动断线切刀；（c）棘轮切刀；（d）绝缘导线剥皮器；（e）液压钳

**表 5-72　　金属工具配置**

| 序号 | 名称 | | 规格、型号 | 单位 | 数量 | 备注 |
|---|---|---|---|---|---|---|
| 1 | 金属工具 | 卡线器 | | 个 | 4 | |
| 2 | | 电动断线切刀或棘轮切刀 | | 个 | 1 | 根据实际情况选用 |
| 3 | | 绝缘导线剥皮器 | | 个 | 1 | |
| 4 | | 压接用液压钳 | | 个 | 1 | 根据实际情况选用 |

## 5. 10. 6　旁路设备

旁路设备如图 5-93 所示，配置详见表 5-73。

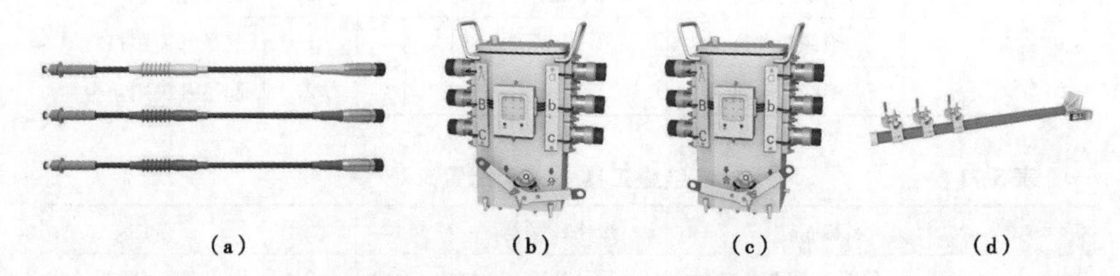

图 5-93　旁路设备（根据实际工况选择）

（a）旁路引下电缆；（b）旁路负荷开关分闸位置；（c）旁路负荷开关合闸位置；（d）余缆支架

**表 5-73　　旁路设备配置**

| 序号 | 名称 | | 规格、型号 | 单位 | 数量 | 备注 |
|---|---|---|---|---|---|---|
| 1 | 旁路设备 | 旁路引下电缆 | 10kV，200A | 组 | 2 | 黄绿红 3 根一组，15m |
| 2 | | 旁路负荷开关 | 10kV，200A | 台 | 1 | 带核相装置/安装抱箍 |
| 3 | | 余缆支架 | | 根 | 2 | 含电杆安装带 |

## 5. 10. 7 仪器仪表

仪器仪表如图 5-94 所示，配置详见表 5-74。

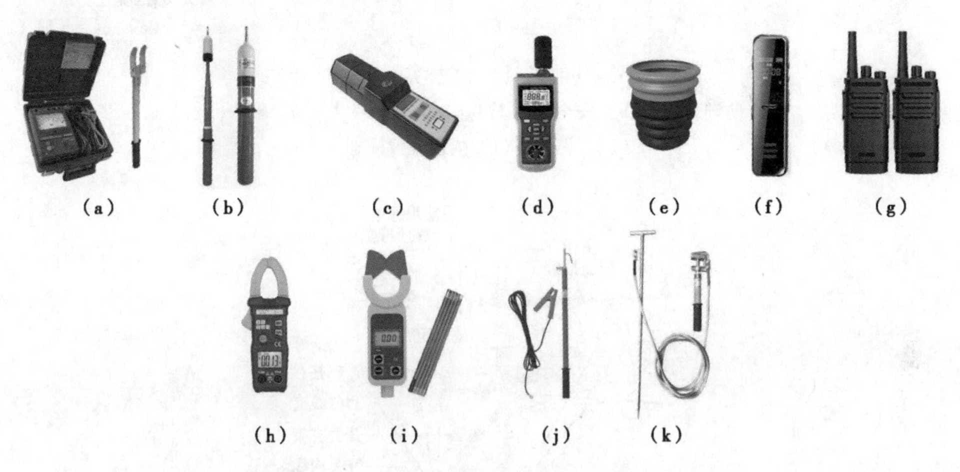


图 5-94 仪器仪表（根据实际工况选择）

（a）绝缘电阻测试仪+电极板；（b）高压验电器；（c）工频高压发生器；（d）风速湿度仪；（e）绝缘手套充压气检测器；（f）录音笔；（g）对讲机；（h）钳形电流表 1（手持式）；（i）钳形电流表 2（绝缘杆式）；（j）放电棒；（k）接地棒

表 5-74 仪器仪表配置

| 序号 | 名称 | | 规格、型号 | 单位 | 数量 | 备注 |
|---|---|---|---|---|---|---|
| 1 | 仪器仪表 | 绝缘电阻测试仪 | 2500V 及以上 | 套 | 1 | 含电极板 |
| 2 | | 钳形电流表 | 高压 | 个 | 1 | 推荐绝缘杆式 |
| 3 | | 高压验电器 | 10kV | 个 | 1 | |
| 4 | | 工频高压发生器 | 10kV | 个 | 1 | |
| 5 | | 风速湿度仪 | | 个 | 1 | |
| 6 | | 绝缘手套充压气检测器 | | 个 | 1 | |
| 7 | | 录音笔 | 便携高清降噪 | 个 | 1 | 记录作业对话用 |
| 8 | | 对讲机 | 户外无线手持 | 台 | 3 | 杆上杆下监护指挥用 |
| 9 | | 放电棒 | | 个 | 1 | 带接地线 |
| 10 | | 接地棒和接地线 | | 个 | 2 | 包括旁路负荷开关用 |

## 5. 10. 8 其他工具和材料

其他工具如图 5-95 所示，材料如图 5-96 所示，配置详见表 5-75。

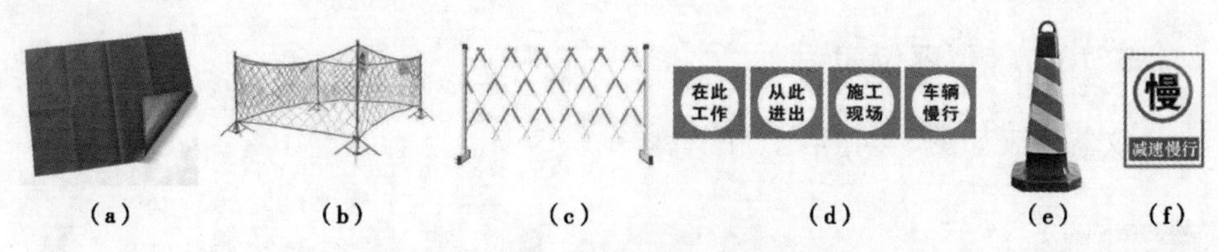


图 5-95 其他工具（根据实际工况选择）

（a）防潮苫布；（b）安全围栏 1；（c）安全围栏 2；（d）警告标志；
（e）路障；（f）减速慢行标志

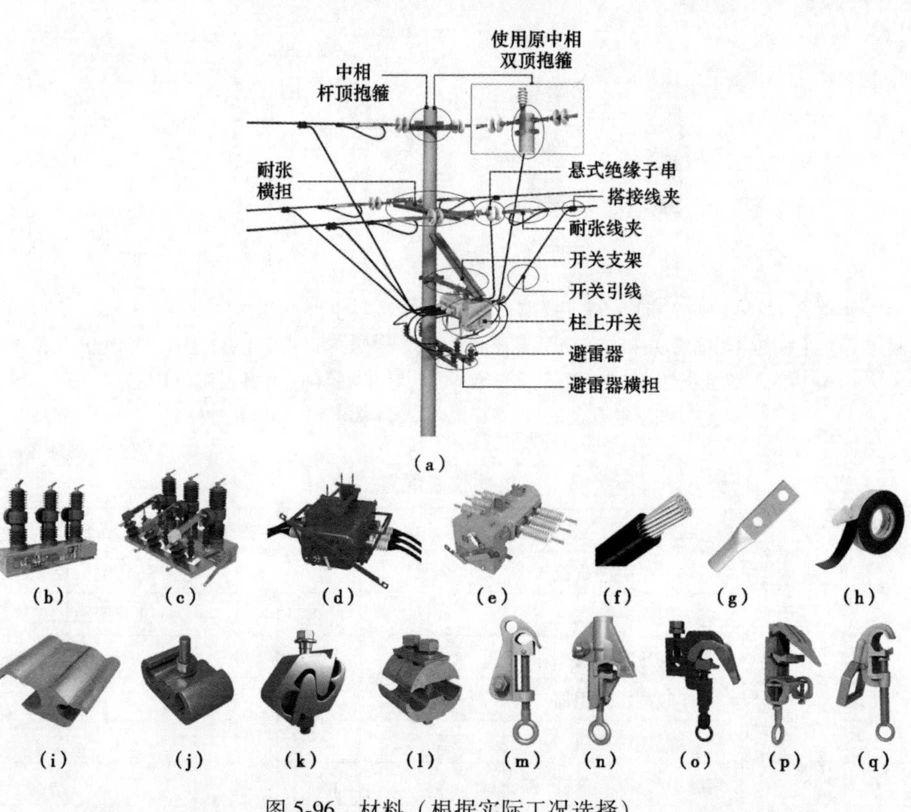


图 5-96 材料（根据实际工况选择）

（a）杆顶抱箍+耐张横担+绝缘子串+耐张线夹+开关支架+避雷器横担等；
（b）柱上开关 1（断路器）；（c）柱上开关 2（断路器）；（d）柱上开关 3（断路器）；
（e）柱上开关 4（负荷开关）；（f）制作引线用绝缘导线；（g）设备线夹；
（h）绝缘自粘带；（i）H 型线夹；（j）C 型线夹；（k）螺栓 J 型线夹；
（l）并沟线夹；（m）猴头线夹型式 1；（n）猴头线夹型式 2；
（o）猴头线夹型式 3；（p）猴头线夹型式 4；（q）马镫线夹型式

表 5-75　　其他工具和材料配置

| 序号 | 名称 | | 规格、型号 | 单位 | 数量 | 备注 |
|---|---|---|---|---|---|---|
| 1 | 其他工具 | 防潮苫布 | | 块 | 若干 | 根据现场情况选择 |
| 2 | | 个人手工工具 | | 套 | 1 | 推荐用绝缘手工工具 |
| 3 | | 安全围栏 | | 组 | 1 | |
| 4 | | 警告标志 | | 套 | 1 | |
| 5 | | 路障和减速慢行标志 | | 组 | 1 | |
| 6 | 材料 | 耐张横担及附件 | | 套 | 1 | 根据现场情况确定规格 |
| 7 | | 悬式瓷绝缘子串及附件 | | 组 | 6 | 根据现场情况确定规格 |
| 8 | | 耐张线夹 | | 个 | 6 | |
| 9 | | 中相顶抱箍 | | 个 | 1 | 或使用原中相双顶抱箍 |
| 10 | | 柱上开关 | 10kV | 台 | 1 | |
| 11 | | 开关支架及附件 | | 套 | 1 | |
| 12 | | 氧化锌避雷器 | 10kV | 只 | 6 | |
| 13 | | 避雷器横担及附件 | | 套 | 1 | |
| 14 | | 搭接线夹 | | 个 | 6 | 根据现场情况选择型号 |
| 15 | | 绝缘导线 | | m | 若干 | 制作开关引线 |
| 16 | | 设备线夹 | | 个 | 若干 | 制作开关引线端子用 |
| 17 | | 接地线 | | m | 若干 | 含附件 |
| 18 | | 接地扁铁 | | m | 若干 | 含附件 |
| 19 | | 清洁纸和硅脂膏 | | 个 | 若干 | 清洁和涂抹接头用 |
| 20 | | 绝缘自粘带 | | 卷 | 若干 | 恢复绝缘用 |

# 第 6 章　转供电类项目装备配置

## 6.1　旁路作业检修架空线路项目

本项目装备配置适用于如图 6-1 所示的架空线路（断联点处为直线杆），采用旁路作业法检修架空线路项目，线路负荷电流不大于 200A 的工况。生产中务必结合现场实际工况参照适用。

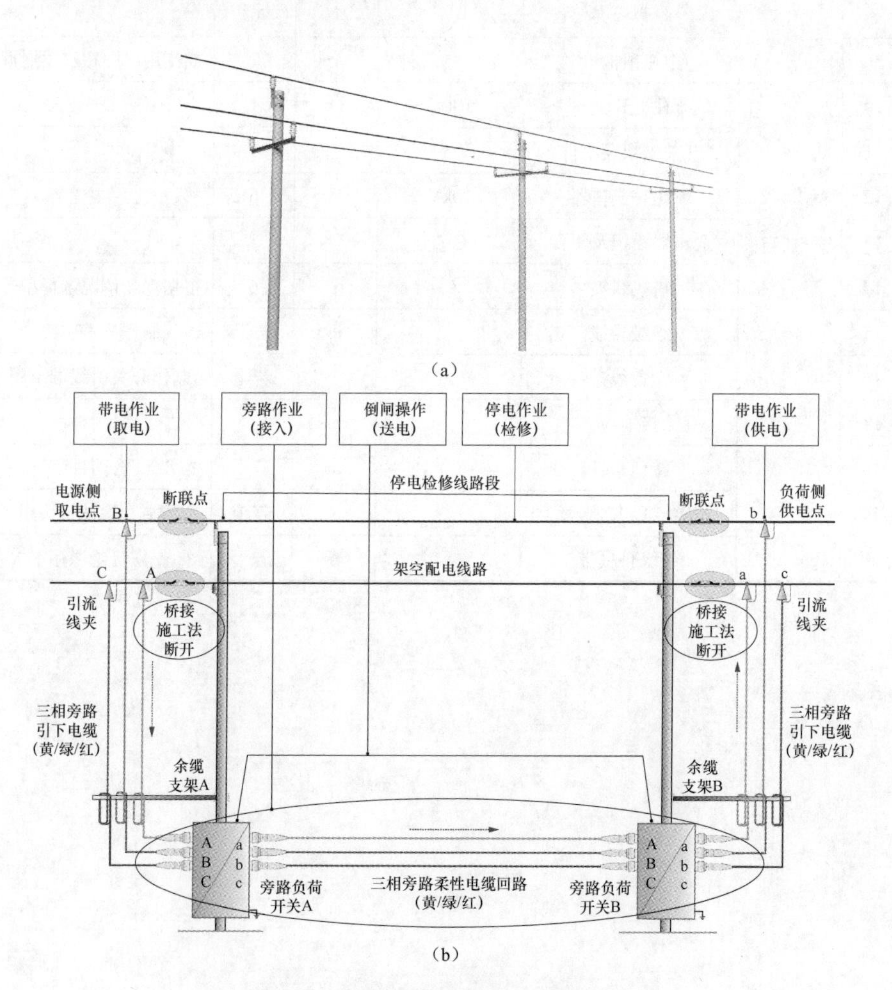


图 6-1　旁路作业检修架空线路项目

（a）架空线路示意图；（b）旁路作业检修架空线路示意图

## 6.1.1　特种车辆

特种车辆如图6-2所示，配置详见表6-1。

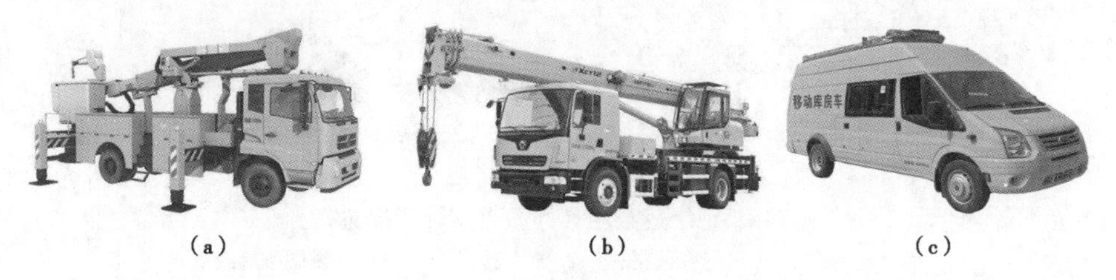


图6-2　特种车辆

(a) 绝缘斗臂车；(b) 移动库房车；(c) 旁路作业车

**表6-1　　特种车辆配置**

| 序号 | 名称 | | 规格、型号 | 单位 | 数量 | 备注 |
|---|---|---|---|---|---|---|
| 1 | | 绝缘斗臂车 | 10kV | 辆 | 2 | |
| 2 | 特种车辆 | 移动库房车 | | 辆 | 1 | |
| 3 | | 旁路作业车 | 10kV | 辆 | 1 | 旁路设备车 |

## 6.1.2　个人防护用具

个人防护用具如图6-3所示，配置详见表6-2。

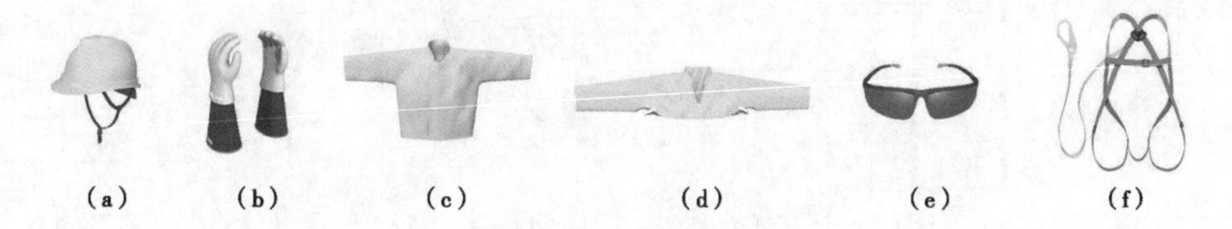


图6-3　个人防护用具

(a) 绝缘安全帽；(b) 绝缘手套+羊皮或仿羊皮保护手套；(c) 绝缘服；(d) 绝缘披肩；(e) 护目镜；(f) 安全带

**表6-2　　个人防护用具配置**

| 序号 | 名称 | | 规格、型号 | 单位 | 数量 | 备注 |
|---|---|---|---|---|---|---|
| 1 | | 绝缘安全帽 | 10kV | 顶 | 4 | |
| 2 | | 绝缘手套 | 10kV | 双 | 4 | 带防刺穿手套 |
| 3 | 个人防护用具 | 绝缘披肩（绝缘服） | 10kV | 件 | 4 | 根据现场情况选择 |
| 4 | | 护目镜 | | 副 | 4 | |
| 5 | | 安全带 | | 副 | 4 | 有后备保护绳 |

### 6.1.3 绝缘遮蔽用具

绝缘遮蔽用具如图 6-4 所示，配置详见表 6-3。

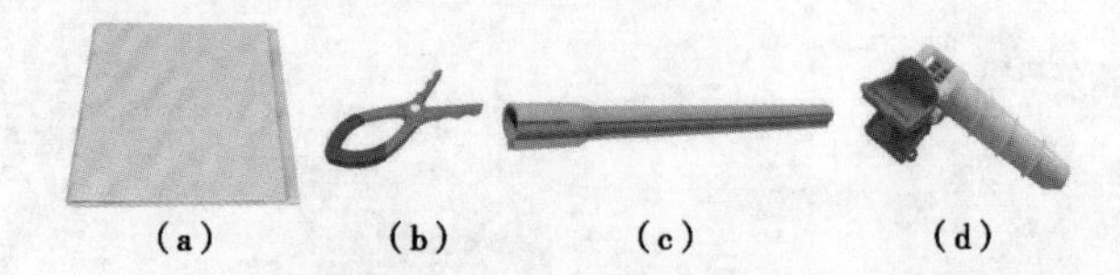


图 6-4 绝缘遮蔽用具（根据实际工况选择）

(a) 绝缘毯；(b) 绝缘毯夹；(c) 导线遮蔽罩；(d) 导线端头遮蔽罩

表 6-3 绝缘遮蔽用具配置

| 序号 | 名称 | | 规格、型号 | 单位 | 数量 | 备注 |
|---|---|---|---|---|---|---|
| 1 | 绝缘遮蔽用具 | 导线遮蔽罩 | 10kV | 根 | 18 | 不少于配备数量 |
| 2 | | 导线端头遮蔽罩 | 10kV | 个 | 12 | 根据实际情况选用 |
| 3 | | 绝缘毯 | 10kV | 块 | 24 | 不少于配备数量 |
| 4 | | 绝缘毯夹 | | 个 | 48 | 不少于配备数量 |

### 6.1.4 绝缘工具和金属工具

绝缘工具如图 6-5 所示，金属工具如图 6-6 所示，配置详见表 6-4。

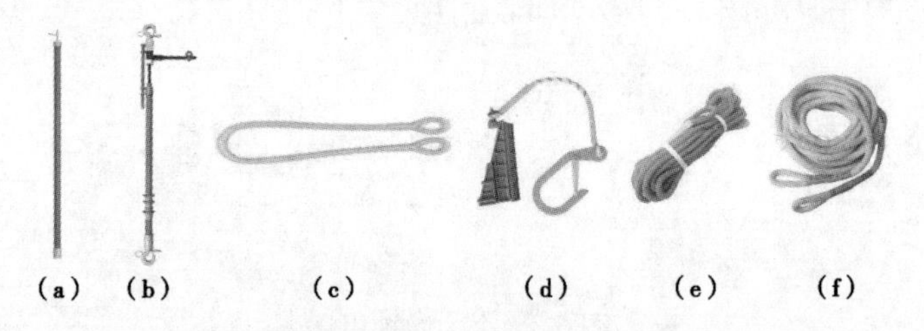


图 6-5 绝缘工具（根据实际工况选择）

(a) 绝缘操作杆；(b) 桥接工具之硬质绝缘紧线器；(c) 绝缘保护绳；
(d) 绝缘防坠绳；(e) 绝缘传递绳 1（防潮型）；(f) 绝缘传递绳 2（普通型）

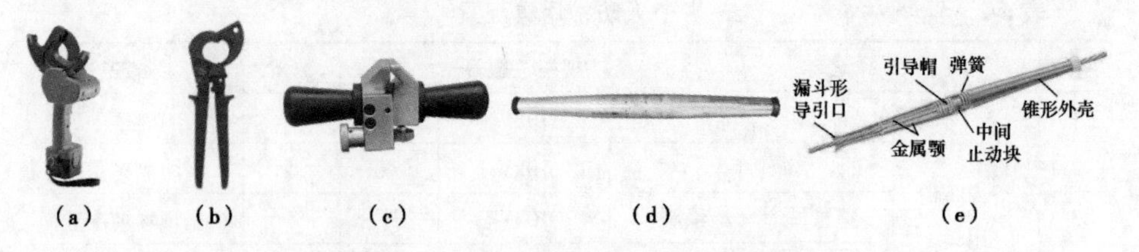


图 6-6 金属工具（根据实际工况选择）

(a) 电动断线切刀；(b) 棘轮切刀；(c) 绝缘导线剥皮器；
(d) 桥接工具之专用快速接头；(e) 桥接工具之专用快速接头构造图

表 6-4 绝缘工具和金属工具配置

| 序号 | 名称 | | 规格、型号 | 单位 | 数量 | 备注 |
|---|---|---|---|---|---|---|
| 1 | 绝缘工具 | 绝缘操作杆 | 10kV | 个 | 2 | 拉合开关用 |
| 2 | | 硬质绝缘紧线器 | 10kV | 个 | 6 | 桥接工具 |
| 3 | | 绝缘保护绳 | 10kV | 个 | 6 | 后备保护绳 |
| 4 | | 绝缘防坠绳 | 10kV | 个 | 6 | 临时固定引下电缆用 |
| 5 | | 绝缘传递绳 | 10kV | 个 | 2 | 起吊引下电缆（备）用 |
| 6 | 金属工具 | 电动断线切刀或棘轮切刀 | | 个 | 2 | 根据实际情况选用 |
| 7 | | 绝缘导线剥皮器 | | 个 | 2 | |
| 8 | | 专用快速接头 | | 个 | 6 | 桥接工具 |

## 6.1.5 旁路设备

旁路设备如图 6-7 所示，配置详见表 6-5。

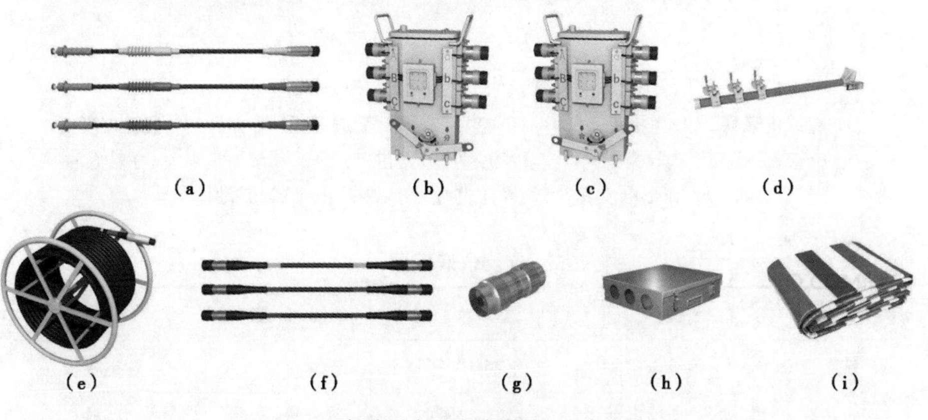

图 6-7 旁路设备（根据实际工况选择）

（a）旁路引下电缆；（b）旁路负荷开关分闸位置；（c）旁路负荷开关合闸位置；（d）余缆支架；（e）高压旁路柔性电缆盘；（f）高压旁路柔性电缆；（g）快速插拔直通接头；（h）直通接头保护架；（i）彩条防雨布

表 6-5 旁路设备配置

| 序号 | 名称 | | 规格、型号 | 单位 | 数量 | 备注 |
|---|---|---|---|---|---|---|
| 1 | 旁路设备 | 旁路引下电缆 | 10kV，200A | 组 | 2 | 黄绿红 3 根一组，15m |
| 2 | | 旁路负荷开关 | 10kV，200A | 台 | 2 | 带核相装置/安装抱箍 |
| 3 | | 余缆支架 | | 根 | 4 | 含电杆安装带 |
| 4 | | 旁路柔性电缆 | 10kV，200A | 组 | 若干 | 黄绿红 3 根一组，50m |
| 5 | | 快速插拔直通接头 | 10kV，200A | 个 | 若干 | 带接头保护盒 |
| 6 | | 电缆保护盒或彩条防雨布 | | m | 若干 | 根据现场情况选用 |

### 6.1.6 仪器仪表

仪器仪表如图 6-8 所示，配置详见表 6-6。

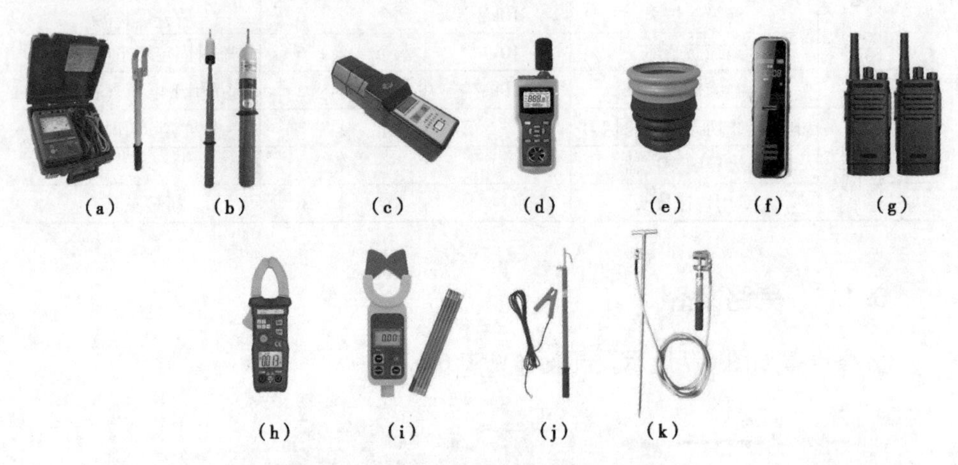


图 6-8 仪器仪表（根据实际工况选择）

（a）绝缘电阻测试仪+电极板；（b）高压验电器；（c）工频高压发生器；（d）风速湿度仪；（e）绝缘手套充压气检测器；（f）录音笔；（g）对讲机；（h）钳形电流表 1（手持式）；（i）钳形电流表 2（绝缘杆式）；（j）放电棒；（k）接地棒

表 6-6 仪器仪表配置

| 序号 | 名称 | | 规格、型号 | 单位 | 数量 | 备注 |
|---|---|---|---|---|---|---|
| 1 | 仪器仪表 | 绝缘电阻测试仪 | 2500V 及以上 | 套 | 1 | 含电极板 |
| 2 | | 钳形电流表 | 高压 | 个 | 1 | 推荐绝缘杆式 |
| 3 | | 高压验电器 | 10kV | 个 | 1 | |
| 4 | | 工频高压发生器 | 10kV | 个 | 1 | |
| 5 | | 风速湿度仪 | | 个 | 1 | |
| 6 | | 绝缘手套充压气检测器 | | 个 | 1 | |
| 7 | | 录音笔 | 便携高清降噪 | 个 | 1 | 记录作业对话用 |
| 8 | | 对讲机 | 户外无线手持 | 台 | 3 | 杆上杆下监护指挥用 |
| 9 | | 放电棒 | | 个 | 1 | 带接地线 |
| 10 | | 接地棒和接地线 | | 个 | 2 | 包括旁路负荷开关用 |

### 6.1.7　其他工具和材料

其他工具和材料如图 6-9 所示，配置详见表 6-7。

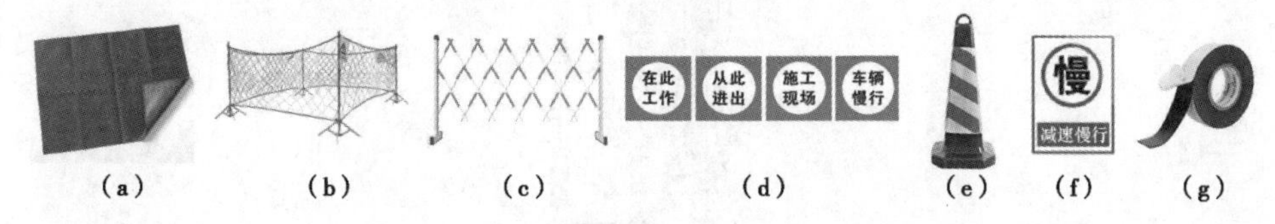


图 6-9　其他工具和材料（根据实际工况选择）
（a）防潮苫布；（b）安全围栏 1；（c）安全围栏 2；（d）警告标志；
（e）路障；（f）减速慢行标志；（g）绝缘自粘带（材料）

表 6-7　其他工具和材料配置

| 序号 | 名称 | | 规格、型号 | 单位 | 数量 | 备注 |
|---|---|---|---|---|---|---|
| 1 | 其他工具 | 防潮苫布 | | 块 | 若干 | 根据现场情况选择 |
| 2 | | 个人手工工具 | | 套 | 1 | 推荐用绝缘手工工具 |
| 3 | | 安全围栏 | | 组 | 1 | |
| 4 | | 警告标志 | | 套 | 1 | |
| 5 | | 路障和减速慢行标志 | | 组 | 1 | |
| 6 | 材料 | 绝缘自粘带 | | 卷 | 若干 | 恢复绝缘用 |
| 7 | | 清洁纸和硅脂膏 | | 个 | 若干 | 清洁和涂抹接头用 |

## 6.2　不停电更换柱上变压器项目

本项目装备配置适用于如图 6-10 所示的柱上变压器台架杆（变压器侧装，电缆引线），采用不停电更换柱上变压器项目，线路负荷电流不大于 200A 的工况。生产中务必结合现场实际工况参照适用。若旁路变压器与柱上变压器并联运行条件“不”满足，则应采用 0.4kV 低压发电车不停电更换柱上变压器，即从低压（0.4kV）发电车取电连续向用户供电，如图 6-11 所示。

### 6.2.1　特种车辆

特种车辆如图 6-12 所示，配置详见表 6-8。

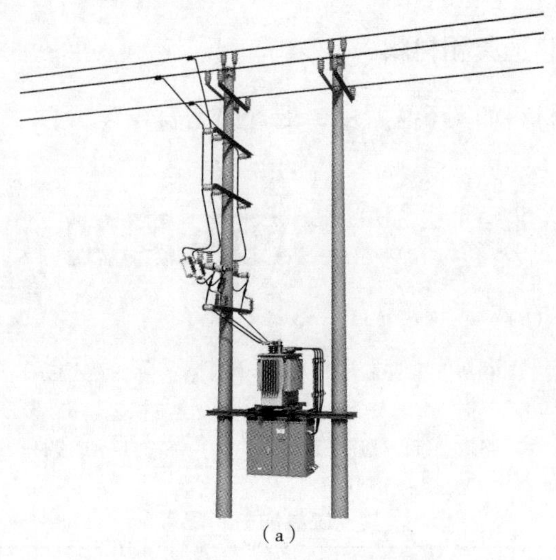

（a）

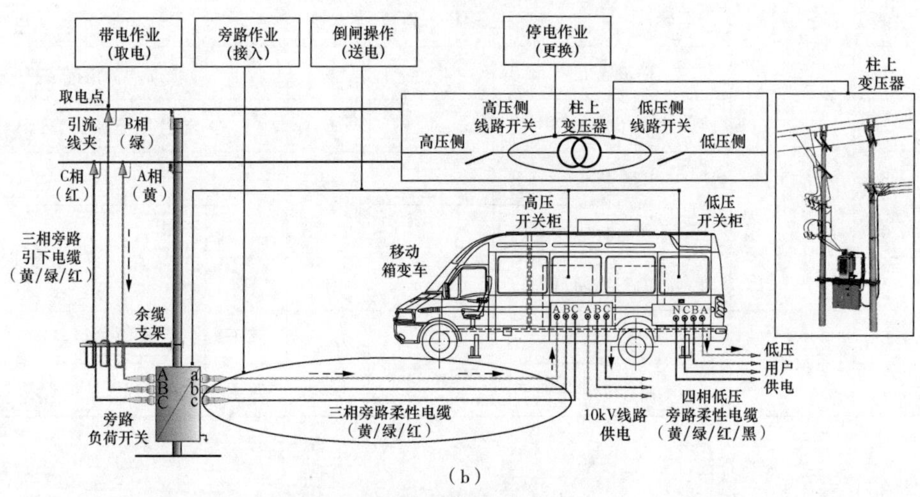


（b）

图 6-10　不停电更换柱上变压器项目

（a）柱上变压器台架杆示意图；（b）不停电更换柱上变压器示意图

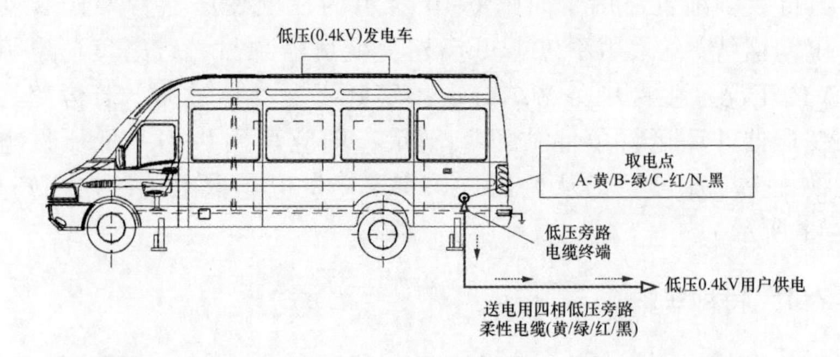


图 6-11　从低压（0.4kV）发电车取电向用户供电示意图

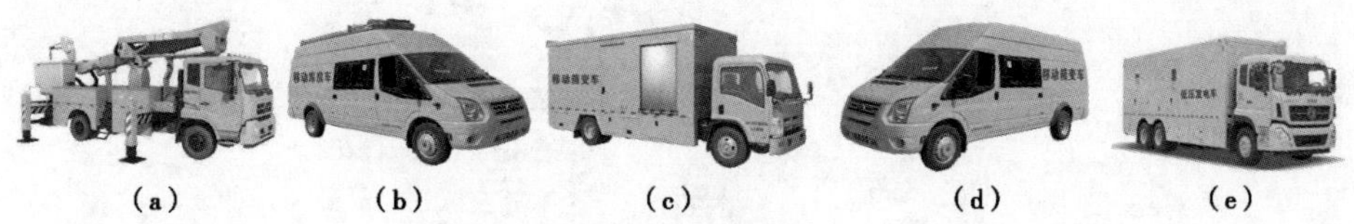

(a)　(b)　(c)　(d)　(e)

图 6-12　特种车辆

（a）绝缘斗臂车；（b）移动库房车；（c）移动箱变车 1；（d）移动箱变车 2；（e）低压发电车

**表 6-8　　特种车辆配置**

| 序号 | 名称 | | 规格、型号 | 单位 | 数量 | 备注 |
|---|---|---|---|---|---|---|
| 1 | 特种车辆 | 绝缘斗臂车 | 10kV | 辆 | 1 | |
| 2 | | 移动库房车 | | 辆 | 1 | |
| 3 | | 移动箱变车 | 10kV/0.4kV | 辆 | 1 | 配套高（低）压电缆 |
| 4 | | 低压发电车 | 0.4kV | 辆 | 1 | 备用 |

## 6.2.2　个人防护用具

个人防护用具如图 6-13 所示，配置详见表 6-9。

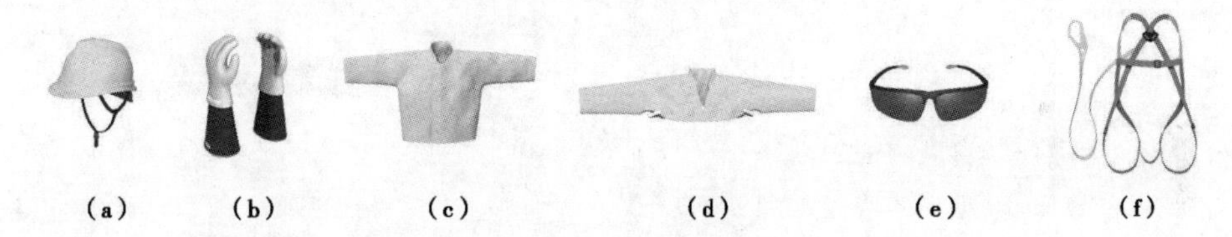

(a)　(b)　(c)　(d)　(e)　(f)

图 6-13　个人防护用具

（a）绝缘安全帽；（b）绝缘手套+羊皮或仿羊皮保护手套；（c）绝缘服；
（d）绝缘披肩；（e）护目镜；（f）安全带

**表 6-9　　个人防护用具配置**

| 序号 | 名称 | | 规格、型号 | 单位 | 数量 | 备注 |
|---|---|---|---|---|---|---|
| 1 | 个人防护用具 | 绝缘安全帽 | 10kV | 顶 | 2 | |
| 2 | | 绝缘手套 | 10kV | 双 | 4 | 带防刺穿手套 |
| 3 | | 绝缘披肩（绝缘服） | 10kV | 件 | 2 | 根据现场情况选择 |
| 4 | | 护目镜 | | 副 | 2 | |
| 5 | | 安全带 | | 副 | 2 | 有后备保护绳 |

## 6.2.3　绝缘遮蔽用具

绝缘遮蔽用具如图 6-14 所示，配置详见表 6-10。

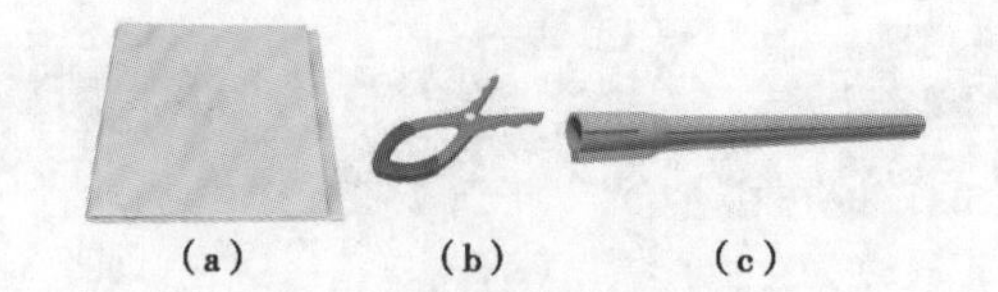

图 6-14 绝缘遮蔽用具（根据实际工况选择）

(a) 绝缘毯；(b) 绝缘毯夹；(c) 导线遮蔽罩

表 6-10 绝缘遮蔽用具配置

| 序号 | 名称 | | 规格、型号 | 单位 | 数量 | 备注 |
|---|---|---|---|---|---|---|
| 1 | 绝缘遮蔽用具 | 导线遮蔽罩 | 10kV | 根 | 6 | 不少于配备数量 |
| 2 | | 绝缘毯 | 10kV | 块 | 6 | 不少于配备数量 |
| 3 | | 绝缘毯夹 | | 个 | 12 | 不少于配备数量 |

## 6.2.4 绝缘工具和金属工具

绝缘工具和金属工具如图 6-15 所示，配置详见表 6-11。

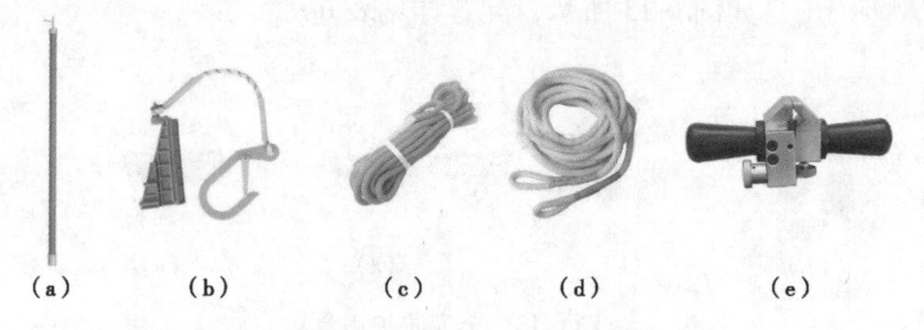

图 6-15 绝缘工具和金属工具（根据实际工况选择）

(a) 绝缘操作杆；(b) 绝缘防坠绳；(c) 绝缘传递绳 1（普通型）；
(d) 绝缘防坠绳；(e) 绝缘导线剥皮器（金属工具）

表 6-11 绝缘工具和金属工具配置

| 序号 | 名称 | | 规格、型号 | 单位 | 数量 | 备注 |
|---|---|---|---|---|---|---|
| 1 | 绝缘工具 | 绝缘操作杆 | 10kV | 个 | 2 | 拉合开关用 |
| 2 | | 绝缘防坠绳 | 10kV | 个 | 3 | 临时固定引下电缆用 |
| 3 | | 绝缘传递绳 | 10kV | 个 | 1 | 起吊引下电缆（备）用 |
| 4 | 金属工具 | 绝缘导线剥皮器 | | 个 | 1 | |

## 6.2.5 旁路设备

旁路设备如图 6-16 和图 6-17 所示，配置详见表 6-12。

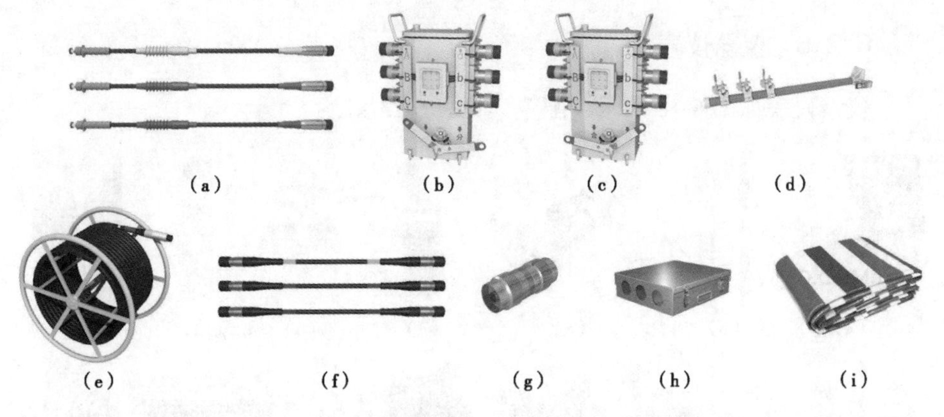


图6-16　10kV旁路设备（根据实际工况选择）

(a) 旁路引下电缆；(b) 旁路负荷开关分闸位置；(c) 旁路负荷开关合闸位置；(d) 余缆支架；
(e) 高压旁路柔性电缆盘；(f) 高压旁路柔性电缆；(g) 快速插拔直通接头；
(h) 直通接头保护架；(i) 彩条防雨布

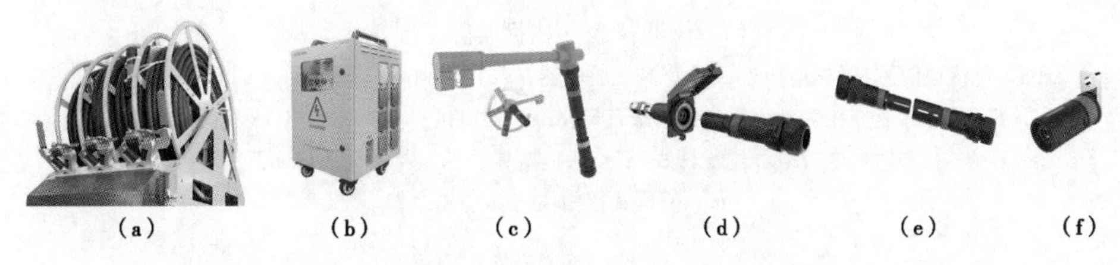


图6-17　0.4kV旁路设备（根据实际工况选择）

(a) 低压旁路柔性电缆；(b) 400V快速连接箱；(c) 变台JP柜低压输出端母排用专用快速接头；
(d) 低压旁路电缆快速接入箱用专用快速接头；(e) 低压旁路电缆用专用快速接头；
(f) 低压输出端母排专用快速接头

**表6-12　　旁路设备配置**

| 序号 | 名称 | | 规格、型号 | 单位 | 数量 | 备注 |
|---|---|---|---|---|---|---|
| 1 | 旁路设备 | 旁路引下电缆 | 10kV，200A | 组 | 1 | 黄绿红3根一组，15m |
| 2 | | 旁路负荷开关 | 10kV，200A | 台 | 1 | 带核相装置/安装抱箍 |
| 3 | | 余缆支架 | | 根 | 2 | 含电杆安装带 |
| 4 | | 旁路柔性电缆 | 10kV，200A | 组 | 若干 | 黄绿红3根一组，50m |
| 5 | | 快速插拔直通接头 | 10kV，200A | 个 | 若干 | 带接头保护盒 |
| 6 | | 低压旁路柔性电缆 | 0.4kV | 组 | 1 | 黄绿红黑4根一组 |
| 7 | | 配套专用接头 | | 组 | 1 | 低压旁路柔性电缆用 |
| 8 | | 400V快速连接箱 | 0.4kV | 台 | 1 | 备用 |
| 9 | | 电缆保护盒或彩条防雨布 | | m | 若干 | 根据现场情况选用 |

## 6.2.6 仪器仪表

仪器仪表如图 6-18 所示，配置详见表 6-13。

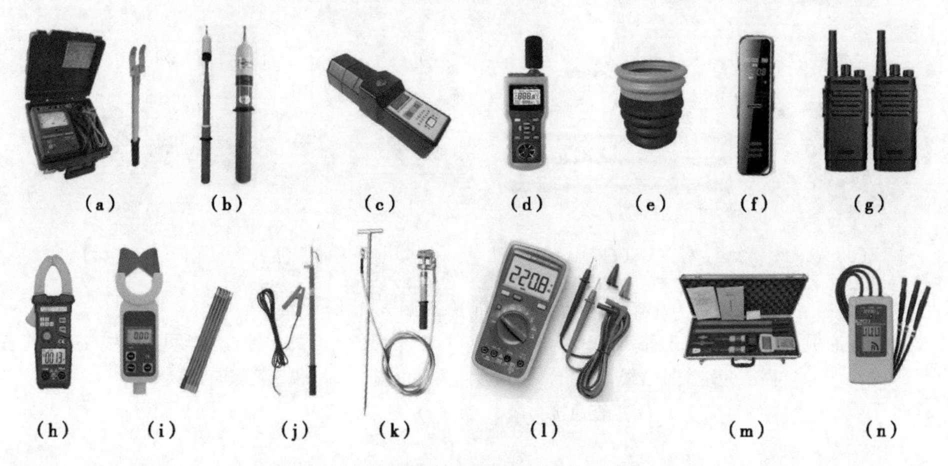

图 6-18 仪器仪表（根据实际工况选择）

（a）绝缘电阻测试仪+电极板；（b）高压验电器；（c）工频高压发生器；（d）风速湿度仪；（e）绝缘手套充压气检测器；（f）录音笔；（g）对讲机；（h）钳形电流表（手持式）；（i）钳形电流表（绝缘杆式）；（j）放电棒；（k）接地棒；（l）万用表；（m）便携式核相仪；（n）相序表

**表 6-13　　仪器仪表配置**

| 序号 | 名称 | | 规格、型号 | 单位 | 数量 | 备注 |
|---|---|---|---|---|---|---|
| 1 | | 绝缘电阻测试仪 | 2500V 及以上 | 套 | 1 | 含电极板 |
| 2 | | 钳形电流表 | 高压 | 个 | 1 | 推荐绝缘杆式 |
| 3 | | 高压验电器 | 10kV | 个 | 1 | |
| 4 | | 工频高压发生器 | 10kV | 个 | 1 | |
| 5 | | 风速湿度仪 | | 个 | 1 | |
| 6 | 仪器仪表 | 绝缘手套充压气检测器 | | 个 | 1 | |
| 7 | | 核相工具 | | 套 | 1 | 根据现场设备选配 |
| 8 | | 录音笔 | 便携高清降噪 | 个 | 1 | 记录作业对话用 |
| 9 | | 对讲机 | 户外无线手持 | 台 | 3 | 杆上杆下监护指挥用 |
| 10 | | 放电棒 | | 个 | 1 | 带接地线 |
| 11 | | 接地棒和接地线 | | 个 | 2 | 包括旁路负荷开关用 |

### 6.2.7　其他工具和材料

其他工具和材料如图6-19所示，配置详见表6-14。

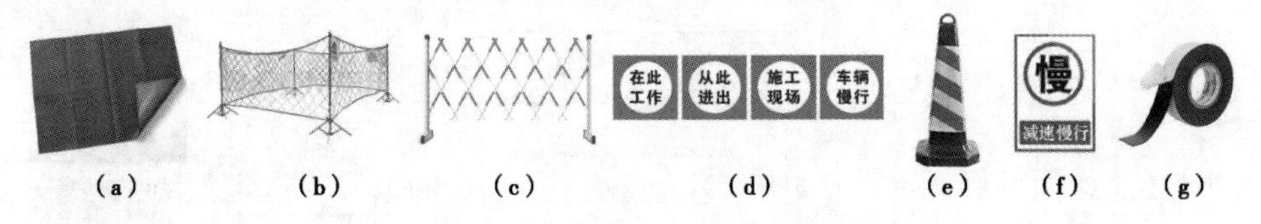


（a）　（b）　（c）　（d）　（e）　（f）　（g）

图6-19　其他工具和材料（根据实际工况选择）

（a）防潮苫布；（b）安全围栏1；（c）安全围栏2；
（d）警告标志；（e）路障；（f）减速慢行标志；
（g）绝缘自粘带（材料）

**表6-14　　其他工具和材料配置**

| 序号 | 名称 | | 规格、型号 | 单位 | 数量 | 备注 |
|---|---|---|---|---|---|---|
| 1 | 其他工具 | 防潮苫布 | | 块 | 若干 | 根据现场情况选择 |
| 2 | | 个人手工工具 | | 套 | 1 | 推荐用绝缘手工工具 |
| 3 | | 安全围栏 | | 组 | 1 | |
| 4 | | 警告标志 | | 套 | 1 | |
| 5 | | 路障和减速慢行标志 | | 组 | 1 | |
| 6 | 材料 | 绝缘自粘带 | | 卷 | 若干 | 恢复绝缘用 |
| 7 | | 清洁纸和硅脂膏 | | 个 | 若干 | 清洁和涂抹接头用 |

## 6.3　旁路作业检修电缆线路项目

本项目装备配置适用于如图6-20所示的电缆线路（两端带两台欧式环网箱），采用旁路作业检修电缆线路项目，线路负荷电流不大于200A的工况。生产中务必结合现场实际工况参照适用。

### 6.3.1　特种车辆

特种车辆如图6-21所示，配置详见表6-15。

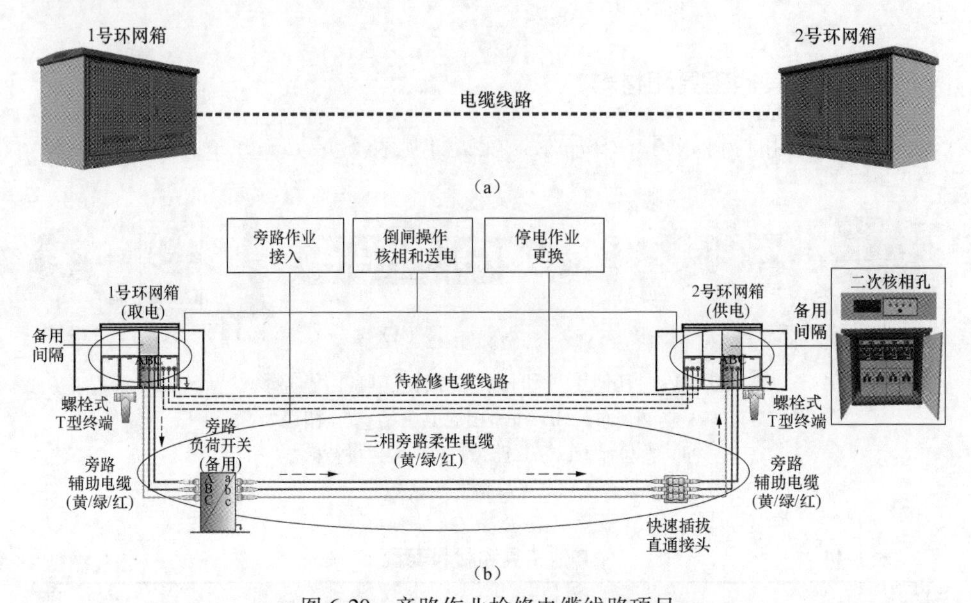


图 6-20　旁路作业检修电缆线路项目

（a）电缆线路示意图；（b）不停电更换柱上变压器示意图

图 6-21　特种车辆

（a）移动库房车；（b）旁路作业车

**表 6-15**　　**特种车辆配置**

| 序号 | 名称 | | 规格、型号 | 单位 | 数量 | 备注 |
|---|---|---|---|---|---|---|
| 1 | 特种车辆 | 移动库房车 | | 辆 | 1 | |
| 2 | | 旁路作业车 | 10kV | 辆 | 1 | 旁路设备车 |

## 6.3.2　个人防护用具和绝缘遮蔽用具

个人防护用具和绝缘遮蔽用具如图 6-22 所示，配置详见表 6-16。

**表 6-16**　　**个人防护用具和绝缘遮蔽用具配置**

| 序号 | 名称 | | 规格、型号 | 单位 | 数量 | 备注 |
|---|---|---|---|---|---|---|
| 1 | 个人防护用具 | 绝缘手套 | 10kV | 双 | 2 | 带防刺穿手套 |
| 2 | 绝缘遮蔽用具 | 绝缘毯 | 10kV | 块 | 6 | 不少于配备数量 |

（a）　　（b）

图6-22　个人防护用具

（a）绝缘手套+羊皮或仿羊皮保护手套；（b）绝缘毯

## 6.3.3　旁路设备

旁路设备如图6-23所示，配置详见表6-17。

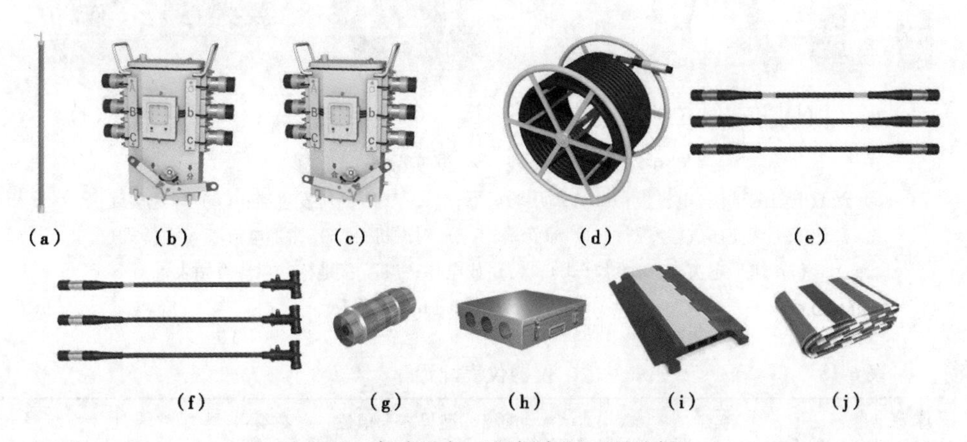

（a）　（b）　（c）　（d）　（e）

（f）　（g）　（h）　（i）　（j）

图6-23　旁路设备（根据实际工况选择）

（a）绝缘操作杆；（b）旁路负荷开关分闸位置；（c）旁路负荷开关合闸位置；（d）高压旁路柔性电缆盘；（e）高压旁路柔性电缆；（f）T型接头旁路辅助电缆；（g）快速插拔直通接头；（h）直通接头保护架；（i）电缆过路保护板；（j）彩条防雨布

表6-17　　旁路设备配置

<table>
<tr><th>序号</th><th colspan="2">名称</th><th>规格、型号</th><th>单位</th><th>数量</th><th>备注</th></tr>
<tr><td>1</td><td>绝缘工具</td><td>绝缘操作杆</td><td>10kV</td><td>个</td><td>2</td><td>拉合开关用</td></tr>
<tr><td>2</td><td rowspan="6">旁路设备</td><td>旁路负荷开关</td><td>10kV，200A</td><td>台</td><td>1</td><td>带核相装置（备用）</td></tr>
<tr><td>3</td><td>旁路柔性电缆</td><td>10kV，200A</td><td>组</td><td>若干</td><td>黄绿红3根一组，50m</td></tr>
<tr><td>4</td><td>T型接头旁路辅助电缆</td><td>10kV，200A</td><td>组</td><td>2</td><td>黄绿红3根一组</td></tr>
<tr><td>5</td><td>快速插拔直通接头</td><td>10kV，200A</td><td>个</td><td>若干</td><td>带接头保护盒</td></tr>
<tr><td>6</td><td>电缆过路保护板</td><td></td><td>个</td><td>若干</td><td>根据现场情况选用</td></tr>
<tr><td>7</td><td>电缆保护盒或彩条防雨布</td><td></td><td>m</td><td>若干</td><td>根据现场情况选用</td></tr>
</table>

### 6.3.4 仪器仪表

仪器仪表如图 6-24 所示，配置详见表 6-18。

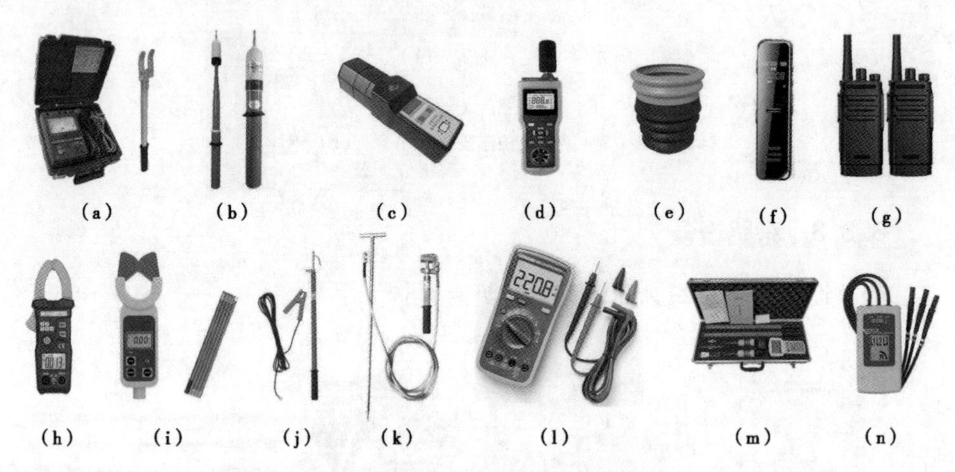


图 6-24　仪器仪表（根据实际工况选择）

(a) 绝缘电阻测试仪+电极板；(b) 高压验电器；(c) 工频高压发生器；(d) 风速湿度仪；(e) 绝缘手套充压气检测器；(f) 录音笔；(g) 对讲机；(h) 钳形电流表（手持式）；(i) 钳形电流表（绝缘杆式）；(j) 放电棒；(k) 接地棒；(l) 万用表；(m) 便携式核相仪；(n) 相序表

**表 6-18　　仪器仪表配置**

| 序号 | 名称 | | 规格、型号 | 单位 | 数量 | 备注 |
|---|---|---|---|---|---|---|
| 1 | | 绝缘电阻测试仪 | 2500V 及以上 | 套 | 1 | 含电极板 |
| 2 | | 钳形电流表 | 高压 | 个 | 1 | 推荐绝缘杆式 |
| 3 | | 高压验电器 | 10kV | 个 | 1 | |
| 4 | | 工频高压发生器 | 10kV | 个 | 1 | |
| 5 | | 风速湿度仪 | | 个 | 1 | |
| 6 | 仪器仪表 | 绝缘手套充压气检测器 | | 个 | 1 | |
| 7 | | 核相工具 | | 套 | 1 | 根据现场设备选配 |
| 8 | | 录音笔 | 便携高清降噪 | 个 | 1 | 记录作业对话用 |
| 9 | | 对讲机 | 户外无线手持 | 台 | 3 | 杆上杆下监护指挥用 |
| 10 | | 放电棒 | | 个 | 1 | 带接地线 |
| 11 | | 接地棒和接地线 | | 个 | 2 | 包括旁路负荷开关用 |

### 6.3.5　其他工具和材料

其他工具和材料如图 6-25 所示，配置详见表 6-19。

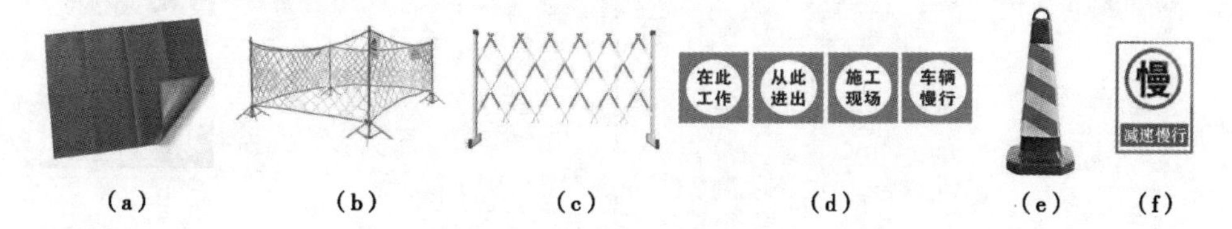

(a)　(b)　(c)　(d)　(e)　(f)

图 6-25　其他工具和材料（根据实际工况选择）
(a) 防潮苫布；(b) 安全围栏 1；(c) 安全围栏 2；(d) 警告标志；
(e) 路障；(f) 减速慢行标志；

表 6-19　其他工具和材料配置

| 序号 | 名称 | | 规格、型号 | 单位 | 数量 | 备注 |
|---|---|---|---|---|---|---|
| 1 | 其他工具 | 防潮苫布 | | 块 | 若干 | 根据现场情况选择 |
| 2 | | 个人手工工具 | | 套 | 1 | 推荐用绝缘手工工具 |
| 3 | | 安全围栏 | | 组 | 1 | |
| 4 | | 警告标志 | | 套 | 1 | |
| 5 | | 路障和减速慢行标志 | | 组 | 1 | |
| 6 | 材料 | 清洁纸和硅脂膏 | | 个 | 若干 | 清洁和涂抹接头用 |

## 6.4　旁路作业检修环网箱项目

本项目装备配置适用于如图 6-26 所示的电缆线路（欧式环网箱），采用旁路作业检修环网箱项目，线路负荷电流不大于 200A 的工况。生产中务必结合现场实际工况参照适用。

### 6.4.1　特种车辆

特种车辆如图 6-27 所示，配置详见表 6-20。

表 6-20　特种车辆配置

| 序号 | 名称 | | 规格、型号 | 单位 | 数量 | 备注 |
|---|---|---|---|---|---|---|
| 1 | 特种车辆 | 移动库房车 | | 辆 | 1 | |
| 2 | | 旁路作业车 | 10kV | 辆 | 1 | 旁路设备车 |

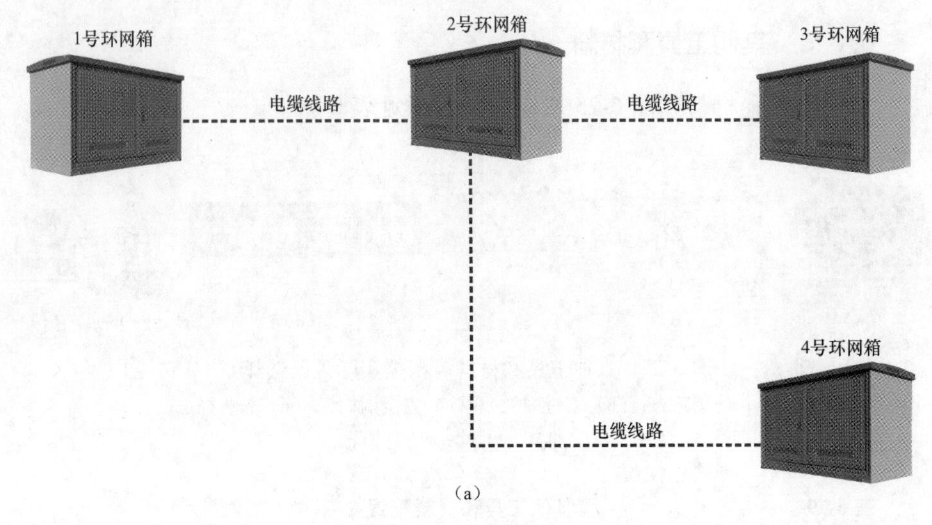


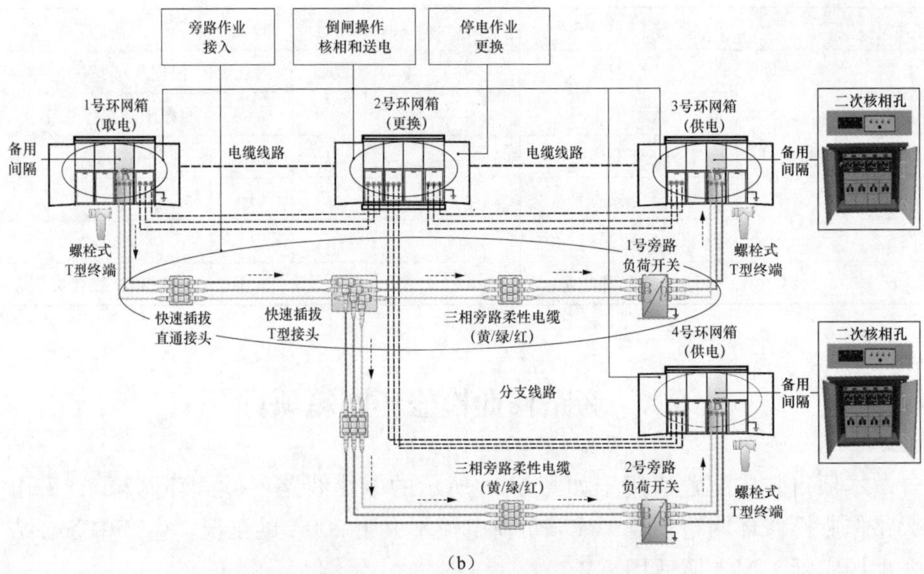


图 6-26 旁路作业检修环网箱项目

（a）电缆线路+环网箱示意图；（b）旁路作业检修环网箱示意图

图 6-27 特种车辆

（a）移动库房车；（b）旁路作业车

### 6.4.2 个人防护用具和绝缘遮蔽用具

个人防护用具和绝缘遮蔽用具如图6-28所示，配置详见表6-21。

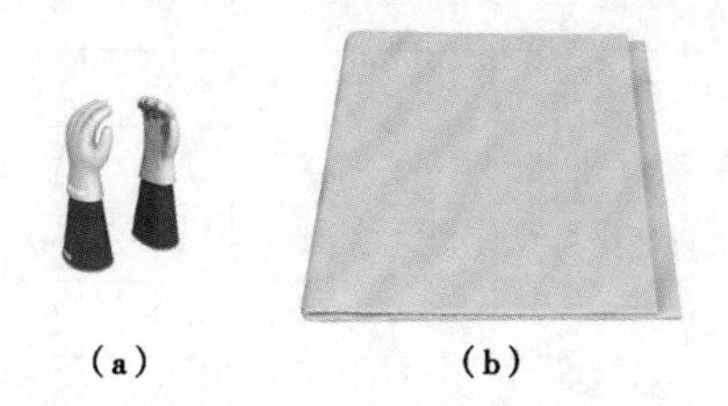

图6-28 个人防护用具

（a）绝缘手套+羊皮或仿羊皮保护手套；（b）绝缘毯

表6-21 个人防护用具和绝缘遮蔽用具配置

| 序号 | 名称 | | 规格、型号 | 单位 | 数量 | 备注 |
|---|---|---|---|---|---|---|
| 1 | 个人防护用具 | 绝缘手套 | 10kV | 双 | 3 | 带防刺穿手套 |
| 2 | 绝缘遮蔽用具 | 绝缘毯 | 10kV | 块 | 9 | 不少于配备数量 |

### 6.4.3 旁路设备

旁路设备如图6-29所示，配置详见表6-22。

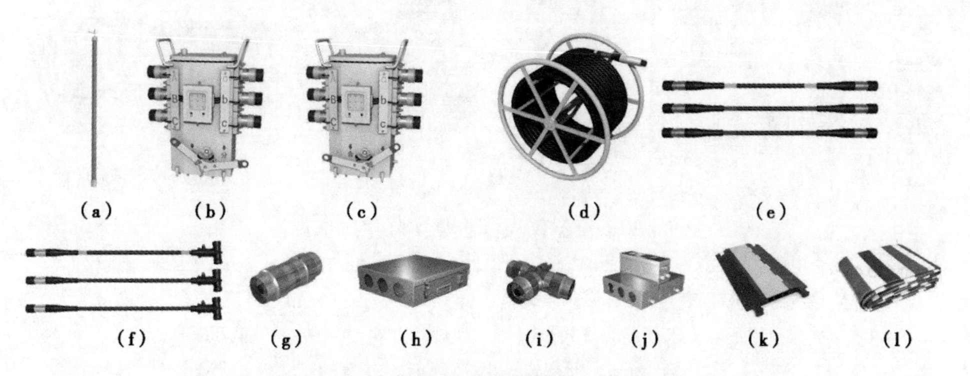

图6-29 旁路设备（根据实际工况选择）

（a）绝缘操作杆；（b）旁路负荷开关分闸位置；（c）旁路负荷开关合闸位置；
（d）高压旁路柔性电缆盘；（e）高压旁路柔性电缆；（f）T型接头旁路辅助电缆；
（g）快速插拔直通接头；（h）直通接头保护架；（i）快速插拔T型接头；
（j）T型接头保护架；（k）电缆过路保护板；（l）彩条防雨布

表 6-22　　旁路设备配置

| 序号 | 名称 | | 规格、型号 | 单位 | 数量 | 备注 |
|---|---|---|---|---|---|---|
| 1 | 绝缘工具 | 绝缘操作杆 | 10kV | 个 | 2 | 拉合开关用 |
| 2 | 旁路设备 | 旁路负荷开关 | 10kV，200A | 台 | 2 | 带核相装置（备用） |
| 3 | | 旁路柔性电缆 | 10kV，200A | 组 | 若干 | 黄绿红 3 根一组，50m |
| 4 | | T 型接头旁路辅助电缆 | 10kV，200A | 组 | 3 | 黄绿红 3 根一组 |
| 5 | | 快速插拔直通接头 | 10kV，200A | 个 | 若干 | 带接头保护盒 |
| 6 | | 快速插拔 T 型接头 | 10kV，200A | 个 | 1 | 带接头保护盒 |
| 7 | | 电缆过路保护板 | | 个 | 若干 | 根据现场情况选用 |
| 8 | | 电缆保护盒或彩条防雨布 | | m | 若干 | 根据现场情况选用 |

### 6.4.4 仪器仪表

仪器仪表如图 6-30 所示，配置详见表 6-23。

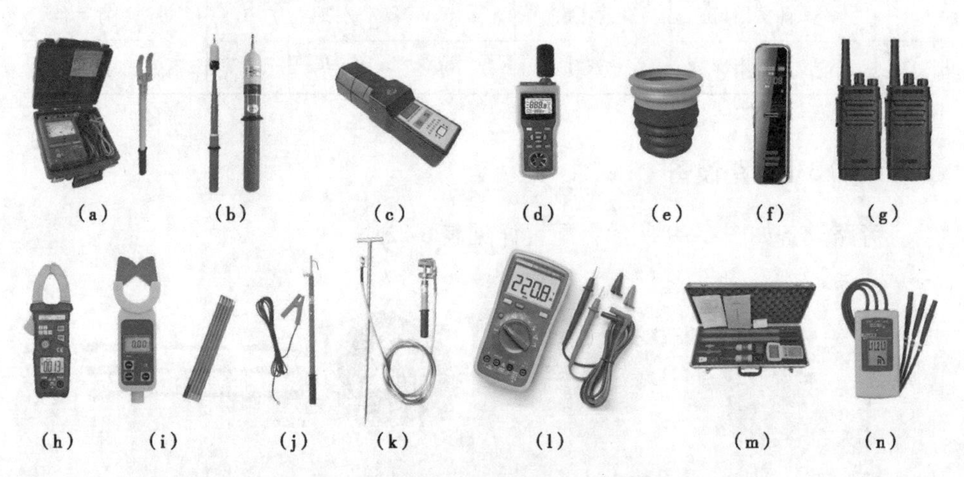

图 6-30　仪器仪表（根据实际工况选择）

（a）绝缘电阻测试仪+电极板；（b）高压验电器；（c）工频高压发生器；（d）风速湿度仪；（e）绝缘手套充压气检测器；（f）录音笔；（g）对讲机；（h）钳形电流表（手持式）；（i）钳形电流表（绝缘杆式）；（j）放电棒；（k）接地棒；（l）万用表；（m）便携式核相仪；（n）相序表

表 6-23　　仪器仪表配置

| 序号 | 名称 | | 规格、型号 | 单位 | 数量 | 备注 |
|---|---|---|---|---|---|---|
| 1 | 仪器仪表 | 绝缘电阻测试仪 | 2500V 及以上 | 套 | 1 | 含电极板 |
| 2 | | 钳形电流表 | 高压 | 个 | 1 | 推荐绝缘杆式 |
| 3 | | 高压验电器 | 10kV | 个 | 1 | |

续表

| 序号 | 名称 | | 规格、型号 | 单位 | 数量 | 备注 |
|---|---|---|---|---|---|---|
| 4 | 仪器仪表 | 工频高压发生器 | 10kV | 个 | 1 | |
| 5 | | 风速湿度仪 | | 个 | 1 | |
| 6 | | 绝缘手套充压气检测器 | | 个 | 1 | |
| 7 | | 核相工具 | | 套 | 1 | 根据现场设备选配 |
| 8 | | 录音笔 | 便携高清降噪 | 个 | 1 | 记录作业对话用 |
| 9 | | 对讲机 | 户外无线手持 | 台 | 3 | 杆上杆下监护指挥用 |
| 10 | | 放电棒 | | 个 | 1 | 带接地线 |
| 11 | | 接地棒和接地线 | | 个 | 2 | 包括旁路负荷开关用 |

### 6.4.5 其他工具和材料

其他工具和材料如图6-31所示，配置详见表6-24。

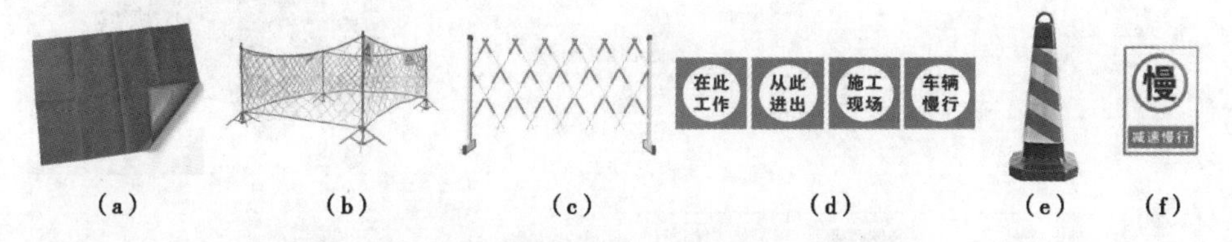


(a) (b) (c) (d) (e) (f)

图6-31 其他工具和材料（根据实际工况选择）

(a) 防潮苫布；(b) 安全围栏1；(c) 安全围栏2；(d) 警告标志；(e) 路障；(f) 减速慢行标志

表6-24 其他工具和材料配置

| 序号 | 名称 | | 规格、型号 | 单位 | 数量 | 备注 |
|---|---|---|---|---|---|---|
| 1 | 其他工具 | 防潮苫布 | | 块 | 若干 | 根据现场情况选择 |
| 2 | | 个人手工工具 | | 套 | 1 | 推荐用绝缘手工工具 |
| 3 | | 安全围栏 | | 组 | 1 | |
| 4 | | 警告标志 | | 套 | 1 | |
| 5 | | 路障和减速慢行标志 | | 组 | 1 | |
| 6 | 材料 | 清洁纸和硅脂膏 | | 个 | 若干 | 清洁和涂抹接头用 |

# 第 7 章　临时取电类项目装备配置

## 7.1　从架空线路临时取电给移动箱变供电项目

本项目装备配置适用于如图 7-1 所示的架空线路，采用从架空线路临时取电给移动箱变供电项目，线路负荷电流不大于 200A 的工况。生产中务必结合现场实际工况参照适用。

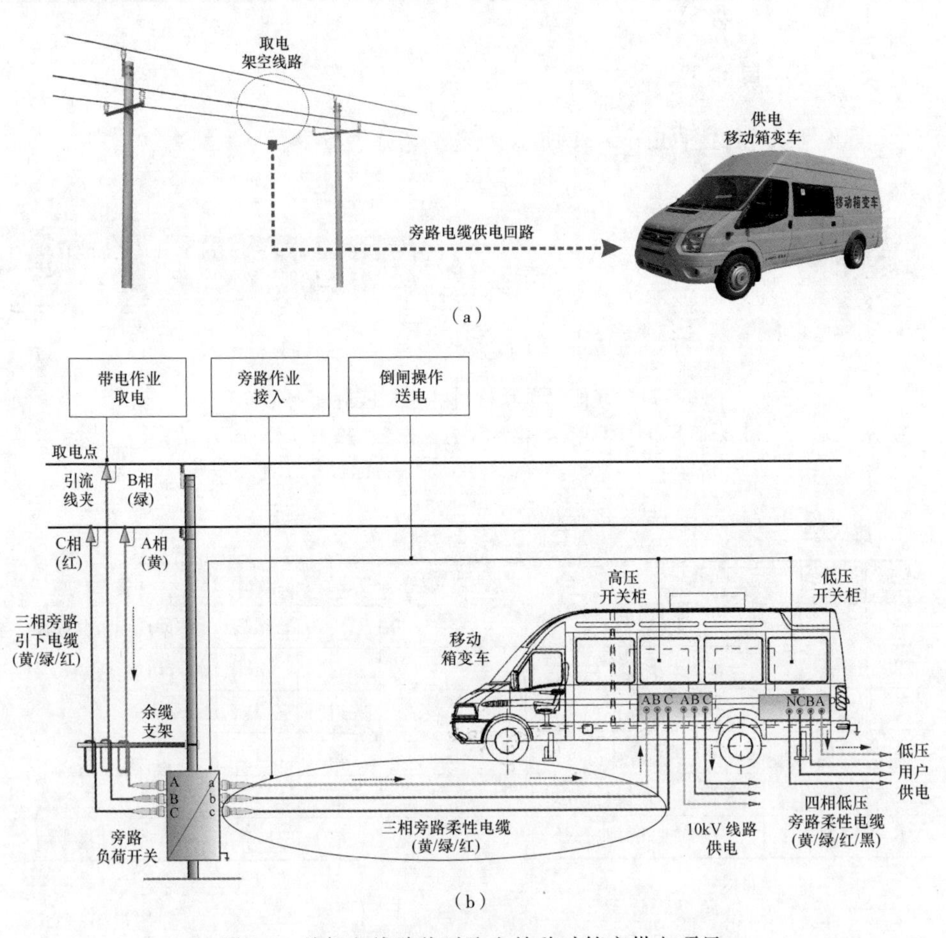


图 7-1　从架空线路临时取电给移动箱变供电项目

（a）架空线路+移动箱变示意图；（b）从架空线路临时取电给移动箱变供电示意图

### 7.1.1　特种车辆

特种车辆如图 7-2 所示，配置详见表 7-1。

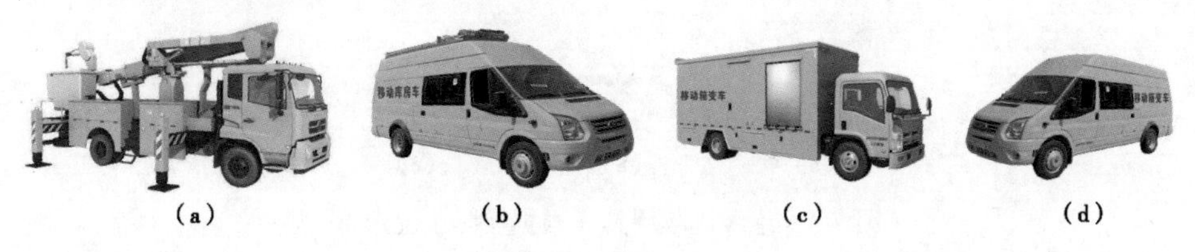

(a)　(b)　(c)　(d)

图 7-2　特种车辆

（a）绝缘斗臂车；（b）移动库房车；（c）移动箱变车 1；（d）移动箱变车 2

表 7-1　特种车辆配置

| 序号 | 名称 | | 规格、型号 | 单位 | 数量 | 备注 |
|---|---|---|---|---|---|---|
| 1 | 特种车辆 | 绝缘斗臂车 | 10kV | 辆 | 1 | |
| 2 | | 移动库房车 | | 辆 | 1 | |
| 3 | | 移动箱变车 | 10kV、0.4kV | 辆 | 1 | 配套高（低）压电缆 |

### 7.1.2　个人防护用具

个人防护用具如图 7-3 所示，配置详见表 7-2。

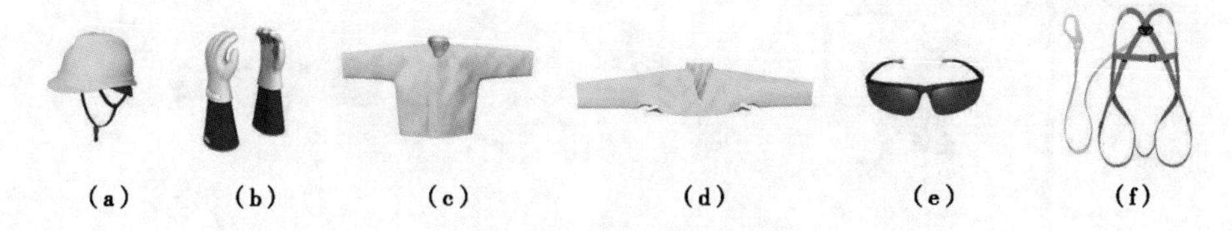

(a)　(b)　(c)　(d)　(e)　(f)

图 7-3　个人防护用具

（a）绝缘安全帽；（b）绝缘手套+羊皮或仿羊皮保护手套；（c）绝缘服；（d）绝缘披肩；（e）护目镜；（f）安全带

表 7-2　个人防护用具配置

| 序号 | 名称 | | 规格、型号 | 单位 | 数量 | 备注 |
|---|---|---|---|---|---|---|
| 1 | 个人防护用具 | 绝缘安全帽 | 10kV | 顶 | 2 | |
| 2 | | 绝缘手套 | 10kV | 双 | 4 | 带防刺穿手套 |
| 3 | | 绝缘披肩（绝缘服） | 10kV | 件 | 2 | 根据现场情况选择 |
| 4 | | 护目镜 | | 副 | 2 | |
| 5 | | 安全带 | | 副 | 2 | 有后备保护绳 |

## 7.1.3 绝缘遮蔽用具

绝缘遮蔽用具如图 7-4 所示，配置详见表 7-3。

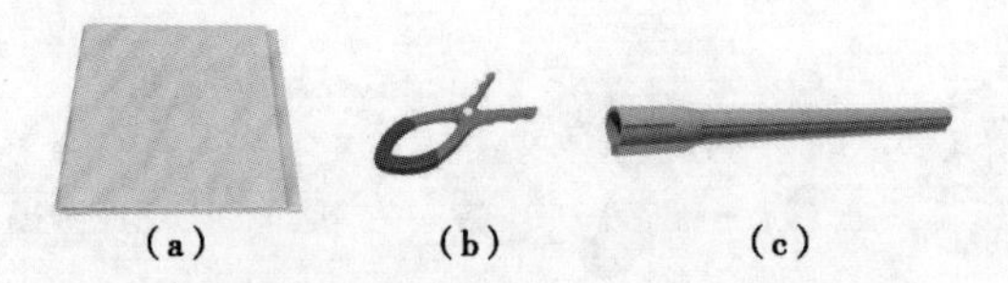

图 7-4 绝缘遮蔽用具（根据实际工况选择）

（a）绝缘毯；（b）绝缘毯夹；（c）导线遮蔽罩

表 7-3 绝缘遮蔽用具配置

| 序号 | 名称 | | 规格、型号 | 单位 | 数量 | 备注 |
| --- | --- | --- | --- | --- | --- | --- |
| 1 | 绝缘遮蔽用具 | 导线遮蔽罩 | 10kV | 根 | 6 | 不少于配备数量 |
| 2 | | 绝缘毯 | 10kV | 块 | 6 | 不少于配备数量 |
| 3 | | 绝缘毯夹 | | 个 | 12 | 不少于配备数量 |

## 7.1.4 绝缘工具和金属工具

绝缘工具和金属工具如图 7-5 所示，配置详见表 7-4。

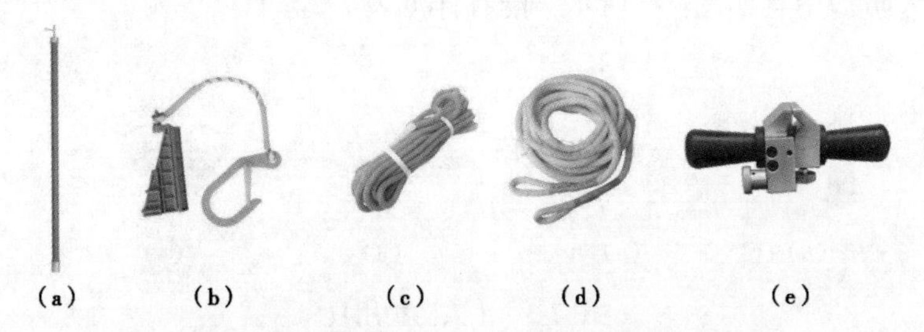

图 7-5 绝缘工具和金属工具（根据实际工况选择）

（a）绝缘操作杆；（b）绝缘防坠绳；（c）绝缘传递绳 1（防潮型）；

（d）绝缘传递绳 2（普通型）；（e）绝缘导线剥皮器（金属工具）

表 7-4 绝缘工具和金属工具配置

| 序号 | 名称 | | 规格、型号 | 单位 | 数量 | 备注 |
| --- | --- | --- | --- | --- | --- | --- |
| 1 | 绝缘工具 | 绝缘操作杆 | 10kV | 个 | 2 | 拉合开关用 |
| 2 | | 绝缘防坠绳 | 10kV | 个 | 3 | 临时固定引下电缆用 |
| 3 | | 绝缘传递绳 | 10kV | 个 | 1 | 起吊引下电缆（备）用 |
| 4 | 金属工具 | 绝缘导线剥皮器 | | 个 | 1 | |

### 7.1.5　旁路设备

旁路设备如图7-6和图7-7所示，配置详见表7-5。

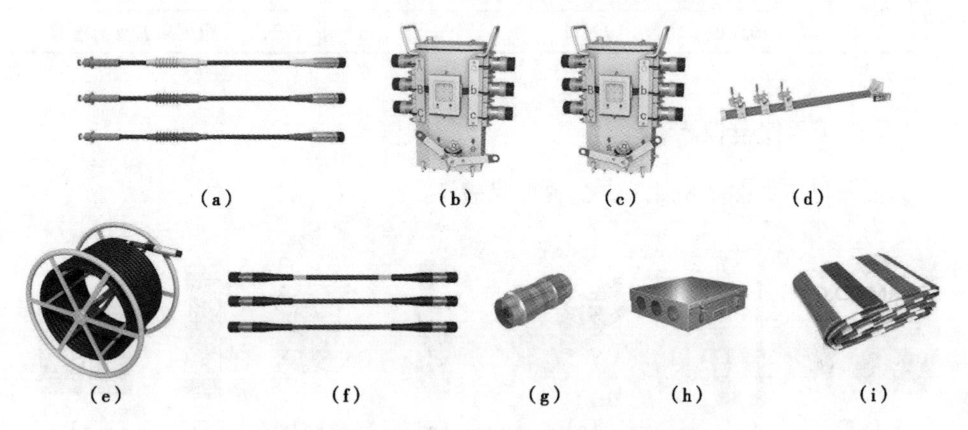

图7-6　10kV旁路设备（根据实际工况选择）

(a) 旁路引下电缆；(b) 旁路负荷开关分闸位置；(c) 旁路负荷开关合闸位置；(d) 余缆支架；
(e) 高压旁路柔性电缆盘；(f) 高压旁路柔性电缆；(g) 快速插拔直通接头；
(h) 直通接头保护架；(i) 彩条防雨布

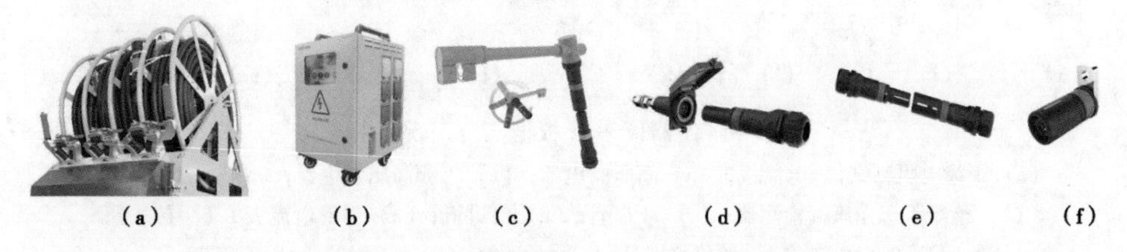

图7-7　0.4kV旁路设备（根据实际工况选择）

(a) 低压旁路柔性电缆；(b) 400V快速连接箱；(c) 变台JP柜低压输出端母排用专用快速接头；
(d) 低压旁路电缆快速接入箱用专用快速接头；(e) 低压旁路电缆用专用快速接头；
(f) 低压输出端母排专用快速接头

表7-5　旁路设备配置

| 序号 | 名称 | | 规格、型号 | 单位 | 数量 | 备注 |
|---|---|---|---|---|---|---|
| 1 | 旁路设备 | 旁路引下电缆 | 10kV，200A | 组 | 1 | 黄绿红3根一组，15m |
| 2 | | 旁路负荷开关 | 10kV，200A | 台 | 1 | 带核相装置/安装抱箍 |
| 3 | | 余缆支架 | | 根 | 2 | 含电杆安装带 |
| 4 | | 旁路柔性电缆 | 10kV，200A | 组 | 若干 | 黄绿红3根一组，50m |
| 5 | | 快速插拔直通接头 | 10kV，200A | 个 | 若干 | 带接头保护盒 |
| 6 | | 低压旁路柔性电缆 | 0.4kV | 组 | 1 | 黄绿红黑4根一组 |

续表

| 序号 | 名称 | | 规格、型号 | 单位 | 数量 | 备注 |
|---|---|---|---|---|---|---|
| 7 | 旁路设备 | 配套专用接头 | | 组 | 1 | 低压旁路柔性电缆用 |
| 8 | | 400V 快速连接箱 | 0.4kV | 台 | 1 | 备用 |
| 9 | | 电缆保护盒或彩条防雨布 | | m | 若干 | 根据现场情况选用 |

### 7.1.6 仪器仪表

仪器仪表如图 7-8 所示，配置详见表 7-6。

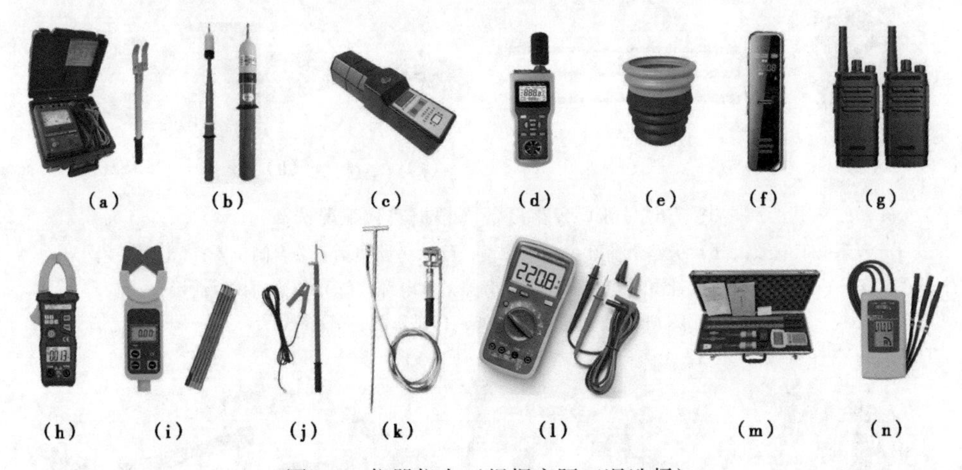

图 7-8 仪器仪表（根据实际工况选择）

（a）绝缘电阻测试仪+电极板；（b）高压验电器；（c）工频高压发生器；（d）风速湿度仪；（e）绝缘手套充压气检测器；（f）录音笔；（g）对讲机；（h）钳形电流表 1（手持式）；（i）钳形电流表 2（绝缘杆式）；（j）放电棒；（k）接地棒；（l）万用表；（m）便携式核相仪；（n）相序表

表 7-6 仪器仪表配置

| 序号 | 名称 | | 规格、型号 | 单位 | 数量 | 备注 |
|---|---|---|---|---|---|---|
| 1 | 仪器仪表 | 绝缘电阻测试仪 | 2500V 及以上 | 套 | 1 | 含电极板 |
| 2 | | 钳形电流表 | 高压 | 个 | 1 | 推荐绝缘杆式 |
| 3 | | 高压验电器 | 10kV | 个 | 1 | |
| 4 | | 工频高压发生器 | 10kV | 个 | 1 | |
| 5 | | 风速湿度仪 | | 个 | 1 | |
| 6 | | 绝缘手套充压气检测器 | | 个 | 1 | |
| 7 | | 核相工具 | | 套 | 1 | 根据现场设备选配 |
| 8 | | 录音笔 | 便携高清降噪 | 个 | 1 | 记录作业对话用 |

续表

| 序号 | 名称 | | 规格、型号 | 单位 | 数量 | 备注 |
|---|---|---|---|---|---|---|
| 9 | 仪器仪表 | 对讲机 | 户外无线手持 | 台 | 3 | 杆上杆下监护指挥用 |
| 10 | | 放电棒 | | 个 | 1 | 带接地线 |
| 11 | | 接地棒和接地线 | | 个 | 2 | 包括旁路负荷开关用 |

### 7.1.7 其他工具和材料

其他工具和材料如图 7-9 所示，配置详见表 7-7。

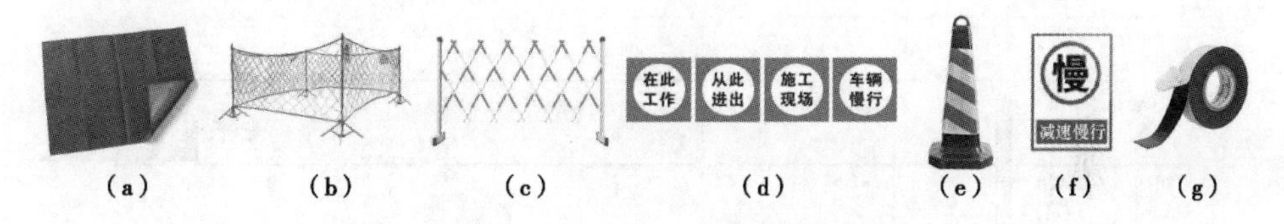


图 7-9 其他工具和材料（根据实际工况选择）
(a) 防潮苫布；(b) 安全围栏 1；(c) 安全围栏 2；(d) 警告标志；(e) 路障；
(f) 减速慢行标志；(g) 绝缘自粘带（材料）

表 7-7 其他工具和材料配置

| 序号 | 名称 | | 规格、型号 | 单位 | 数量 | 备注 |
|---|---|---|---|---|---|---|
| 1 | 其他工具 | 防潮苫布 | | 块 | 若干 | 根据现场情况选择 |
| 2 | | 个人手工工具 | | 套 | 1 | 推荐用绝缘手工工具 |
| 3 | | 安全围栏 | | 组 | 1 | |
| 4 | | 警告标志 | | 套 | 1 | |
| 5 | | 路障和减速慢行标志 | | 组 | 1 | |
| 6 | 材料 | 绝缘自粘带 | | 卷 | 若干 | 恢复绝缘用 |
| 7 | | 清洁纸和硅脂膏 | | 个 | 若干 | 清洁和涂抹接头用 |

## 7.2 从架空线路临时取电给环网箱供电项目

本项目装备配置适用于如图 7-10 所示的从架空线路，采用从架空线路临时取电给环网箱供电项目，线路负荷电流不大于 200A 的工况。生产中务必结合现场实际工况参照适用。

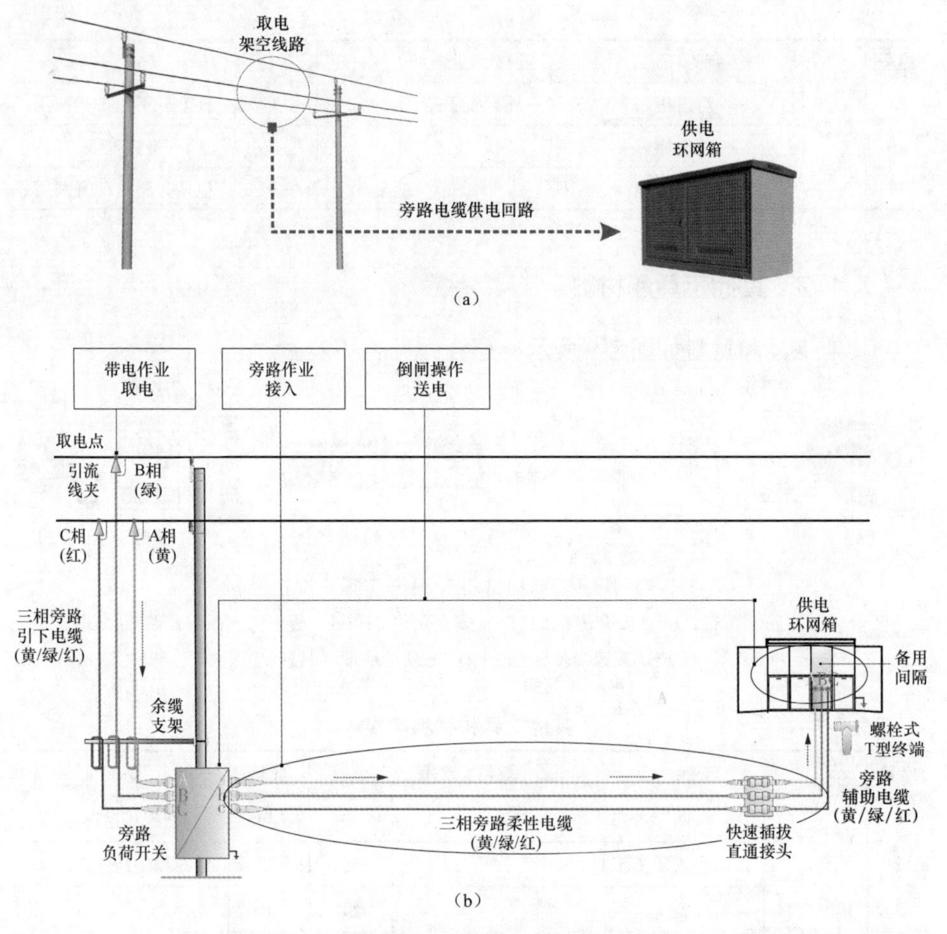


图 7-10 从架空线路临时取电给环网箱供电项目

（a）架空线路+移动箱变示意图；（b）从架空线路临时取电给环网箱供电示意图

## 7.2.1 特种车辆

特种车辆如图 7-11 所示，配置详见表 7-8。

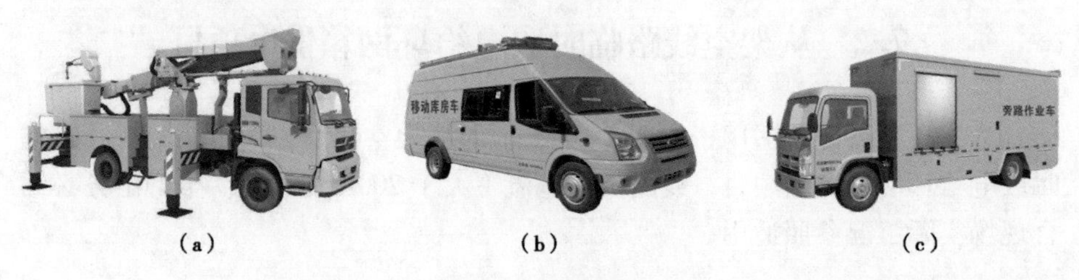


图 7-11 特种车辆

（a）绝缘斗臂车；（b）移动库房车；（c）旁路作业车

表 7-8　特种车辆配置

| 序号 | 名称 | | 规格、型号 | 单位 | 数量 | 备注 |
|---|---|---|---|---|---|---|
| 1 | 特种车辆 | 绝缘斗臂车 | 10kV | 辆 | 2 | |
| 2 | | 移动库房车 | | 辆 | 1 | |
| 3 | | 旁路作业车 | 10kV | 辆 | 1 | 旁路设备用车 |

## 7.2.2　个人防护用具

个人防护用具如图 7-12 所示，配置详见表 7-9。

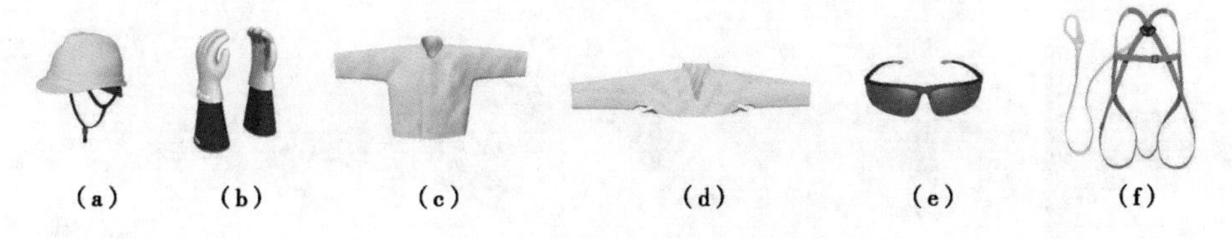

图 7-12　个人防护用具

（a）绝缘安全帽；（b）绝缘手套+羊皮或仿羊皮保护手套；（c）绝缘服；（d）绝缘披肩；（e）护目镜；（f）安全带

表 7-9　个人防护用具配置

| 序号 | 名称 | | 规格、型号 | 单位 | 数量 | 备注 |
|---|---|---|---|---|---|---|
| 1 | 个人防护用具 | 绝缘安全帽 | 10kV | 顶 | 2 | |
| 2 | | 绝缘手套 | 10kV | 双 | 4 | 带防刺穿手套 |
| 3 | | 绝缘披肩（绝缘服） | 10kV | 件 | 2 | 根据现场情况选择 |
| 4 | | 护目镜 | | 副 | 2 | |
| 5 | | 安全带 | | 副 | 2 | 有后备保护绳 |

## 7.2.3　绝缘遮蔽用具

绝缘遮蔽用具如图 7-13 所示，配置详见表 7-10。

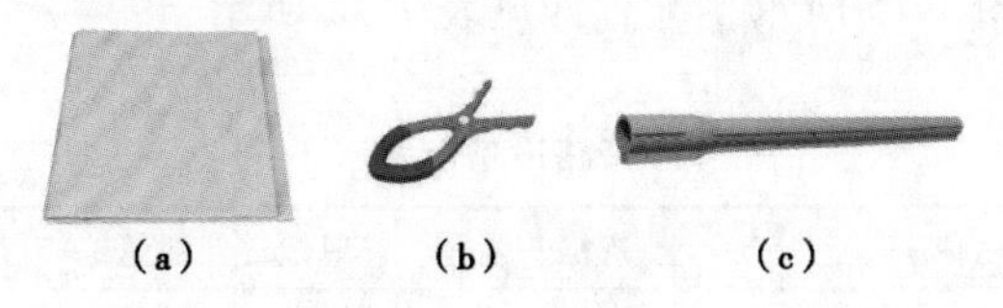

图 7-13　绝缘遮蔽用具（根据实际工况选择）

（a）绝缘毯；（b）绝缘毯夹；（c）导线遮蔽罩

表 7-10 绝缘遮蔽用具配置

| 序号 | 名称 | | 规格、型号 | 单位 | 数量 | 备注 |
|---|---|---|---|---|---|---|
| 1 | 绝缘遮蔽用具 | 导线遮蔽罩 | 10kV | 根 | 6 | 不少于配备数量 |
| 2 | | 绝缘毯 | 10kV | 块 | 6 | 不少于配备数量 |
| 3 | | 绝缘毯夹 | | 个 | 12 | 不少于配备数量 |

## 7.2.4 绝缘工具和金属工具

绝缘工具和金属工具如图 7-14 所示，配置详见表 7-11。

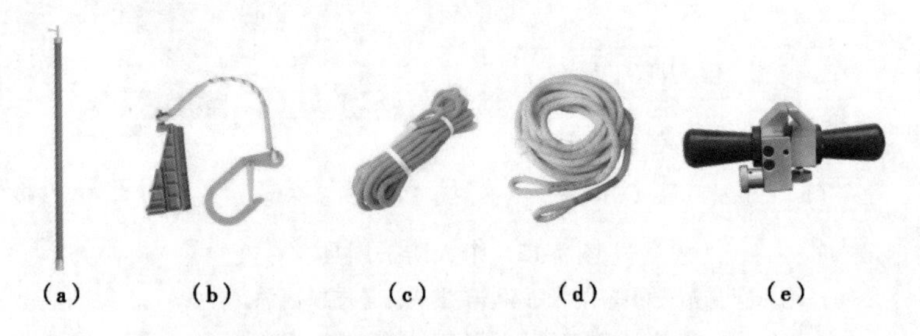

(a) (b) (c) (d) (e)

图 7-14 绝缘工具（根据实际工况选择）

(a) 绝缘操作杆；(b) 绝缘防坠绳；(c) 绝缘传递绳 1（防潮型）；
(d) 绝缘传递绳 2（普通型）；(e) 绝缘导线剥皮器（金属工具）

表 7-11 绝缘工具和金属工具配置

| 序号 | 名称 | | 规格、型号 | 单位 | 数量 | 备注 |
|---|---|---|---|---|---|---|
| 1 | 绝缘工具 | 绝缘操作杆 | 10kV | 个 | 2 | 拉合开关用 |
| 2 | | 绝缘防坠绳 | 10kV | 个 | 3 | 临时固定引下电缆用 |
| 3 | | 绝缘传递绳 | 10kV | 个 | 1 | 起吊引下电缆（备）用 |
| 4 | 金属工具 | 绝缘导线剥皮器 | | 个 | 1 | |

## 7.2.5 旁路设备

旁路设备如图 7-15 所示，配置详见表 7-12 所示。

表 7-12 旁路设备配置

| 序号 | 名称 | | 规格、型号 | 单位 | 数量 | 备注 |
|---|---|---|---|---|---|---|
| 1 | 旁路设备 | 旁路引下电缆 | 10kV，200A | 组 | 1 | 黄绿红 3 根一组，15m |
| 2 | | 旁路负荷开关 | 10kV，200A | 台 | 1 | 带核相装置/安装抱箍 |
| 3 | | 余缆支架 | | 根 | 2 | 含电杆安装带 |

续表

| 序号 | 名称 | | 规格、型号 | 单位 | 数量 | 备注 |
|---|---|---|---|---|---|---|
| 4 | 旁路设备 | 旁路柔性电缆 | 10kV，200A | 组 | 若干 | 黄绿红 3 根一组，50m |
| 5 | | T 型接头旁路辅助电缆 | 10kV，200A | 组 | 1 | 黄绿红 3 根一组 |
| 6 | | 快速插拔直通接头 | 10kV，200A | 个 | 若干 | 带接头保护盒 |
| 7 | | 电缆保护盒或彩条防雨布 | | m | 若干 | 根据现场情况选用 |

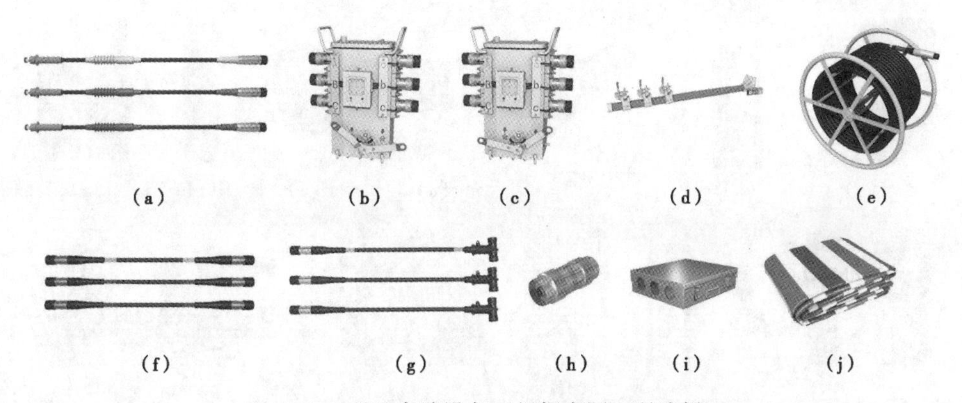

图 7-15　10kV 旁路设备（根据实际工况选择）

（a）旁路引下电缆；（b）旁路负荷开关分闸位置；（c）旁路负荷开关合闸位置；（d）余缆支架；（e）高压旁路柔性电缆盘；（f）高压旁路柔性电缆；（g）T 型接头旁路辅助电缆；（h）快速插拔直通接头；（i）直通接头保护架；（j）彩条防雨布

### 7.2.6　仪器仪表

仪器仪表如图 7-16 所示，配置详见表 7-13。

**表 7-13　　仪器仪表配置**

| 序号 | 名称 | | 规格、型号 | 单位 | 数量 | 备注 |
|---|---|---|---|---|---|---|
| 1 | 仪器仪表 | 绝缘电阻测试仪 | 2500V 及以上 | 套 | 1 | 含电极板 |
| 2 | | 钳形电流表 | 高压 | 个 | 1 | 推荐绝缘杆式 |
| 3 | | 高压验电器 | 10kV | 个 | 1 | |
| 4 | | 工频高压发生器 | 10kV | 个 | 1 | |
| 5 | | 风速湿度仪 | | 个 | 1 | |
| 6 | | 绝缘手套充压气检测器 | | 个 | 1 | |
| 7 | | 核相工具 | | 套 | 1 | 根据现场设备选配 |
| 8 | | 录音笔 | 便携高清降噪 | 个 | 1 | 记录作业对话用 |

续表

| 序号 | 名称 | | 规格、型号 | 单位 | 数量 | 备注 |
|---|---|---|---|---|---|---|
| 9 | 仪器仪表 | 对讲机 | 户外无线手持 | 台 | 3 | 杆上杆下监护指挥用 |
| 10 | | 放电棒 | | 个 | 1 | 带接地线 |
| 11 | | 接地棒和接地线 | | 个 | 2 | 包括旁路负荷开关用 |

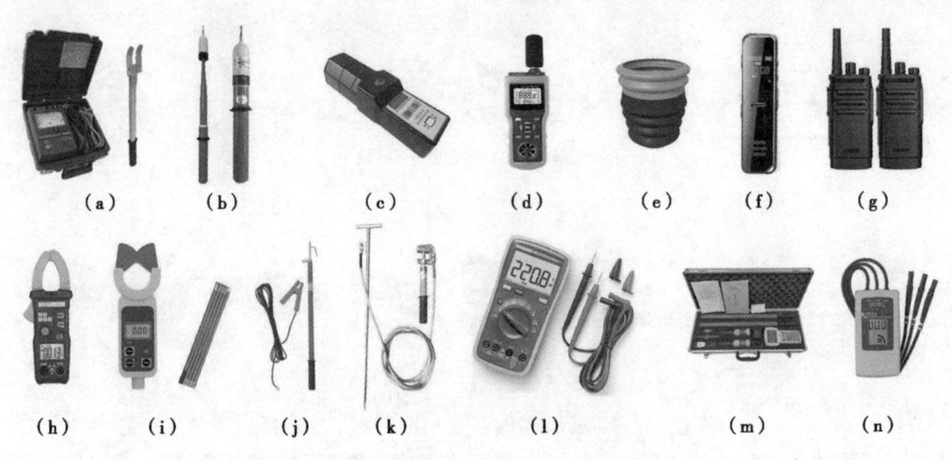

图 7-16 仪器仪表（根据实际工况选择）

（a）绝缘电阻测试仪+电极板；（b）高压验电器；（c）工频高压发生器；（d）风速湿度仪；（e）绝缘手套充压气检测器；（f）录音笔；（g）对讲机；（h）钳形电流表 1（手持式）；（i）钳形电流表 2（绝缘杆式）；（j）放电棒；（k）接地棒；（l）万用表；（m）便携式核相仪；（n）相序表

## 7.2.7 其他工具和材料

其他工具和材料如图 7-17 所示，配置详见表 7-14。

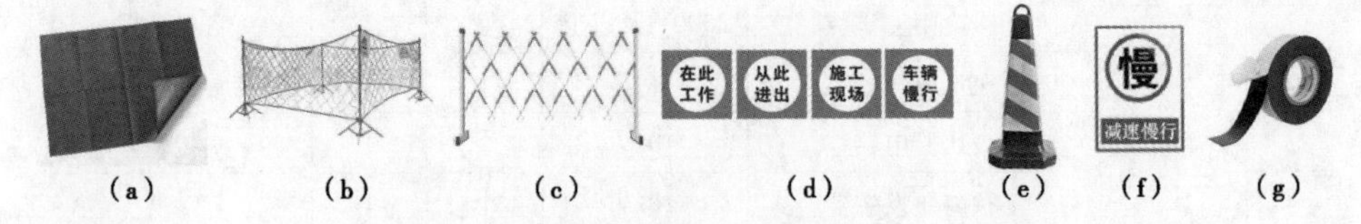


图 7-17 其他工具和材料（根据实际工况选择）

（a）防潮苫布；（b）安全围栏 1；（c）安全围栏 2；（d）警告标志；（e）路障；（f）减速慢行标志；（g）绝缘自粘带（材料）

表 7-14　　　　其他工具和材料配置

| 序号 | 名称 | | 规格、型号 | 单位 | 数量 | 备注 |
|---|---|---|---|---|---|---|
| 1 | 其他工具 | 防潮苫布 | | 块 | 若干 | 根据现场情况选择 |
| 2 | | 个人手工工具 | | 套 | 1 | 推荐用绝缘手工工具 |
| 3 | | 安全围栏 | | 组 | 1 | |
| 4 | | 警告标志 | | 套 | 1 | |
| 5 | | 路障和减速慢行标志 | | 组 | 1 | |
| 6 | 材料 | 绝缘自粘带 | | 卷 | 若干 | 恢复绝缘用 |
| 7 | | 清洁纸和硅脂膏 | | 个 | 若干 | 清洁和涂抹接头用 |

## 7.3　从环网箱临时取电给移动箱变供电

本项目装备配置适用于如图 7-18 所示的环网箱，采用从环网箱临时取电给移动箱变供电项目，线路负荷电流不大于 200A 的工况。生产中务必结合现场实际工况参照适用。

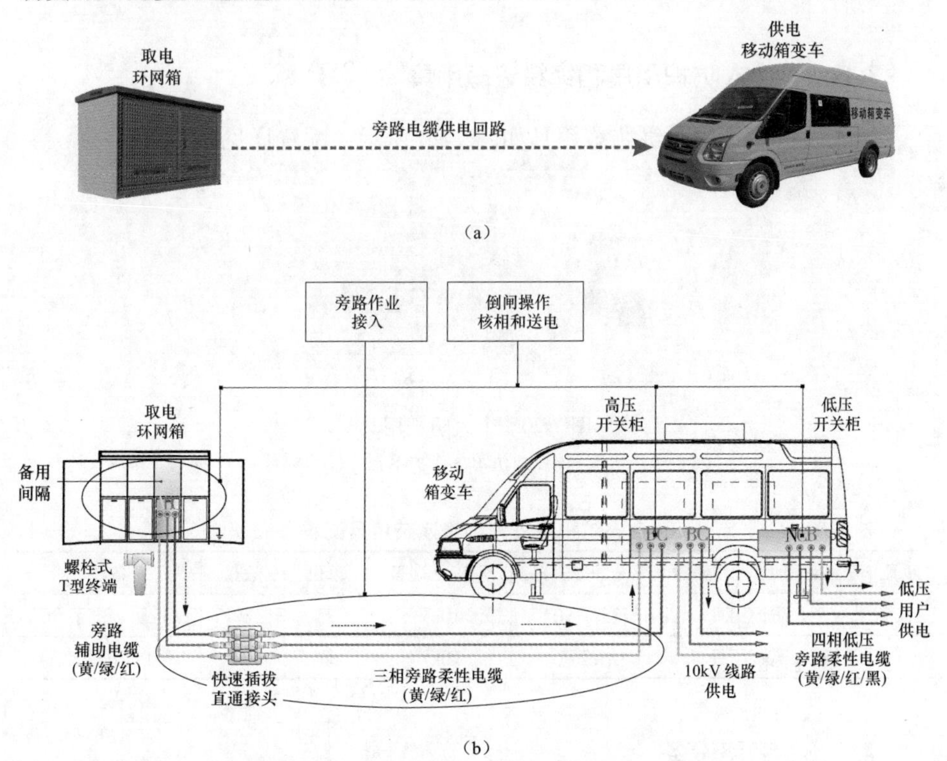


图 7-18　从环网箱临时取电给移动箱变供电项目

(a) 环网箱+移动箱变车示意图；(b) 从环网箱临时取电给移动箱变示意图

### 7.3.1 特种车辆

特种车辆如图 7-19 所示，配置详见表 7-15。

(a)　(b)　(c)　(d)

图 7-19 特种车辆

(a) 移动库房车；(b) 移动箱变车 1；(c) 移动箱变车 2；(d) 旁路作业车

表 7-15 特种车辆配置

| 序号 | 名称 | | 规格、型号 | 单位 | 数量 | 备注 |
|---|---|---|---|---|---|---|
| 1 | 特种车辆 | 移动库房车 | | 辆 | 1 | |
| 2 | | 移动箱变车 | 10kV、0.4kV | 辆 | 1 | 配套高（低）压电缆 |
| 3 | | 旁路作业车 | 10kV | 辆 | 1 | 旁路设备车（备用） |

### 7.3.2 个人防护用具和绝缘遮蔽用具

个人防护用具和绝缘遮蔽用具如图 7-20 所示，配置详见表 7-16。

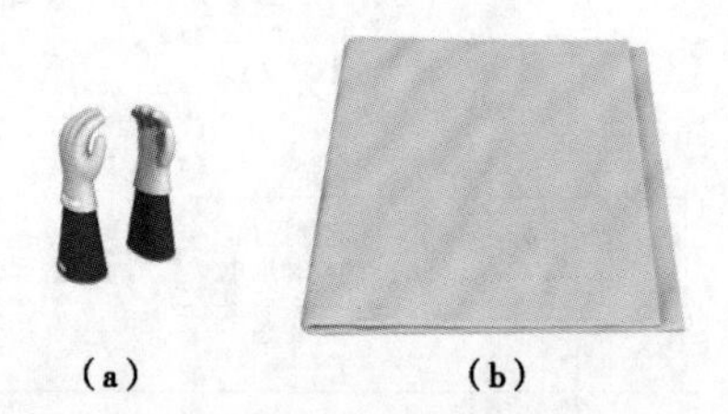

(a)　(b)

图 7-20 个人防护用具

(a) 绝缘手套+羊皮或仿羊皮保护手套；(b) 绝缘毯

表 7-16 个人防护用具和绝缘遮蔽用具配置

| 序号 | 名称 | | 规格、型号 | 单位 | 数量 | 备注 |
|---|---|---|---|---|---|---|
| 1 | 个人防护用具 | 绝缘手套 | 10kV | 双 | 2 | 带防刺穿手套 |
| 2 | 绝缘遮蔽用具 | 绝缘毯 | 10kV | 块 | 6 | 不少于配备数量 |

### 7.3.3 旁路设备

旁路设备如图 7-21 和图 7-22 所示，配置详见表 7-17。

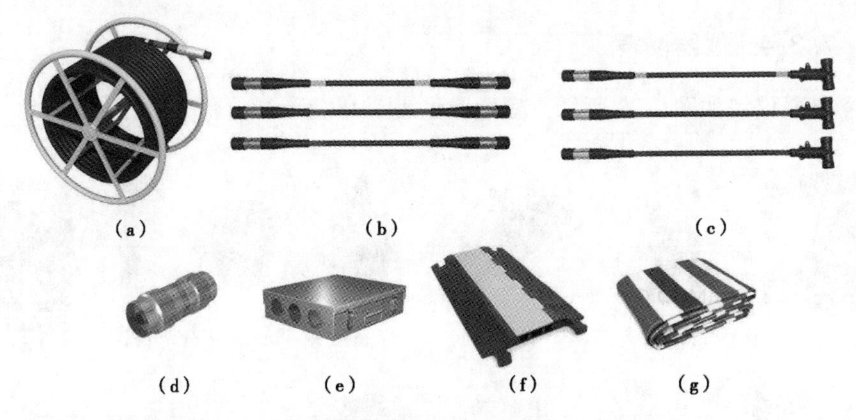

图 7-21　10kV 旁路设备（根据实际工况选择）

(a) 高压旁路柔性电缆盘；(b) 高压旁路柔性电缆；(c) T 型接头旁路辅助电缆；
(d) 快速插拔直通接头；(e) 直通接头保护架；
(f) 电缆过路保护板；(g) 彩条防雨布

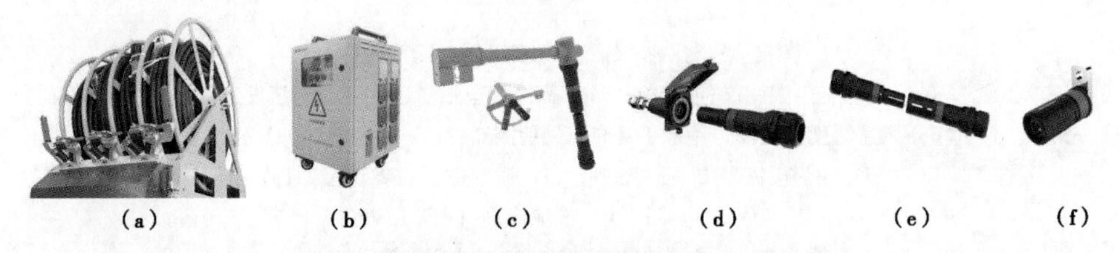

图 7-22　0.4kV 旁路设备（根据实际工况选择）

(a) 低压旁路柔性电缆；(b) 400V 快速连接箱；
(c) 变台 JP 柜低压输出端母排用专用快速接头；
(d) 低压旁路电缆快速接入箱用专用快速接头；
(e) 低压旁路电缆用专用快速接头；
(f) 低压输出端母排专用快速接头

表 7-17　旁路设备配置

| 序号 | 名称 | | 规格、型号 | 单位 | 数量 | 备注 |
|---|---|---|---|---|---|---|
| 1 | 旁路设备 | 旁路柔性电缆 | 10kV，200A | 组 | 若干 | 黄绿红 3 根一组，50m |
| 2 | | T 型接头旁路辅助电缆 | 10kV，200A | 组 | 2 | 黄绿红 3 根一组 |
| 3 | | 快速插拔直通接头 | 10kV，200A | 个 | 若干 | 带接头保护盒 |
| 4 | | 低压旁路柔性电缆 | 0.4kV | 组 | 1 | 黄绿红黑 4 根一组 |
| 5 | | 配套专用接头 | | 组 | 1 | 低压旁路柔性电缆用 |
| 6 | | 400V 快速连接箱 | 0.4kV | 台 | 1 | 备用 |
| 7 | | 电缆过路保护板 | | 个 | 若干 | 根据现场情况选用 |
| 8 | | 电缆保护盒或彩条防雨布 | | m | 若干 | 根据现场情况选用 |

### 7.3.4 仪器仪表

仪器仪表如图 7-23 所示，配置详见表 7-18。

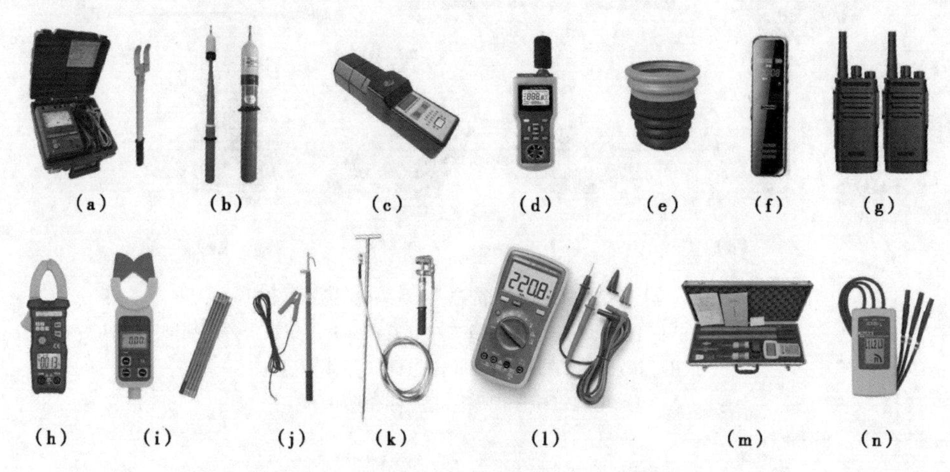


图 7-23　仪器仪表（根据实际工况选择）

（a）绝缘电阻测试仪+电极板；（b）高压验电器；（c）工频高压发生器；（d）风速湿度仪；（e）绝缘手套充压气检测器；（f）录音笔；（g）对讲机；（h）钳形电流表 1（手持式）；（i）钳形电流表 2（绝缘杆式）；（j）放电棒；（k）接地棒；（l）万用表；（m）便携式核相仪；（n）相序表

表 7-18　　仪器仪表配置

| 序号 | 名称 | | 规格、型号 | 单位 | 数量 | 备注 |
| --- | --- | --- | --- | --- | --- | --- |
| 1 | 仪器仪表 | 绝缘电阻测试仪 | 2500V 及以上 | 套 | 1 | 含电极板 |
| 2 | | 钳形电流表 | 高压 | 个 | 1 | 推荐绝缘杆式 |
| 3 | | 高压验电器 | 10kV | 个 | 1 | |
| 4 | | 工频高压发生器 | 10kV | 个 | 1 | |
| 5 | | 风速湿度仪 | | 个 | 1 | |
| 6 | | 绝缘手套充压气检测器 | | 个 | 1 | |
| 7 | | 核相工具 | | 套 | 1 | 根据现场设备选配 |
| 8 | | 录音笔 | 便携高清降噪 | 个 | 1 | 记录作业对话用 |
| 9 | | 对讲机 | 户外无线手持 | 台 | 3 | 杆上杆下监护指挥用 |
| 10 | | 放电棒 | | 个 | 1 | 带接地线 |
| 11 | | 接地棒和接地线 | | 个 | 2 | |

### 7.3.5　其他工具和材料

其他工具和材料如图7-24所示，配置详见表7-19。

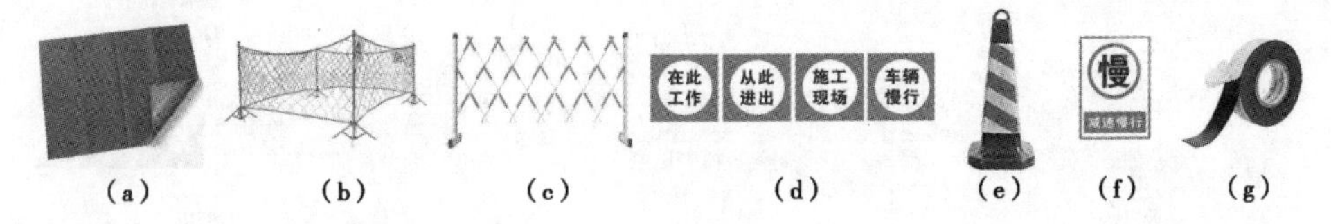


(a)　(b)　(c)　(d)　(e)　(f)　(g)

图7-24　其他工具和材料（根据实际工况选择）

(a) 防潮苫布；(b) 安全围栏1；(c) 安全围栏2；(d) 警告标志；(e) 路障；(f) 减速慢行标志；(g) 绝缘自粘带（材料）

表7-19　其他工具和材料配置

| 序号 | 名称 | | 规格、型号 | 单位 | 数量 | 备注 |
|---|---|---|---|---|---|---|
| 1 | 其他工具 | 防潮苫布 | | 块 | 若干 | 根据现场情况选择 |
| 2 | | 个人手工工具 | | 套 | 1 | 推荐用绝缘手工工具 |
| 3 | | 安全围栏 | | 组 | 1 | |
| 4 | | 警告标志 | | 套 | 1 | |
| 5 | | 路障和减速慢行标志 | | 组 | 1 | |
| 6 | 材料 | 清洁纸和硅脂膏 | | 个 | 若干 | 清洁和涂抹接头用 |

## 7.4　从环网箱临时取电给环网箱供电项目

本项目装备配置适用于如图7-25所示的环网箱，采用从环网箱临时取电给环网箱供电项目，线路负荷电流不大于200A的工况。生产中务必结合现场实际工况参照适用。

### 7.4.1　特种车辆

特种车辆如图7-26所示，配置详见表7-20。

表7-20　特种车辆配置

| 序号 | 名称 | | 规格、型号 | 单位 | 数量 | 备注 |
|---|---|---|---|---|---|---|
| 1 | 特种车辆 | 移动库房车 | | 辆 | 1 | |
| 2 | | 旁路作业车 | 10kV | 辆 | 1 | 旁路设备车（备用） |

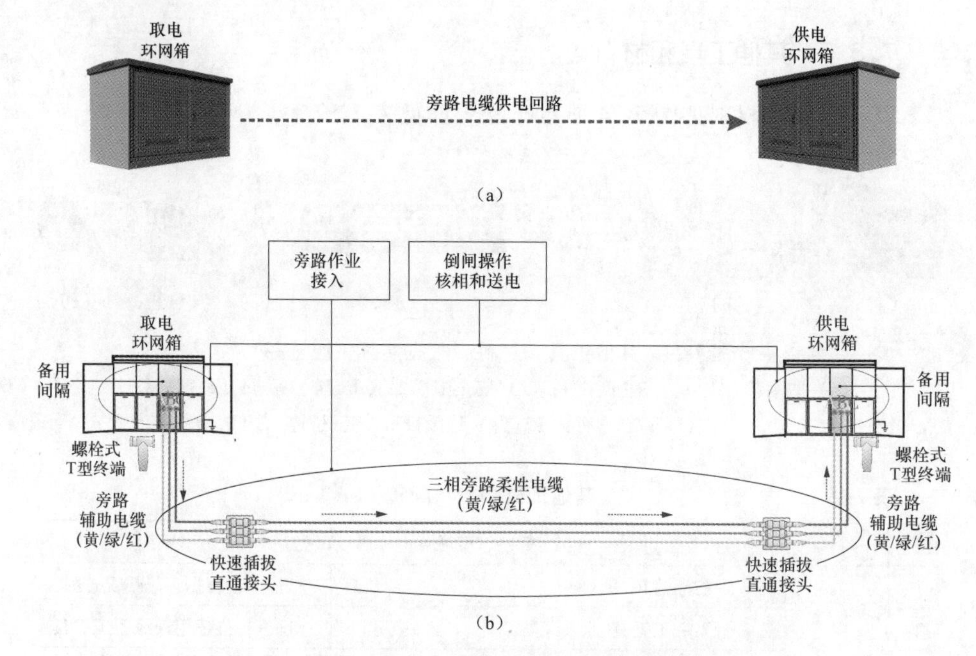


图 7-25　从环网箱临时取电给环网箱供电项目
(a)环网箱示意图;(b)从环网箱临时取电给环网箱示意图

图 7-26　特种车辆
(a)移动库房车;(b)旁路作业车

## 7.4.2　个人防护用具和绝缘遮蔽用具

个人防护用具和绝缘遮蔽用具如图 7-27 所示，配置详见表 7-21。

表 7-21　　个人防护用具和绝缘遮蔽用具配置

| 序号 | 名称 | | 规格、型号 | 单位 | 数量 | 备注 |
|---|---|---|---|---|---|---|
| 1 | 个人防护用具 | 绝缘手套 | 10kV | 双 | 2 | 带防刺穿手套 |
| 2 | 绝缘遮蔽用具 | 绝缘毯 | 10kV | 块 | 6 | 不少于配备数量 |

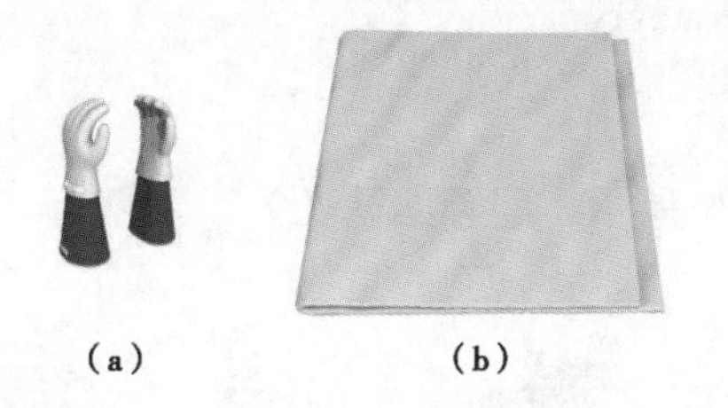

（a） （b）

图 7-27 个人防护用具

（a）绝缘手套+羊皮或仿羊皮保护手套；（b）绝缘毯

## 7.4.3 旁路设备

旁路设备如图 7-28 所示，配置详见表 7-22。

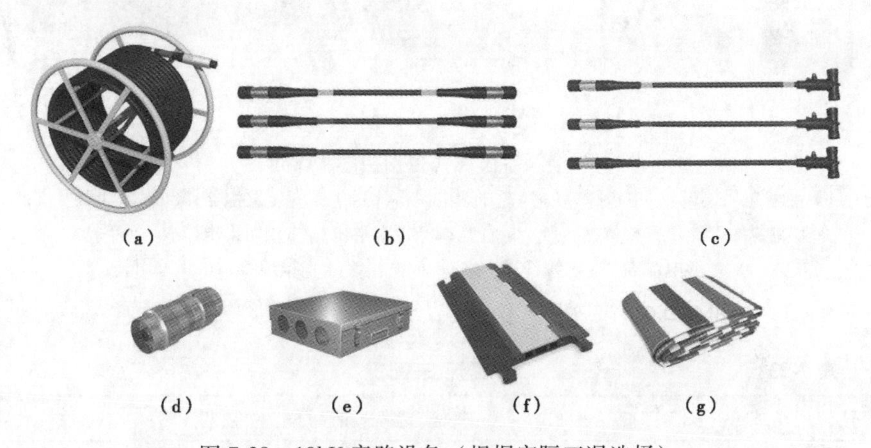

（a） （b） （c）

（d） （e） （f） （g）

图 7-28 10kV 旁路设备（根据实际工况选择）

（a）高压旁路柔性电缆盘；（b）高压旁路柔性电缆；（c）T 型接头旁路辅助电缆；

（d）快速插拔直通接头；（e）直通接头保护架；

（f）电缆过路保护板；（g）彩条防雨布

**表 7-22 旁路设备配置**

| 序号 | 名称 | | 规格、型号 | 单位 | 数量 | 备注 |
|---|---|---|---|---|---|---|
| 1 | 旁路设备 | 旁路柔性电缆 | 10kV，200A | 组 | 若干 | 黄绿红 3 根一组，50m |
| 2 | | T 型接头旁路辅助电缆 | 10kV，200A | 组 | 2 | 黄绿红 3 根一组 |
| 3 | | 快速插拔直通接头 | 10kV，200A | 个 | 若干 | 带接头保护盒 |
| 4 | | 低压旁路柔性电缆 | 0.4kV | 组 | 1 | 黄绿红黑 4 根一组 |
| 5 | | 电缆过路保护板 | | 个 | 若干 | 根据现场情况选用 |
| 6 | | 电缆保护盒或彩条防雨布 | | m | 若干 | 根据现场情况选用 |

### 7.4.4 仪器仪表

仪器仪表如图 7-29 所示，配置详见表 7-23。

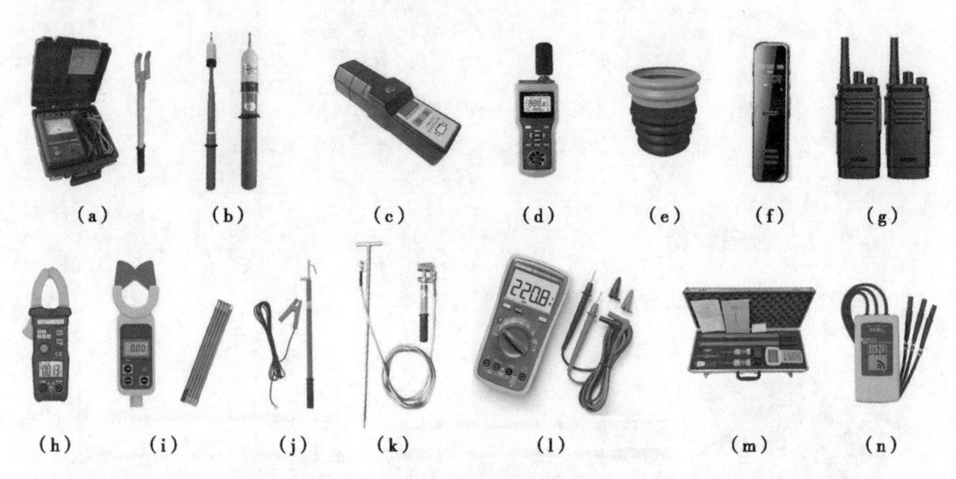

图 7-29 仪器仪表（根据实际工况选择）

(a) 绝缘电阻测试仪+电极板；(b) 高压验电器；(c) 工频高压发生器；(d) 风速湿度仪；(e) 绝缘手套充压气检测器；(f) 录音笔；(g) 对讲机；(h) 钳形电流表 1（手持式）；(i) 钳形电流表 2（绝缘杆式）；(j) 放电棒；(k) 接地棒；(l) 万用表；(m) 便携式核相仪；(n) 相序表

表 7-23 仪器仪表配置

| 序号 | 名称 | | 规格、型号 | 单位 | 数量 | 备注 |
|---|---|---|---|---|---|---|
| 1 | 仪器仪表 | 绝缘电阻测试仪 | 2500V 及以上 | 套 | 1 | 含电极板 |
| 2 | | 钳形电流表 | 高压 | 个 | 1 | 推荐绝缘杆式 |
| 3 | | 高压验电器 | 10kV | 个 | 1 | |
| 4 | | 工频高压发生器 | 10kV | 个 | 1 | |
| 5 | | 风速湿度仪 | | 个 | 1 | |
| 6 | | 绝缘手套充压气检测器 | | 个 | 1 | |
| 7 | | 核相工具 | | 套 | 1 | 根据现场设备选配 |
| 8 | | 录音笔 | 便携高清降噪 | 个 | 1 | 记录作业对话用 |
| 9 | | 对讲机 | 户外无线手持 | 台 | 3 | 杆上杆下监护指挥用 |
| 10 | | 放电棒 | | 个 | 1 | 带接地线 |
| 11 | | 接地棒和接地线 | | 个 | 2 | |

### 7.4.5　其他工具和材料

其他工具和材料如图 7-30 所示，配置详见表 7-24。

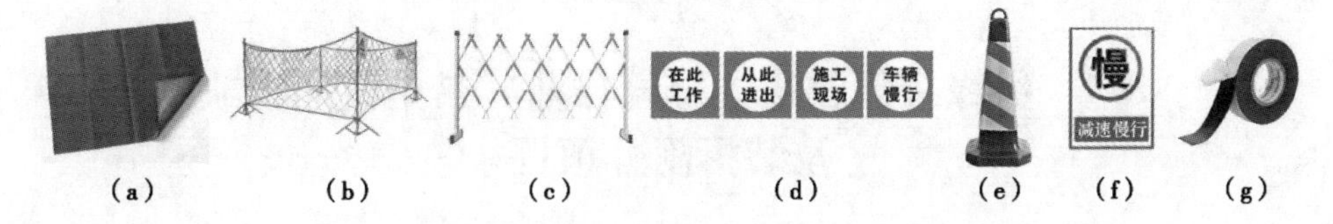


(a)　(b)　(c)　(d)　(e)　(f)　(g)

图 7-30　其他工具和材料（根据实际工况选择）

（a）防潮苫布；（b）安全围栏 1；（c）安全围栏 2；（d）警告标志；（e）路障；（f）减速慢行标志；（g）绝缘自粘带（材料）

表 7-24　　其他工具和材料配置

| 序号 | 名称 | | 规格、型号 | 单位 | 数量 | 备注 |
|---|---|---|---|---|---|---|
| 1 | 其他工具 | 防潮苫布 | | 块 | 若干 | 根据现场情况选择 |
| 2 | | 个人手工工具 | | 套 | 1 | 推荐用绝缘手工工具 |
| 3 | | 安全围栏 | | 组 | 1 | |
| 4 | | 警告标志 | | 套 | 1 | |
| 5 | | 路障和减速慢行标志 | | 组 | 1 | |
| 6 | 材料 | 清洁纸和硅脂膏 | | 个 | 若干 | 清洁和涂抹接头用 |

# 第 8 章　消缺类项目装备配置

## 8.1　绝缘杆作业法（登杆作业）带电普通消缺及装拆附件项目

本项目装备配置适用于图 8-1 所示的 10kV 配电网架空线路，采用绝缘杆作业法（登杆作业）带电普通消缺及装拆附件项目（简称消缺类项目），包括修剪树枝、清除异物、扶正绝缘子、拆除退役设备，加装或拆除接触设备套管、故障指示器、驱鸟器等。生产中务必结合现场实际工况参照适用，推广绝缘手套作业法融合绝缘杆作业法在绝缘斗臂车的绝缘斗［见图 8-1（c）］或其他绝缘平台［见图 8-1（d）］上的应用。

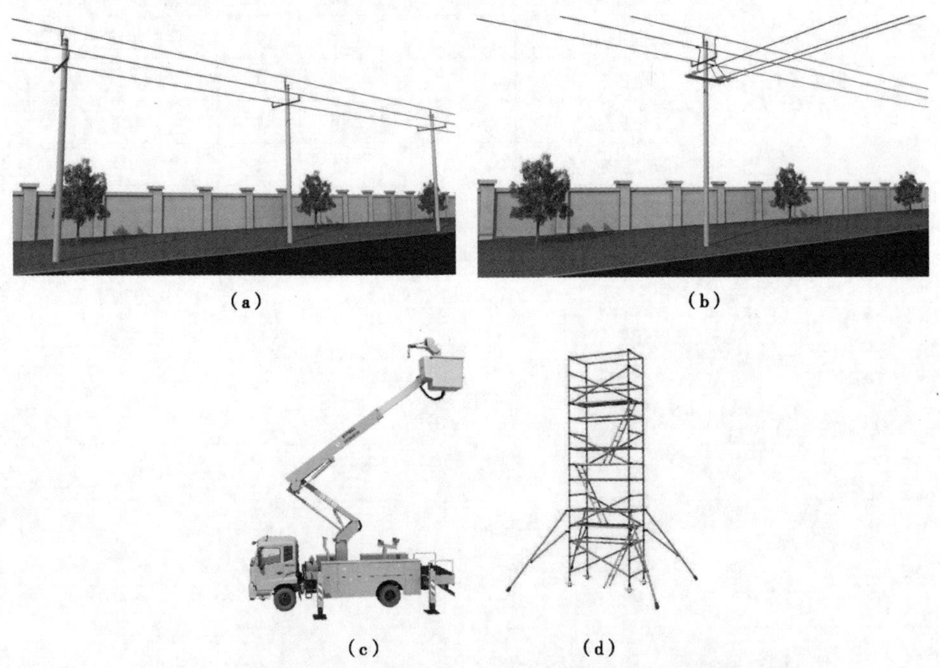

图 8-1　绝缘杆作业法（登杆作业）带电普通消缺及装拆附件项目

（a）主线路；（b）分支线路；（c）绝缘斗臂车的绝缘斗；（d）绝缘脚手架的绝缘平台

### 8.1.1　特种车辆和登杆工具

特种车辆（移动库房车）和登杆工具（金属脚扣）如图 8-2 所示，配置详见表 8-1。

(a)

(b)

图 8-2　特种车辆（移动库房车）和登杆工具（金属脚扣）

（a）移动库房车；（b）脚扣

**表 8-1　　特种车辆（移动库房车）和登杆工具（金属脚扣）配置**

| 序号 | 名称 | | 规格、型号 | 单位 | 数量 | 备注 |
|---|---|---|---|---|---|---|
| 1 | 特种车辆 | 移动库房车 | | 辆 | 1 | |
| 2 | 登杆工具 | 金属脚扣 | 12～18m 电杆用 | 副 | 2 | 杆上电工使用 |

## 8.1.2　个人防护用具

个人防护用具如图 8-3 所示，配置详见表 8-2。

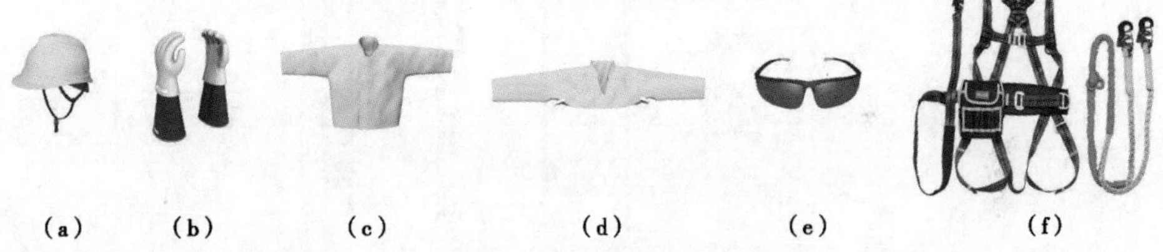

(a)　(b)　(c)　(d)　(e)　(f)

图 8-3　个人防护用具

（a）绝缘安全帽；（b）绝缘手套+羊皮或仿羊皮保护手套；（c）绝缘服；（d）绝缘披肩；（e）护目镜；（f）安全带

**表 8-2　　个人防护用具配置**

| 序号 | 名称 | | 规格、型号 | 单位 | 数量 | 备注 |
|---|---|---|---|---|---|---|
| 1 | 个人防护用具 | 绝缘安全帽 | 10kV | 顶 | 2 | |
| 2 | | 绝缘手套 | 10kV | 双 | 2 | 带防刺穿手套 |
| 3 | | 绝缘披肩（绝缘服） | 10kV | 件 | 2 | 根据现场情况选择 |
| 4 | | 护目镜 | | 副 | 2 | |
| 5 | | 安全带 | | 副 | 2 | 有后背保护绳 |

## 8.1.3　绝缘遮蔽用具

绝缘遮蔽用具如图 8-4 所示，配置详见表 8-3。

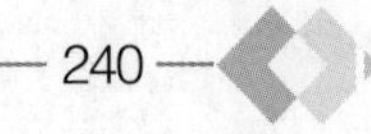

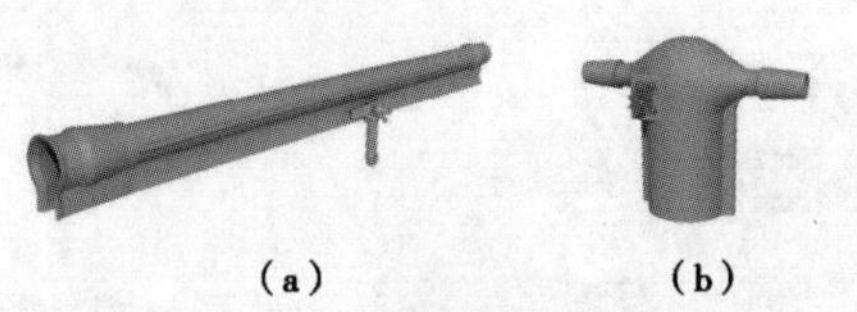

（a） （b）

图 8-4 绝缘遮蔽用具

（a）绝缘杆式导线遮蔽罩；（b）绝缘杆式绝缘子遮蔽罩

**表 8-3 绝缘遮蔽用具配置**

| 序号 | 名称 | | 规格、型号 | 单位 | 数量 | 备注 |
|---|---|---|---|---|---|---|
| 1 | 绝缘遮蔽用具 | 导线遮蔽罩 | 10kV | 个 | 若干 | 根据现场情况选择 |
| 2 | | 绝缘子遮蔽罩 | 10kV | 个 | 若干 | 根据现场情况选择 |

## 8.1.4 绝缘工具

绝缘工具如图 8-5 所示（其中的“普通消缺专用工具、设备套管安装工具、故障指示器安装工具、驱鸟器安装工具”配图略），配置详见表 8-4。

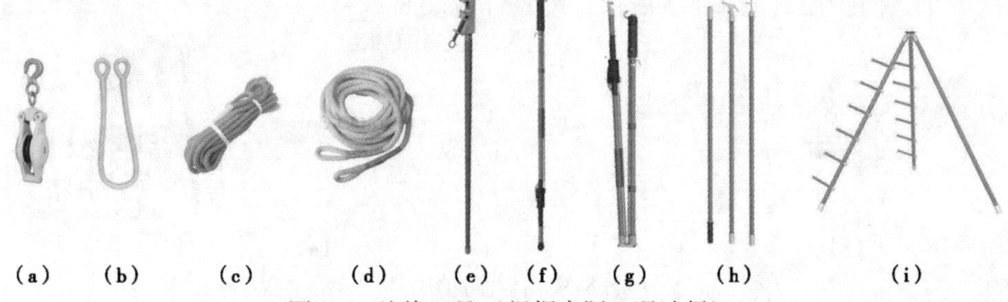

（a） （b） （c） （d） （e） （f） （g） （h） （i）

图 8-5 绝缘工具（根据实际工况选择）

（a）绝缘滑车；（b）绝缘绳套；（c）绝缘传递绳 1（防潮型）；（d）绝缘传递绳 2（普通型）；（e）绝缘（双头）锁杆；（f）伸缩式绝缘锁杆（射枪式操作杆）；（g）伸缩式折叠绝缘锁杆（射枪式操作杆）；（h）绝缘操作杆；（i）绝缘工具支架

**表 8-4 绝缘工具配置**

| 序号 | 名称 | | 规格、型号 | 单位 | 数量 | 备注 |
|---|---|---|---|---|---|---|
| 1 | 绝缘工具 | 绝缘滑车 | 10kV | 个 | 1 | 绝缘传递绳用 |
| 2 | | 绝缘绳套 | 10kV | 个 | 1 | 挂滑车用 |
| 3 | | 绝缘传递绳 | 10kV | 根 | 1 | $\phi$12mm×15m |
| 4 | | 绝缘（双头）锁杆 | 10kV | 个 | 1 | 可同时锁定两根导线 |
| 5 | | 伸缩式绝缘锁杆 | 10kV | 个 | 1 | 射枪式操作杆 |
| 6 | | 绝缘操作杆 | 10kV | 个 | 1 | 根据现场情况配备 |
| 7 | | 普通消缺专用工具 | 10kV | 套 | 1 | 根据现场情况配备 |

续表

| 序号 | 名称 | | 规格、型号 | 单位 | 数量 | 备注 |
|---|---|---|---|---|---|---|
| 8 | 绝缘工具 | 设备套管安装工具 | 10kV | 套 | 1 | 根据现场情况配备 |
| 9 | | 故障指示器安装工具 | 10kV | 套 | 1 | 根据现场情况配备 |
| 10 | | 驱鸟器安装工具 | 10kV | 套 | 1 | 根据现场情况配备 |
| 11 | | 绝缘支架 | | 个 | 1 | 放置绝缘工具用 |

## 8.1.5　仪器仪表

仪器仪表如图 8-7 所示，配置详见表 8-5。

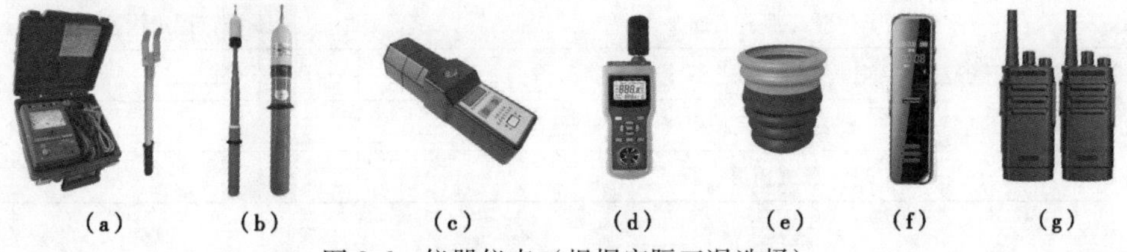

(a)　(b)　(c)　(d)　(e)　(f)　(g)

图 8-6　仪器仪表（根据实际工况选择）

(a) 绝缘电阻测试仪+电极板；(b) 高压验电器；(c) 工频高压发生器；
(d) 风速湿度仪；(e) 绝缘手套充压气检测器；
(f) 录音笔；(g) 对讲机

表 8-5　仪器仪表配置

| 序号 | 名称 | | 规格、型号 | 单位 | 数量 | 备注 |
|---|---|---|---|---|---|---|
| 1 | 仪器仪表 | 绝缘电阻测试仪 | 2500V 及以上 | 套 | 1 | 含电极板 |
| 2 | | 高压验电器 | 10kV | 个 | 1 | |
| 3 | | 工频高压发生器 | 10kV | 个 | 1 | |
| 4 | | 风速湿度仪 | | 个 | 1 | |
| 5 | | 绝缘手套充压气检测器 | | 个 | 1 | |
| 6 | | 录音笔 | 便携高清降噪 | 个 | 1 | 记录作业对话用 |
| 7 | | 对讲机 | 户外无线手持 | 台 | 3 | 杆上杆下监护指挥用 |

## 8.1.6　其他工具

其他工具如图 8-7 所示，配置详见表 8-6。

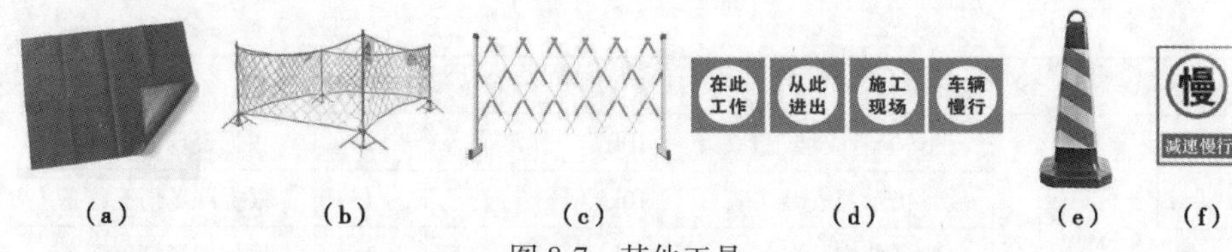


(a) (b) (c) (d) (e) (f)

图 8-7 其他工具

(a) 防潮苫布；(b) 安全围栏 1；(c) 安全围栏 2；(d) 警告标志；
(e) 路障；(f) 减速慢行标志

**表 8-6 其他工具配置**

| 序号 | 名称 | | 规格、型号 | 单位 | 数量 | 备注 |
|---|---|---|---|---|---|---|
| 1 | 其他工具 | 防潮苫布 | | 块 | 若干 | 根据现场情况选择 |
| 2 | | 个人手工工具 | | 套 | 1 | 推荐用绝缘手工工具 |
| 3 | | 安全围栏 | | 组 | 1 | |
| 4 | | 警告标志 | | 套 | 1 | |
| 5 | | 路障和减速慢行标志 | | 组 | 1 | |

## 8.2 绝缘手套作业法（绝缘斗臂车作业）带电普通消缺及装拆附件项目

本项目装备配置适用于图 8-8 所示的 10kV 配电网架空线路，采用绝缘手套作业法（绝缘斗臂车作业）带电普通消缺及装拆附件项目，包括清除异物、扶正绝缘子、修补导线及调节导线弧垂、处理绝缘导线异响、拆除退役设备、更换拉线、拆除非承力拉线、加装接地环、加装或拆除接触设备套管、故障指示器、驱鸟器等。生产中务必结合现场实际工况参照适用。

(a) (b)

图 8-8 绝缘手套作业法（绝缘斗臂车作业）带电普通消缺及装拆附件项目

(a) 主线路；(b) 分支线路

## 8.2.1　特种车辆和登杆工具

特种车辆如图 8-9 所示，配置详见表 8-7。

图 8-9　特种车辆

(a) 绝缘斗臂车；(b) 移动库房车

**表 8-7　　特种车辆配置**

| 序号 | 名称 | | 规格、型号 | 单位 | 数量 | 备注 |
|---|---|---|---|---|---|---|
| 1 | 特种车辆 | 绝缘斗臂车 | 10kV | 辆 | 1 | |
| 2 | | 移动库房车 | | 辆 | 1 | |

## 8.2.2　个人防护用具

个人防护用具如图 8-10 所示，配置详见表 8-8。

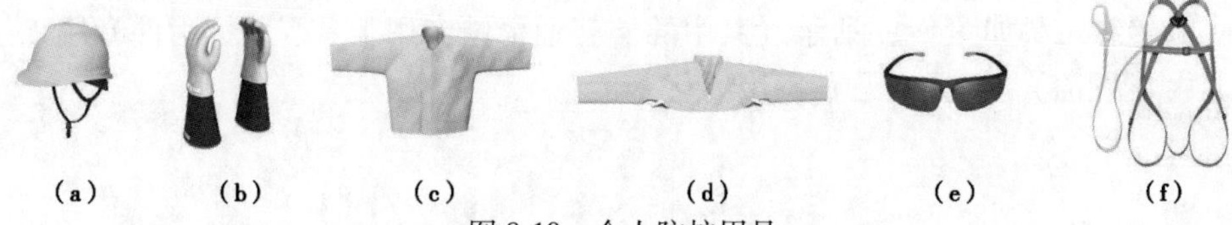


图 8-10　个人防护用具

(a) 绝缘安全帽；(b) 绝缘手套+羊皮或仿羊皮保护手套；(c) 绝缘服；(d) 绝缘披肩；(e) 护目镜；(f) 安全带

**表 8-8　　个人防护用具配置**

| 序号 | 名称 | | 规格、型号 | 单位 | 数量 | 备注 |
|---|---|---|---|---|---|---|
| 1 | 个人防护用具 | 绝缘安全帽 | 10kV | 顶 | 2 | |
| 2 | | 绝缘手套 | 10kV | 双 | 2 | 带防刺穿手套 |
| 3 | | 绝缘披肩（绝缘服） | 10kV | 件 | 2 | 根据现场情况选择 |
| 4 | | 护目镜 | | 副 | 2 | |
| 5 | | 安全带 | | 副 | 2 | 有后备保护绳 |

### 8.2.3 绝缘遮蔽用具

绝缘遮蔽用具如图 8-11 所示，配置详见表 8-9。

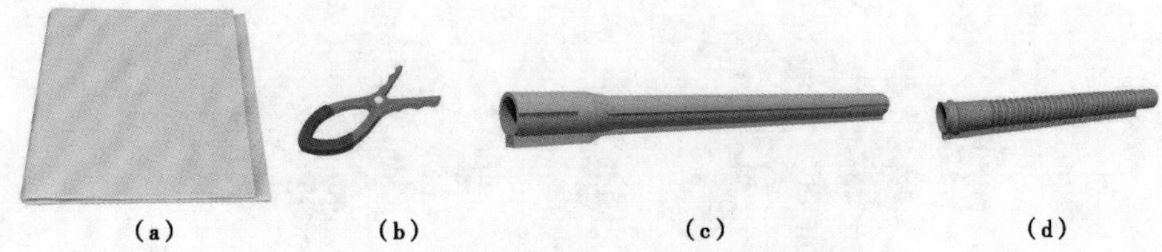

(a)　(b)　(c)　(d)

图 8-11 绝缘遮蔽用具（根据实际工况选择）

(a) 绝缘毯；(b) 绝缘毯夹；(c) 导线遮蔽罩；

(d) 引线遮蔽罩（根据实际情况选用）

**表 8-9　　绝缘遮蔽用具配置**

| 序号 | 名称 | | 规格、型号 | 单位 | 数量 | 备注 |
|---|---|---|---|---|---|---|
| 1 | 绝缘遮蔽用具 | 导线遮蔽罩 | 10kV | 根 | 若干 | 根据现场情况选择 |
| 2 | | 引线遮蔽罩 | 10kV | 根 | 若干 | 根据现场情况选择 |
| 3 | | 绝缘毯 | 10kV | 块 | 若干 | 根据现场情况选择 |
| 4 | | 绝缘毯夹 | | 个 | 若干 | 根据现场情况选择 |

### 8.2.4 绝缘工具

绝缘工具如图 8-12 所示（其中的“普通消缺专用工具、装拆附件专用工具”配图略），配置详见表 8-10。

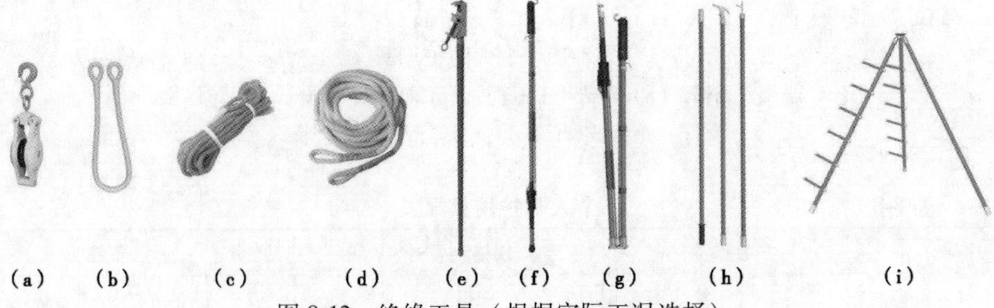

(a)　(b)　(c)　(d)　(e)　(f)　(g)　(h)　(i)

图 8-12 绝缘工具（根据实际工况选择）

(a) 绝缘滑车；(b) 绝缘绳套；(c) 绝缘传递绳 1（防潮型）；

(d) 绝缘传递绳 2（普通型）；(e) 绝缘（双头）锁杆；

(f) 伸缩式绝缘锁杆（射枪式操作杆）；(g) 伸缩式折叠绝缘锁杆（射枪式操作杆）；

(h) 绝缘操作杆；(i) 绝缘工具支架

表 8-10　　绝缘工具配置

| 序号 | 名称 | | 规格、型号 | 单位 | 数量 | 备注 |
|---|---|---|---|---|---|---|
| 1 | | 绝缘滑车 | 10kV | 个 | 1 | 绝缘传递绳用 |
| 2 | | 绝缘绳套 | 10kV | 个 | 1 | 挂滑车用 |
| 3 | | 绝缘传递绳 | 10kV | 根 | 1 | $\phi$12mm×15m |
| 4 | | 绝缘（双头）锁杆 | 10kV | 个 | 1 | 可同时锁定两根导线 |
| 5 | 绝缘工具 | 伸缩式绝缘锁杆 | 10kV | 个 | 1 | 射枪式操作杆 |
| 6 | | 绝缘操作杆 | 10kV | 个 | 1 | 根据现场情况配备 |
| 7 | | 普通消缺专用工具 | 10kV | 套 | 1 | 根据现场情况配备 |
| 8 | | 装拆附件专用工具 | 10kV | 套 | 1 | 根据现场情况配备 |
| 9 | | 绝缘支架 | | 个 | 1 | 放置绝缘工具用 |

## 8.2.5　仪器仪表

仪器仪表如图 8-13 所示，配置详见表 8-11。

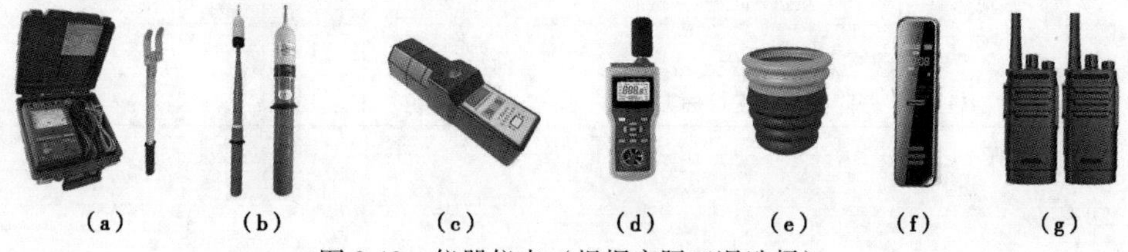


图 8-13　仪器仪表（根据实际工况选择）
(a) 绝缘电阻测试仪+电极板；(b) 高压验电器；(c) 工频高压发生器；
(d) 风速湿度仪；(e) 绝缘手套充压气检测器；
(f) 录音笔；(g) 对讲机

表 8-11　　仪器仪表配置

| 序号 | 名称 | | 规格、型号 | 单位 | 数量 | 备注 |
|---|---|---|---|---|---|---|
| 1 | | 绝缘电阻测试仪 | 2500V 及以上 | 套 | 1 | 含电极板 |
| 2 | | 高压验电器 | 10kV | 个 | 1 | |
| 3 | | 工频高压发生器 | 10kV | 个 | 1 | |
| 4 | 仪器仪表 | 风速湿度仪 | | 个 | 1 | |
| 5 | | 绝缘手套充压气检测器 | | 个 | 1 | |
| 6 | | 录音笔 | 便携高清降噪 | 个 | 1 | 记录作业对话用 |
| 7 | | 对讲机 | 户外无线手持 | 台 | 3 | 杆上杆下监护指挥用 |

### 8.2.6 其他工具

其他工具如图 8-14 所示，配置见表 8-12。

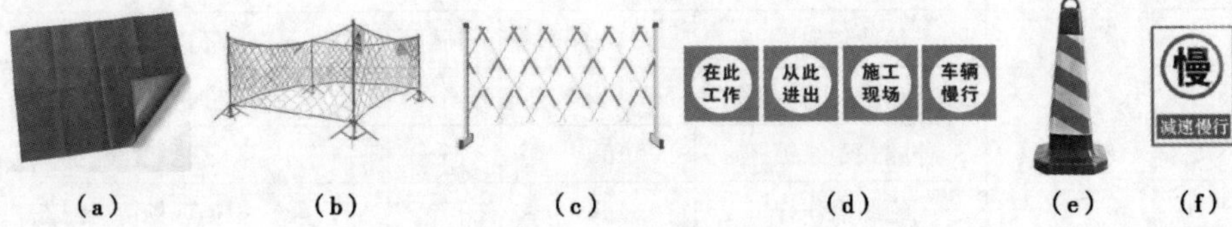


(a) (b) (c) (d) (e) (f)

图 8-14 其他工具

(a) 防潮苫布；(b) 安全围栏 1；(c) 安全围栏 2；(d) 警告标志；
(e) 路障；(f) 减速慢行标志

**表 8-12 其他工具配置**

| 序号 | 名称 | | 规格、型号 | 单位 | 数量 | 备注 |
|---|---|---|---|---|---|---|
| 1 | 其他工具 | 防潮苫布 | | 块 | 若干 | 根据现场情况选择 |
| 2 | | 个人手工工具 | | 套 | 1 | 推荐用绝缘手工工具 |
| 3 | | 安全围栏 | | 组 | 1 | |
| 4 | | 警告标志 | | 套 | 1 | |
| 5 | | 路障和减速慢行标志 | | 组 | 1 | |

# 参 考 文 献

[1] 河南宏驰电力技术有限公司．配网不停电作业项目指导与风险管控［M］．北京：中国电力出版社，2023.

[2] 陈德俊．配电网不停电作业技术与应用［M］．北京：中国电力出版社，2022.

[3] 陈德俊，胡建勋．图解配网不停电作业［M］．北京：中国电力出版社，2022.

[4] 国家电网公司运维检修部．10kV 配网不停电作业规范［M］．北京：中国电力出版社，2016.

[5] 国家电网公司．国家电网公司配电网工程典型设计 10kV 架空线路分册［M］．北京：中国电力出版社，2016.

[6] 国家电网公司．国家电网公司配电网工程典型设计 10kV 配电变台分册［M］．北京：中国电力出版社，2016.